计算机科学先进技术译丛

Akka 实战

［美］雷蒙德·罗斯腾伯格（Raymond Roestenburg）
［美］罗勃·贝克尔（Rob Bakker）　　　　　　　著
［美］罗勃·威廉姆斯（Rob Williams）

程继洪　肖　川　译

U0308064

机 械 工 业 出 版 社

Akka 是 Java 虚拟机 JVM 平台上构建高并发、分布式和容错应用的工具包和运行库，同时提供了 Scala 和 Java 的开发接口。本书主要介绍了 Akka 的 Actor 开发模型、并行编程、消息传递、路由功能、集群、持久化等内容，还介绍了 Akka 的配置、系统集成和性能分析与度量等有关知识，全面介绍了 Akka 的主要功能，并给出了丰富的实例。

本书可作为程序员、软件工程师和架构师关于开发分布式并行应用的参考书，也可以作为高等院校分布式并行开发的教材，还可以作为对分布式并行开发感兴趣的读者的入门参考书。

Original English language edition published by Manning Publications, USA. Copyright© 2016 by Manning Publications.

Simplified Chinese-language edition copyright© 2018 by China Machine Press. All rights reserved.

This title is published in China by China Machine Press with license from Manning Publications. This edition is authorized for sale in China only, excluding Hong Kong SAR, Macao SAR and Taiwan. Unauthorized export of this edition is a violation of the Copyright Act. Violation of this Law is subject to Civil and Criminal Penalties.

本书由 Manning Publications 授权机械工业出版社在中华人民共和国境内（不包括香港、澳门特别行政区及台湾地区）出版与发行。未经许可的出口，视为违反著作权法，将受法律制裁。

北京市版权局著作权合同登记　图字：01-2016-8236 号。

图书在版编目（CIP）数据

Akka 实战 ／（美）雷蒙德·罗斯腾伯格（Raymond Roestenburg），（美）罗勃·贝克尔（Rob Bakker），（美）罗勃·威廉姆斯（Rob Williams）著；程继洪，肖川译.—北京：机械工业出版社，2018.11

（计算机科学先进技术译丛）

书名原文：Akka in Action

ISBN 978-7-111-61342-8

Ⅰ.①A… Ⅱ.①雷… ②罗… ③罗…④程… ⑤肖… Ⅲ.①JAVA 语言-程序设计 Ⅳ.①TP312.8

中国版本图书馆 CIP 数据核字（2018）第 258729 号

机械工业出版社（北京市百万庄大街 22 号　邮政编码　100037）

策划编辑：李培培　　责任编辑：李培培
责任校对：张艳霞　　责任印制：张　博

三河市宏达印刷有限公司印刷

2019 年 1 月第 1 版·第 1 次印刷
184 mm×260 mm·21.5 印张·448 千字
0001-3000 册
标准书号：ISBN 978-7-111-61342-8
定价：89.00 元

凡购本书，如有缺页、倒页、脱页，由本社发行部调换

电话服务　　　　　　　　　　网络服务
服务咨询热线：010-88361066　机 工 官 网：www.cmpbook.com
读者购书热线：010-68326294　机 工 官 博：weibo.com/cmp1952
　　　　　　　010-88379203　金 书 网：www.golden-book.com
封面无防伪标均为盗版　　教育服务网：www.cmpedu.com

序

编写好的并行和分布式的应用程序是很难的。当时，我刚刚完成了一个需要许多低层的Java并行编程技术的项目，为了下一个项目，我打算寻找更简单的工具，这将更具有挑战性。

2010年3月，我注意到Dean Wampler的一条推文，使我认识了Akka。

通过观察源代码和构建原型，我们决定使用Akka。其效果立竿见影，这个新的编程工具大大简化了以前项目中遇到的问题。

我和Rob Bakker一起进行了一场新技术冒险，一起用Scala和Akka构建了第一个项目。我们首先尝试寻求Jonas Bonér（Akka的创建者）的帮助，但后来发现我们是Akka的第一批使用者。我们完成了项目，之后还有许多其他的项目，每一次使用Akka的优势都非常明显。

那时候网上的可用信息不多，因此我决定开始撰写有关Akka的博客，也算是对Akka项目的一点贡献。

当让我撰写本书时，我感觉非常吃惊。我询问Rob Bakker是否愿意和我一起撰写，后来我们意识到需要更多的帮助，Rob Williams加入了我们，他曾经做过Java和Akka的项目。

很高兴我们最终完成了这本书，并描述了Akka 2.4.9版所提供的构建分布式和并发应用的一系列工具。读者也给了我们很多的反馈，我们十分高兴。

在没有使用Akka之前，我们一致认为编写基于JVM的分布式并发应用需要更好、更简单的工具。我们希望通过本书能够让读者相信，Akka就是这样的工具。

雷蒙德·罗斯腾伯格

致谢

写作本书是一个漫长的过程，在这期间许多人给予了我们帮助，对他们的付出表示感谢。对于那些购买 MEAP 版本的读者，非常感谢你们的反馈，这些反馈使本书有了很大提高，并对这些年来你们的耐心表示感谢。

特别感谢 Akka 核心项目组成员，特别是 Jonas Bonér、Viktor Klang、Roland Kuhn、Patrik Nordwall、Björn Antonsson、Endre Varga、和 Konrad Malawski，他们给我们提供了灵感和珍贵的资料。

我们还要感谢荷兰的 Edwin Roestenburg 和 CSC 交通管理部门，他们相信我们可以使用 Akka 开发关键任务项目，并为我们获得 Akka 的初步经验提供了难得的机会。我们还要感谢 Xebia，使得雷蒙德可以投入本书的撰写，并提供了进一步获取 Akka 经验的工作场所。

感谢 Manning 出版公司对我们的信任。这是我们第一次写书，这对于他们来讲是有很大风险的。我们要感谢以下工作优秀的 Manning 员工：Mike Stephens、Jeff Bleiel、Ben Berg、Andy Carroll、Kevin Sullivan、Katie Tennant 和 Dottie Marsico。

感谢 Doug Warren，他对本书的所有章节进行了全面的技术校对。许多审稿人在编写和开发过程中给予了有益的反馈：Andy Hicks、David Griffith、Dušan Kysel、Iain Starks、Jeremy Pierre、Kevin Esler、Mark Janssen、Michael Schleichardt、Richard Jepps、Robin Percy、Ron Di Frango 和 William E. Wheeler。

最后，要感谢成书过程中在生活上支持我们的人。雷蒙德感谢他的妻子 Chanelle，罗勃·威廉姆斯感谢他的妈妈 Gail 和 Laurie。

罗勃·贝克尔

译者序

经过三个多月的不懈努力，终于完成了一部 400 多页大作的翻译工作。作为高校的一名教师，紧跟技术前沿是十分必要的。大数据应用、数据科学、云计算、机器学习等正在如火如荼地发展着，作为传播知识的教书匠，传播知识是我的职责。

在企业锻炼时，本人也做过不少项目，对于 Java 底层的并行编程深有感触。虽然 Java 不断地对并行编程进行改进，但对于普通程序员来说仍然是不小的挑战。分布式应用要考虑许多问题：各结点间的消息通信、负载均衡、结点监督与管理、数据分布、分布式测试等，如果没有一个好用的工具，真是件让人头疼的事！幸好 Akka 出现了。

Akka 作为构建高并发、分布式和容错应用的工具包和运行库，为并行分布式应用的开发带来了便利，并使应用程序的扩展变得容易。Akka 已被广泛用于事务处理、服务后端、并发/并行、仿真、批处理、通信、游戏、商业智能、数据挖掘、通用数据处理和复杂事件流处理等领域，体现了 Akka 框架的强大功能和旺盛生命力，开发并发分布式应用的春天到来了。

本书的翻译忠于原文，尽量准确表达作者的意图，但为了符合中文的表达习惯，对个别语序进行了调整，使读者不至于感觉行文有跳跃感。翻译本书时，可参考的资料很少，网络上虽然也有不少关于 Akka 的论述，但都是支言片语，不够专业。对于 Akka 中的术语，都经过了查阅资料、几经斟酌，用符合中文习惯的词汇进行表示，并在括号中给出英文原文，供各位读者参考。对于众所周知的术语则直接采用，没有给出相应的原文。如果各位读者有什么好的意见或建议，请通过 jiphoenixsoft@163.com 与译者联系。

虽然翻译时斟字酌句，力图符合中文习惯，但也难于符合全部读者的口味，请各位读者谅解。由于译者水平所限，书中错误和疏漏在所难免，望各位读者、专家和同行不吝指正。

最后，感谢我的家人，在繁忙的工作生活中甘愿承担更多的责任，支持我三点一线的译书生活！

程继洪

于烟台南山学院

2017 年 4 月 24 日

关于本书

本书介绍了 Akka 工具及其重要的模块，集中介绍 Actor 编程模型和支持 Actor 构建并发和分布式应用的模块。代码测试贯穿了全书，这是软件开发每天面临的重要工作。本书所有例子代码用 Scala 编写。

在有了 Actor 编写和测试的基础之后，本书还介绍了使用 Akka 构建实际应用可能遇到的重要方面。

面向读者

本书面向所有想学习利用 Akka 构建应用程序的读者。因为所有例子用 Scala 编写，所以希望读者已经有一定 Scala 语言基础或者在学习过程中乐于学习一些 Scala 知识，还希望读者比较熟悉 Java，因为 Scala 运行于 JVM（Java Virtual Machine，Java 虚拟机）之上。

主要内容

本书分为 17 章。

第 1 章介绍了 Akka 的 Actor，主要介绍了 Actor 编程模型如何解决一系列应用程序难于扩展的问题。

第 2 章介绍了使用 Akka 构建的示例 HTTP 服务，以显示如何快速地在云中获得服务并运行。

第 3 章介绍了使用 ScalaTest 和 Akka-testkit 模块进行 Actor 单元测试。

第 4 章介绍了如何对 Actor 进行监督和监控，构建可靠的、容错的系统。

第 5 章介绍了 Future，以及如何组合 Future 与 Actor。

第 6 章介绍了 Akka-remote 模块，以及如何对分布式 Actor 系统进行单元测试。

第 7 章介绍了如何使用 Typesafe Config 库配置 Akka，以及如何使用这个库配置自己的应用组件。

第 8 章详细介绍了基于 Actor 应用的结构模式。

第 9 章介绍了路由（Router）的使用。路由用于 Actor 之间交换、广播和负载均衡信息。

第 10 章介绍了 Actor 之间发送信息的消息通道，包括 Actor 的点到点和发布-订阅消息通道，以及死信和保证投递通道。

第 11 章介绍了如何使用 FSM 模块构造有限状态机，还介绍了用于异步共享状态的代理。

第 12 章介绍了与其他系统的集成，包括如何通过 Apache Camel 集成各种协议，以及使用 Akka-http 模块构建 HTTP 服务。

第 13 章介绍了 Akka-stream 模块，详细介绍了如何利用 Akka 构建流（streaming）应用程序，以及如何构建处理日志事件的 HTTP 流服务。

第 14 章介绍了 Akka-cluster 模块，详细介绍了如何在网络集群上动态扩展 Actor。

第 15 章介绍了 Akka-persistence 模块，详细介绍了如何使用持久化 Actor 记录和恢复持久化状态，以及如何使用单例集群和分片集群扩展构建集群化的购物车应用。

第 16 章介绍了 Actor 系统的关键性能参数，并提供了如何分析性能问题的提示。

第 17 章对两个即将到来的重要特性做了展望：在编译时检查 Actor 消息的 Akka-typed 模块和 Akka-distributed-data 模块。

代码约定和下载

所有清单和文本中的源代码都以这种固定宽度的字体以便与普通文本相区别。许多代码清单都有说明，以突出重点概念。实例代码可以在出版者网站 www. manning. com/books/akka-in-action 和 https://github. com/RayRoestenburg/akka-in-action 上下载。

软件要求

书中所有代码使用 Scala 编写，所有代码已在 Scala 2. 11. 8 中调试通过。可以在 http://www. scala-lang. org/download/下载 Scala。

确保安装最新版本的 sbt（本书用的是 sbt0. 13. 12）。如果 sbt 版本较旧，则可能会遇到运行问题。可以在 http://www. scala-sbt. org/download. html 找到 sbt。

Akka 2. 4. 9 需要 Java 8 的支持，因此也必须安装 Java 8。Java 8 的下载地址：http://www. oracle. com/technetwork/java/javase/downloads/jdk8-downloads-2133151. html。

作者在线

购买本书可以免费访问由 Manning 出版公司主管的私有网络论坛，在这里可以发表书评、询问技术问题，并可以从作者和其他读者那里获得帮助。为了访问论坛和订阅消息，请访问 https://www. manning. com/books/akka-inaction。此页面提供有关注册后如何获得论坛信息，可获得的帮助以及论坛上的行为规则。

Manning 向广大读者提供了读者之间、读者与作者之间对话的平台，但不对参与其中的作者数量做出承诺，他们对 AO 论坛的贡献是出于自愿的（而且是没有报酬的）。AO 论坛和以前的讨论文档，只要本书还在发行，就可以通过出版者网站访问。

关于作者

雷蒙德·罗斯腾伯格是一位经验丰富的软件工程师、多语言程序员和软件架构师。他是一位 Scala 社区的活跃成员和 Akka 的贡献者，参与了 Akka-camel 模块的开发。

罗勃·贝克尔是一位经验丰富的软件开发人员，专注于并行后端系统和系统集成。他从 0.7 版本开始就使用 Scala 和 Akka。

罗勃·威廉姆斯是 ontometrics 的创始人，专注于包括机器学习在内的 Java 解决方案，十多年前开始从事基于 Actor 的编程开发，从那时起已经完成了几个项目。

关于封面插图

Akka 实战封面中的中国皇帝像选自于 1757～1772 年在伦敦发行的 Thomas Jefferys 的《不同国家服饰集锦，古代与现代（四卷）》。扉页显示，这些都是手工彩色铜版画，用阿拉伯树胶润色。Thomas Jefferys（1719～1771 年）被称为"地理学家英王乔治三世"。他是英国制图匠，是当时地图供应商的领导者。他为政府和其他机构刻板印刷地图，生产了许多商业地图和地图集，尤其是北美的。他的地图匠工作点燃了他对测绘地区服饰的兴趣，它们灿烂地显示在这四卷的图集中。

迷恋遥远的土地和休闲旅行是 18 世纪晚期新的潮流，这种收藏比较流行，既吸引了旅行者和神游旅行者（armchair traveler），也吸引了其他国家的居民。Jefferys 画卷的多样性生动地道出了一个世纪以前世界各国的独特性和个性特征。

在计算机图书难于区分的时代，Manning 创造性地提出了以两个世纪前区域生活的多样性作为图书封面，暗示计算机图书的多样性，并由 Jefferys 的画作付诸实践。

目录

第 1 章
Akka 简介

本章导读
- Actor 编程模型简介。
- Akka Actor。

直到 20 世纪 90 年代中期，互联网革命之前，编写只在一台计算机，单个 CPU 上运行的程序是十分正常的。如果程序运行不够快，那标准的反应就是等 CPU 速度变得更快，而不会去考虑改变任何代码。问题解决了，全世界的程序员都在享用免费的午餐，生活过得好不惬意。

2005 年 Herb Sutter 在 Dr. Dobb's Journal 中写道："根本的改变势在必行。"简言之，CPU 时钟频率的增加达到了一个极限，免费的午餐没有了。

如果程序需要执行得更快，或者需要支持更多的用户，则必须是并发的（concurrent）。

扩展性（scalability）是系统适应资源变化而不会对性能有负面影响的一种度量方式。并发（concurrency）是实现扩展性的手段：前提是如果需要，可以向服务器添加更多的 CPU，应用程序可以自动地使用它们。这也是一份免费的午餐。

在 2005 年，有些公司在集群多处理器服务器上运行应用程序。程序语言已经出现对并发支持，但非常有限，且被广大程序员认为是黑色的诅咒。Herb Sutter 在他的论文中预言"编程语言……将逐步被迫处理好并发的实现"。直到今天并发技术持续高速发展，并且可以使应用程序运行在云端更多的服务器上，可以集成很多系统，并跨很多数据中心。终端用户不断增长的需求推动了系统性能和稳定性的发展。

那么这些新的并发功能在哪里？许多编程语言对并发的支持，特别是在 JVM（Java Virtual Machine，Java 虚拟机）上，几乎不能改变。虽然并发 API 的细节有了明显的提高，但仍然必须与底层的线程和锁打交道，这些东西是非常难使用的。

另一种方法是扩展（增加资源，如增加现有服务器的 CPU）。外向扩展（scaling out）是指大幅增加集群的服务器数量。20 世纪 90 年代后，编程语言对网络的支持几乎没有什么改变。许多技术仍然必须使用 RPC（远程调用）进行网络通信。同时，云计算服务和多核

CPU 架构的发展，使得计算资源空前充裕。

PaaS（Platform as a Service，平台即服务）大大简化了分布式系统的配置和部署。像 AWS EC2（亚马逊 Web 服务弹性计算云）和 Google 计算引擎这样的云服务可以在几分钟内启动上千台服务器，如 Docker、Puppet、Ansible 和其他工具使得易于管理和打包虚拟服务器上的应用程序。

而设备中的 CPU 数目也在持续增加，即使智能手机和平板电脑都已拥有多个 CPU 内核。

但这并不意味着，对于任何问题都可以提供无限的资源。最终，任何事情都要考虑成本和效率。因此，所有这一切都与如何有效扩展应用程序有关。就像你没有用过指数级时间复杂度的排序算法一样，这需要考虑扩展的成本。

在扩展应用程序时，有以下两个期望：

- 用有限的资源应付任意增长的需求是不现实的，因此在理想状态下，使需求增长所需的资源增长速度变慢，或呈线性关系更好。图 1-1 显示了需求和所需资源数目的关系。
- 如果必须增加资源，那么理想的情况是程序的复杂度不变或略有增加。图 1-2 显示了资源数目和复杂性之间的关系。

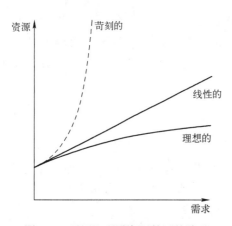

图 1-1　需要和所需资源数目的关系

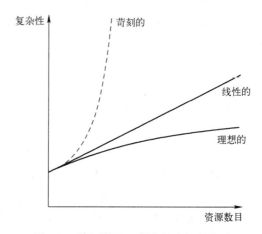

图 1-2　资源数目和复杂性之间的关系

资源的数目和复杂性决定了扩展的成本。我们的计算忽略了许多因素，但很容易看出，这两个比率对扩展成本有很大影响。

苛刻的关系意味着需要付出越来越多的未充分应用的资源。另一噩梦般的场景是：增加了更多的资源，却使程序的复杂性难以控制。

这说明了我们要追求两个目标：复杂性要保持尽可能低，扩展应用程序时资源必须高效利用。

可以使用当今的工具（线程和 RPC）达到这两个目标吗？RPC 扩展和低层的线程扩展都不是好办法。RPC 假定网络调用和本地方法调用没有区别。每次 RPC 调用需要阻塞当前线程等待网络的响应，类似于本地方法调用，这是比较耗时的，阻碍了资源的高效利用。

　　这种方法的另一个问题是，需要确切地知道到底是需要向上扩展，还是向外扩展。多线程编程和基于 RPC 的网络编程就像苹果和梨：它们运行在不同的环境中，使用不同的语义并工作在不同的抽象层上。最终，只能对线程实现的向上扩展和 RPC 实现的向外扩展进行硬编码。

　　复杂性极大地增加了不同抽象层上硬编码的工作量。用这种多管齐下的方法扩展应用程序，比灵活地适应需求变化更复杂。

1.1　什么是 Akka？

　　本书将介绍 Akka 工具，这是一个由 Lightbend 构建的开源项目，它提供了一种简单的、单一编程模型——并发和分布式应用的一种编程方式——Actor 编程模型。Actor 本身并没有什么新意，它只是一种在 JVM 上向上和向外扩展应用程序的方式。Akka 能够保证在应用程序扩展中高效地利用资源，并保持相对较低的复杂性。

　　Akka 的主要目标是，使部署在云端的应用，或者运行在多核设备上的应用程序的开发变得简单，而且还要充分利用计算资源。它是构建可扩展应用的工具，提供了 Actor 编程模型、运行环境和所需的支持工具。

1.2　Actor 简介

　　首先，Akka 基于 Actor。许多 Akka 中的组件都是提供如何使用 Actor、配置 Actor，以及 Actor 连接网络、Actor 调度或构建 Actor 集群。使 Akka 独一无二的是，它提供了构建基于 Actor 应用的支持和附加工具，使得用户可以专注于思考和 Actor 编程。

　　简单地讲，Actor 好像消息队列，但不需要额外配置和安装消息代理。它们就像微缩版的可编程消息队列——可以很容易地创建几千个甚至几百万个 Actor。在发送消息之前它们什么也不做。

　　消息是简单的数据结构，创建后不可更改，也就是说，它们是不可变的（immutable）。

　　Actor 每次接收一条消息，并执行某些行为。Actor 不像队列，可以（向其他 Actor）发送消息。

　　Actor 的执行是异步的。简单地说，可以向一个 Actor 发送消息并不需要等待它的响应。Actor 和线程不同，但在某些时间点上，发送给它们的消息被推送给线程。

　　消息可以由本地的线程进行处理，也可以由远程服务器进行处理。至于消息到底在哪里处理，在哪里执行可以后续确定，与硬编码的线程和 RPC 风格的网络程序不同。Actor 使用户很容易地通过类似网络服务的小组件构建应用程序，只是缩减了空间占用和管理开销。

响应宣言

　　响应宣言（http://www.reactivemanifesto.org/）是一项倡议，旨在推动更健壮、更有弹性、更灵活和更好定位的系统，以满足现代需求。

简单地说，高效资源利用和程序自动扩展（也称为弹性（elasticity））是这项宣言的主要动因：

- I/O 阻塞限制了并行性，所以非阻塞式 I/O 是首选。
- 同步交互限制了并行性，所以倾向于异步交互。
- 轮询减少了使用更少资源的机会，所以事件驱动风格是首选。
- 如果一个结点会拖慢所有其他结点，这是资源的浪费。因此，需要隔离错误（弹性）来避免丢失所有的工作。
- 系统需要一定的弹性：如果需求变少，则使用较少的资源。如果需求增多，则使用更多的资源，但不能超过所需的全部资源。

复杂性是成本的主要组成部分，因此如果不能容易地测试它、改变它或编程实现它，那么问题就大了。

1.3 两种扩展方法：建立实例

下面将介绍传统方法（traditional approach），并把它与 Akka 的方法相比较。

传统方法从简单的内存应用开始，演变成完全依赖并发和互斥状态数据库的应用程序。一旦应用程序需要更高的交互性，就只能对数据库进行轮询。当添加更多的网络服务时，可以证明，数据库和基于 RPC 网络的组合会严重增加复杂性。对于这个应用程序的错误隔离将变得越来越难。

下面介绍 Actor 编程模型如何简化应用程序，这样就可以应对任何扩展（从而处理任何扩展所需的并发问题）。表 1-1 介绍了这两种方法的不同。

表 1-1　两种方法的异同

目　　标	传 统 方 法	Akka 方法
扩展性	混合使用线程、共享数据库（创建、插入、修改和删除）中的互斥状态，和 RPC 网络服务进行扩展	Actor 发送和接收消息。没有共享的互斥状态。不可改变的事件日志
提供交互信息	对当前信息进行轮询	事件驱动：当事件发生时推送
在网络上扩展	同步 RPC，阻塞式 I/O	异步消息，非阻塞式 I/O
错误处理	处理所有异常，只有当一切正常时才能继续	使其停止，隔离错误，并在没有错误的情况下（错误已被隔离）继续运行

想象一下，假使我们计划使用最先进的聊天应用程序征服世界，这将彻底改变在线协作空间。主要针对商业用户，使得他们可以很容易地找到对方并协同工作。关于如何将这个交互应用连接到项目管理工具，并且与现存的交流服务整合，我们有很多想法。

在精益创业精神的指导下，我们从聊天应用程序的 MVP（最小可行产品）开始，尽可能了解潜在用户需要什么。如果这样能够成功，则可能拥有数以百万计的用户。而以下两股力量会拖延我们的进度乃至使我们停止：

- 复杂性（Complexity）——应用程序变得过于复杂，而不能添加新的功能。即使是简单的改变也要付出百倍的努力，并且越来越难于测试。

- 缺乏灵活性（Inflexibility）——应用程序的适应性差，不能随用户数量的增加而改变，必须要重新编写。重新编写十分耗时，而且复杂。当用户数量越过控制时，不得不进行划分，一方面维持现在系统的运行，另一方面对系统进行重写以支持更多的用户。

应用程序已经开发了一段时间，选择采用传统的方式进行开发，使用底层的线程和锁、RPC、阻塞式 I/O 和互斥状态数据库。

1.4　传统扩展

从单个服务器开始，开发聊天程序的第一个版本，先进行数据模型设计，如图 1-3 所示。现在，只是把这些对象保存在内存里。

Team 是 User 的集合，许多 User 可能是 Conversation 的一部分，Conversation 是消息的集合。

充实应用程序的行为，并构建基于 Web 的用户界面。现在的任务是，给潜在的用户展示模型应用程序，代码简单且易于管理。但到现在为止，应用程序只运行在内存中，一旦程序重启，所有 Conversation 就会丢失，而且只能运行在一台服务器上。Web UI（用户界面）使用崭新的 JavaScript 库进行设计。

图 1-3　数据模型设计

1.4.1　传统扩展和持久性：一切移入数据库

在应用中引用数据库，并运行两台 Web 服务器，在 Web 服务器之前放置负载平衡器，如图 1-4 所示。

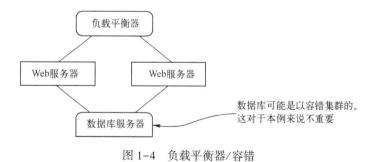

图 1-4　负载平衡器/容错

因为不能仅仅在内存中保存对象了，所以代码将变得更加复杂。如何保证两台服务器上的数据一致性？团队中有的人建议"我们需要转换成无状态的！"，于是删除了功能丰富的对象，并替换成数据库代码。

对象的状态不再是简单地驻留在 Web 服务器的内存中了，这也就意味着对象的方法不能直接改变对象的状态，因此所有逻辑操作都要转换成数据库语句。这种改变如图 1-5 所示。

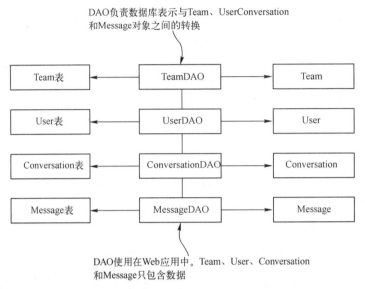

图 1-5　数据访问对象

这种转换需要把某些对象以数据库访问抽象层代替。在这种情况下，使用 DAO（数据访问对象，执行数据库语句）感觉有点"复占"。

而很多事情都发生了变化：

- 不再有以前同样的保证，如调用 Conversation 的一个方法添加一个 Message 消息。以前可以保证 addMessage 方法不会执行失败，因为它只是对内存中的列表（除非 JVM 内存不足的特殊情况）进行操作。现在，在任何 addMessage 方法调用中数据库都可能返回错误。插入操作可能失败，或者恰好此时数据库服务器宕机，或者由于网络问题导致数据库不可用。

- 内存版本中有一种锁，可以保证数据不会被并发用户损坏。而现在使用"数据库 X"，必须找到处理这个问题的方法，以保证不会有重复的记录或不一致的数据。必须在数据库 X 的库中找到切实解决这个问题的方法。对任一对象的简单方法调用，只有这些方法工作协调，才会使每次调用成为一次有效的数据库操作。例如，发起一个会话（Conversation），至少需要在 Conversation 和 Message 表中各插入一条数据。

- 内存版本易于测试，且单元测试运行很快。现在在本地运行数据库 X 进行测试，需要添加测试工具以隔离测试。单元测试运行速度慢了很多。

把内存版本的代码直接换成数据库调用，可能会遇到性能问题，因此每次调用都附加网络操作。因此设计特定的数据结构来优化查询性能，这与选择的数据库（选择 SQL 数据库还是非 SQL 数据库，并没有实质性关系）是相关的。对象只是以前版本的精简，仅仅用于保存数据，所有的代码都转移到了 DAO 和 Web 应用的其他组件中。最可悲的是，几乎不能重用以前的代码，因为代码结构发生了彻底改变。

Web 应用的"控制器"组合 DAO 方法完成数据操作（findConversation、insertMessage 等等）。这种组合的结果是，必须进行不可预测的数据库交互，控制器可以自由地以任意方式使用数据库操作，如图 1-6 所示。

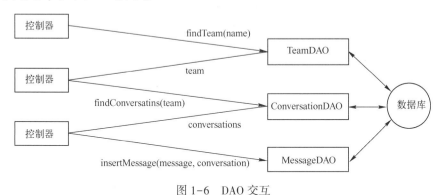

图 1-6　DAO 交互

图 1-6 展示了代码中可能的、向 Conversation 中添加 Message 的操作流程。可以想象通过 DAO 访问数据库有任意多种类似操作。随时随地地互斥和查询操作可能导致无法预知的性能问题，就像死锁和其他问题一样。这正是我们要避免的复杂性问题。

数据库调用本质上就是 RPC，几乎所有的标准数据库驱动（如 JDBC）使用阻塞式 I/O。这正是前面描述的，同时使用线程和 RPC 的情况。内存中的线程锁和数据库中保护表记录互斥的锁不是一回事，但必须小心地把它们组合在一起。这里使用的是一个到两个交织的编程模型。

我们只是第一次重写了这个应用程序，但花费的时间远远超过我们的预期。这真富有戏剧性，构建团队聊天程序的传统方法是灾难性的。随着应用程序的扩展，复杂性变得难以控制，灵活性也得不到保证。

1.4.2　传统扩展和交互应用：轮询

Web 应用服务器使用的资源不多，大部分都用于对请求和响应进行（反）序列化，大部分处理时间都用于数据库，而 Web 服务器上的代码大部分时间都在等待数据库驱动的响应。

当有了基本的功能之后，要构建更有交互性的功能。用户已经习惯于 Facebook 和 Twitter，并且希望在团队对话中提及他们的姓名时能够及时通知他们，以便随时响应。

我们想要构建一个 Mention 组件来解析所写的每条消息，并将所提到的联系人添加到通知表中，通知表从 Web 应用程序中轮询以通知所提及的用户。

Web 应用程序现在可以轮询更多的信息，更快地反映用户的变化，因为我们要给他们足够的响应体验。

把数据库代码直接引入应用程序，又不想因此拖慢会话的速度，因此在程序中添加了消息队列。每条消息异步地发送到队列中，一个独立的进程从队列接收消息，查找用户并在通知表中写入一条记录。

数据库在这里成为瓶颈，我们发现数据库自动轮询和 Mention 组件一同工作将导致数据库相关的性能问题。Mention 组件独立出来作为服务，并给它独立的数据库，包含通知表和用户表的拷贝，通过数据库同步作业进行更新，如图 1-7 所示。

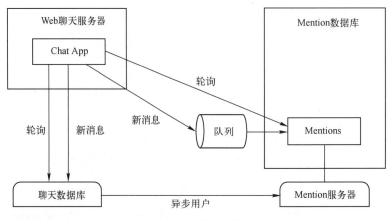

图 1-7　服务组件

不仅是复杂性再度增加，而且添加新的交互功能也越来越困难。数据库轮询对于此类应用程序而言并不是一个好办法，但没有更好的选择，因为所有的逻辑都在 DAO 中，而数据库 X 却不会向 Web 服务器主动"推送"。

向应用程序增加消息队列增加了程序的复杂性，这需要安装和配置，代码将不得不进行部署。消息队列有自己的语义和工作环境，与数据库的 RPC 调用不同，也不同于内存中的线程代码。将这些代码融合在一起将再次增加程序的复杂性。

1.4.3　传统扩展和交互应用：Web 服务

用户开始反馈，他们喜欢查找联系人时能有智能提示（typeahead，当用户输入联系人的部分名字时，系统可以给出提示），并自动接收团队建议和基于最近 E-mail 会话的内容。我们构建了 TeamFinder 对象调用外部的 Web 服务，如 Google 的 Contacts API 和微软的 Outlook.com API，并且构建了 Web 服务客户端，实现查找联系人操作，如图 1-8 所示。

图 1-8　团队查找（TeamFinder）

我们发现其中一个服务经常失败，并且在最坏的情况下——经常超时，或者由于网络拥塞每分钟只能接收几个字节。因为 Web 服务是一个接一个的访问的，然后等待响应。即使许多有效的建议通过工作正常的服务传递给客户，但查找时间很长也是失败的。

更糟糕的是，虽然我们把数据库操作封装在 DAO 中，并把联系人查找封装在 TeamFinder 对象中，但控制器却像调用其他对象一样调用它们。这就意味着，有时用户的查找可能在两次数据操作之间执行失败，但却占有数据库连接，时间超过我们的预期，严重损害了数据库资源的利用率。如果 TeamFinder 执行失败，则程序中同一流程中的其他部分也会失败。控制器将抛出异常并无法继续执行。我们怎样才能把 TeamFinder 从其他代码中安全分离出来呢？

是时候进行另一次改写了，这看起来不会增加复杂性。事实上，我们正在使用以下 4 种编程方式：在内存中使用线程，数据库操作，Mention 消息队列，联系人 Web 服务。

1.5　用 Akka 进行扩展

下面来看看是否有可能只使用 Actor 来满足应用程序的扩展需求。因为什么是 Actor，读者可能还不太清楚，我们将轮番使用对象和 Actor，并集中说明这种方法与传统方法的不同。

表 1-2 展示了这两种方法的异同。

表 1-2　Actor 与传统方法的比较

目　标	传 统 方 式	Akka 方式（Actor）
即使应用重新启动或崩溃，也要保持会话数据的持久性	重写代码，把数据库操作封装到 DAO 中。把数据库作为一个大的共享互斥状态，程序中所有部分都在数据库中执行创建、更新、插入和查找操作	继续使用内存中的状态。所有状态的改变作为消息发送到日志。如果应用重新启动，则只需要重新读取日志
提供交互功能（Mention）	对数据库进行轮询。即使数据没有变化，轮询也会使用很多资源	把事件推送到相关的组件。只有当发生重大事件时，才会通知相关的组件，从而减小额外开销
服务解耦，Mention 和聊天功能应该互不干涉	添加消息队列进行异步处理	无须添加消息队列，Actor 定义时就是异步的。没有额外的复杂性；而且是熟悉的发送和接收消息的方式
当关键服务故障或在任何给定时间超出指定性能参数时，防止整个系统出现故障	通过预测所有失败的情况，进行异常处理，防止执行错误	消息异步发送：一个消息由于某个组件故障没有得到处理，不会影响其他组件的稳定性

如果只写一次代码，就可以随意扩展，这将是最好的。我们应该避免大幅度地修改程序的主要对象，如在 1.4.1 节用 DAO 代替内存中的对象。

首先要解决的挑战是安全地保存会话数据。对数据库直接编码，使我们无法使用单一的内存编码方式。本来非常简单的方法被数据库的 RPC 命令所替代，使我们陷入复杂的混合编程方式。需要寻找另一种方式，既可以保证不丢失会话，又能保持事情的简单性。

1.5.1 用 Akka 扩展和持久化：发送和接收消息

下面解决 Conversation 持久化的问题。应用程序对象必须以某种方式保存 Conversation。如果应用程序重启，Conversation 至少可以恢复。

图 1-9 演示了对于每条内存中的消息 Conversation 是如何把 MessageAdded 发送到数据库的。

Conversation 在服务器（重新）启动时，可以用这些数据库中的对象进行恢复，如图 1-10 所示。

这个过程是如何工作的，稍后讨论。这里只使用数据库恢复会话中的消息，而无须在数据库中解释任何代码。Conversation Actor 向日志发送消息，并在启动时接收它们。我们不需要学习任何新东西，只是发送和接收消息而已。

1. 改变保存为事件序列

所有更改都保存为事件序列，在本例中是 MessageAdded 事件。Conversation 的当前状态可以回放内存中 Conversation 发生的事件进行重建，因此它可以在中断的地方继续。这种类型的数据库通常称为日志（journal），这种技术常称为事件源（event sourcing）。事件源技术内涵更丰富，现在这种定义就足够了。

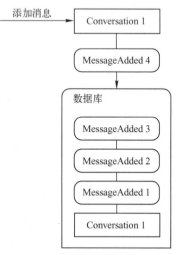

图 1-9　会话持久化

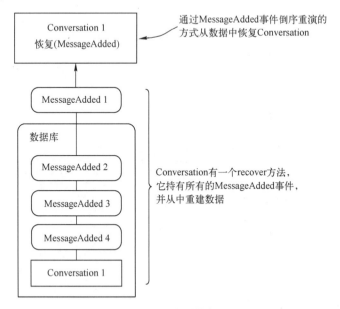

图 1-10　会话恢复

这里需要注意的是，日志成为统一的服务。它所需要做的就是把所有事件按顺序保存，并且可以按保存的顺序从日志中取出。

2. 数据扩展：会话分割

下一个问题是把所有东西都保存在一台服务器上。服务器启动，读取所有会话到内存，然后继续操作。传统方法修改为无状态的主要原因是，很难在多台服务器上保持会话的一致。如果一台服务器上会话太多，会不会也发生这样的情况呢？

这个问题的解决方案是，事先预测的方式把会话划分到不同的服务器上，或者跟踪每个会话的原始情况，这称为分片（sharding）或分区（partitioning）。图 1-11 展示了会话在两台服务器上的划分情况。

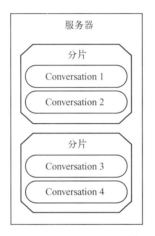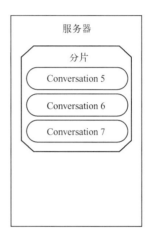

图 1-11 分片

如果有一个通用的事件源日志和表明 Conversation 如何划分的方式，就可以继续使用简单的内存会话模型。这两种情况的更多细节将在第 15 章讨论。现在，假定可以简单地使用这些服务。

1.5.2 用 Akka 扩展和交互应用：消息推送

可以寻找一种方式，通过向用户的 Web 浏览器发送消息的方式通知用户发生了重要的改变（事件），而不是为每个用户轮询数据库。

应用程序内部也可以发送事件消息作为执行特定任务的信号。当关注的事情发生时，应用程序的每个对象将发送一个事件，其他对象决定是否与自己相关并采取相应的行动，如图 1-12 所示。

事件（以椭圆表示）降低了系统组件之间不希望的耦合。Conversation（会话）只是发布一条添加 Mesaage（消息）的消息，然后继续工作。事件通过发布-订阅机制发送，而不是组件之间直接通信。事件最终到达订阅者，这里（指的是 Conversation 发布添加消息）是 Mention 组件。再次重申，可以通过简单地发送和接收消息的方式对这个问题进行建模。

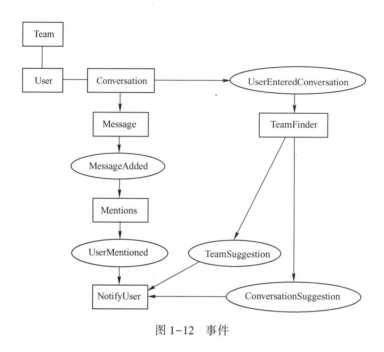

图 1-12　事件

1.5.3　用 Akka 扩展和容错：异步解耦

即使 Mention 组件崩溃，用户仍然可以进行会话，这是再好不过了。TeamFinder 组件也面临相似的情况：进行的会话仍然可以继续。当订阅者，如 Mention 组件和 TeamFinder 对象崩溃或重启时，Conversation 仍然可以继续发布事件。

NotifyUser 组件跟踪连接的 Web 浏览器，当 UserMentioned 消息发生时直接发送给浏览器，把应用程序从轮询中解脱出来。

这种事件驱动方法有以下几个优点：

- 使组件间的相互依赖最小化。会话（Conversation）不知道 Mention 对象的存在，并且不关心发生了什么事件。会话对象在 Mention 对象崩溃时仍然可以继续工作。
- 应用程序的组件在时间上是松耦合的。Mention 对象接收事件稍晚一些没有关系，只要最终接收到该事件即可。
- 组件可以在地理位置上解耦。Conversation 和 Mention 对象可以驻留在不同的服务器上，事件只是可以网上传播的消息。

事件驱动机制解决了 Mention 对象的轮询问题和 TeamFinder 的直接耦合问题。在第 5 章讲述 Future 时，将看到一些与 Web 服务更好的交互方式，没有必要依次等待响应。再次重申，可以通过简单地发送和接收消息对这个问题进行建模。

1.5.4　Akka 方式：发送和接收消息

下面重温一下到现在为止所做的改变：Conversation 现在是内存中有状态的对象（Actor），保存其内部的状态，从事件进行恢复，跨服务器进行划分，发送和接收消息。

通过消息进行对象间的交互，而不是直接调用对象的方法，这是一种好的设计策略。

核心需求是消息按顺序发送和接收，每个 Actor 一次只能接收一条消息。如果一个事件与下一事件有关，则会导致不可预料的后果。这就要求 Conversation 对其他任何组件保持自己消息的私密性。如果其他组件可以与消息进行交互，则无法保证消息的顺序。

我们是在一台服务器上局部发送消息还是向远程其他服务器发送消息都没有关系。如果有必要，需要一些服务负责向其他服务器的 Actor 发送消息。它需要跟踪 Actor 的位置并可以提供 Actor 的引用，以便于其他的服务器与 Actor 交互。

Conversation 不需要关心 Mention 组件发生了什么，但在应用程序的层面上需要知道 Mention 组件何时工作不正常，并向用户报告它暂时离线，其他事情也是这样。因此需要 Actor 的监视器，并在必要时重启 Actor。这种监视跨服务器工作与局部工作应该是一样的，因此它也需要发送和接收消息。应用程序的这种更高层次的结构如图 1-13 所示。

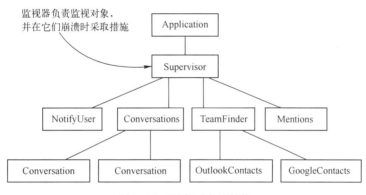

图 1-13　更高层次的结构

监视器（supervisor）监视这些组件并在它们崩溃时采取措施。例如，它可决定当 Mention 组件或 TeamFinder 不能工作时是否继续。如果 Conversation 和 NotifyUser 完全停止工作，则监视器决定是重新启动还是停止应用程序，因为这时已经没有继续运行的必要。当组件工作失败时会向监视器发送消息，监视器也可以发送消息给组件使其停止或尝试重新启动。这是 Akka 提供的错误恢复策略，将在第 4 章容错中进行讨论。

1.6　Actor：向上和向外扩展的编程模型

许多通用编程语言都是以顺序编写的（Scala 和 Java 也不例外）。并发编程模型必须在顺序定义和并行执行之间起到桥梁作用。

并行意味着同时执行进程，而并发只关心进程的定义，以便同时执行，或者在同一时间交叠，但并不需要同时运行。例如，并行进程可以通过单个 CPU 的时间片获得执行，每个进程顺次获得一定的 CPU 时间。

JVM 有一个标准的并发编程模型（见图 1-14），简单地说，处理行为表示为对象和方法，它们在线程中执行。线程可以在许多 CPU 上并行执行，也可以以时间片轮转的方式共享一个 CPU。正如前面讨论的，线程只能向上扩展，而不能向外扩展。

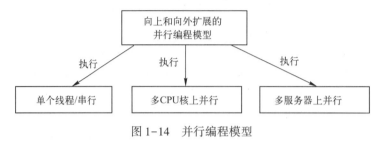

图 1-14　并行编程模型

我们一直追寻的并行编程模型应可以运行在单个 CPU 或多个 CPU 上，一台服务器或多台服务器上。Actor 模型选择对发送和接收消息进行抽象，以使多个线程或多台服务器之间解耦。

1.6.1　异步模型

如果要把应用程序扩展到多台服务器上，则对编程模型有一个重要的需求：它必须是异步的（asynchronous），允许在没有收到响应的情况下继续运行，就如聊天应用程序一样，如图 1-15 所示。

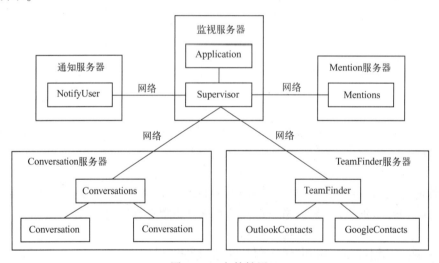

图 1-15　向外扩展

图 1-15 展示了聊天程序扩展到 5 台服务器上的一种可能的配置方式。监视器负责创建和监视应用程序中剩余的部分。监视器现在必须通过网络进行通信，有可能通信失败，而且每个服务器都可能崩溃。如果监视器采用同步通信，等待每个组件的响应，则当某个组件无法响应时将出现问题，其他的调用也无法得到响应。例如，如果 Conversation 服务器正在重新启动，则不能响应网络接口的调用，但此时监视器要把消息发送到所有的组件时，会发生什么？

1.6.2　Actor 操作

Actor 是 Actor 模型中最主要的构成部分。示例程序中的所有组件都是 Actor，如图 1-16 所示。一个 Actor 是一个轻型的进程，只有 4 种操作：创建、发送、改变和监督，所有这些操作都是异步的。

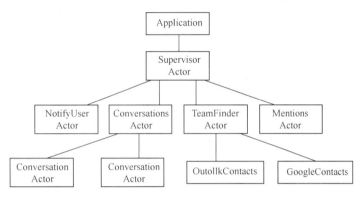

图 1-16　组件

Actor 模型并不是新事物，已经存在了相当长的时间，这个思想在 1973 年被 Carl Hewitt、Peter Bishop 和 Richard Steiger 提出的。Erlang 和 Ericsson 在 1986 年左右开发的 Erlang 语言及其 OTP 中间件（库）支持 Actor 模型，已用于构建具有高可用性要求的大规模可扩展系统。Erlang 语言成功的典范是 AXD 301 交换机，获得了 99.9999999% 的可靠率，也称为 "99 可靠性"。Akka 实现的 Actor 模型与用 Erlang 实现在细节上有些不同，但受 Erlang 很多影响，并借用了它的许多理念。

1. 发送

Actor 只能与其他的 Actor 通过发送消息进行交互。这使封装（encapsulation）到了一个新的水平。在对象中，可以指定哪个方法可以被公共调用，哪个状态可以从外界访问。Actor 不允许访问它的内部状态，如会话中的消息列表。Actor 不能共享互斥状态，如它们不能共享会话消息列表，并且在任何时间和任何地点都不能并行改变会话状态。

Conversation Actor 不能简单地调用其他 Actor 的方法，因为这会导致共享互斥状态，而应发送一条消息。发送消息通常是异步的，也称为即发即弃（fire and forget）风格。如果要知道另一个 Actor 是否收到消息，那么接收消息的 Actor 会发送某种类型的响应消息。

Conversation 没必要等待并知道 Mention Actor 发生了什么，它只需要发送一条消息，然后继续工作。异步消息可以帮助聊天应用中各组件解耦，这也是要在 Mention 对象中使用消息队列的原因，现在已经没必要了。

消息是不可改变的，这就意味着它们一旦创建就不可更改。

Actor 可以接收任何消息，并且可以向 Actor 发送任何消息（它只是简单的忽略这条消息）。这基本上意味着，发送和接收消息的类型检查是有限的。这可能令人很吃惊，因为 Scala 是一种静态类型的语言，有较高的类型安全机制，这样做有很多优点。这种灵活性既

15

是开销（在运行时对 Actor 的类型正确性了解较少），也是优点（如何通过远程系统网络实施静态类型）。Akka 团队正在研究如何定义一个更加安全的 Actor 版本。

如果某个用户要修改 Conversation 中的消息，则可以向会话发送一条 EditMessage 消息。EditMessage 包含了消息的修改副本，而不是在共享消息列表中就地修改。Conversation Actor 收到 EditMessage 消息，就会使用新的副本替换已经存在的消息。

在涉及并发性时，不可变性是绝对必要的，也是使问题变得简单的重要限制，因为这样需要管理的可变部分会更少。

在发送和接收消息的 Actor 之间，消息发送是有顺序的。一个 Actor 一次只能接收一条消息。假如一个用户多次修改一条消息，那么用户最终修改后的消息才是有意义的。消息的顺序只能由发送 Actor 来保证，因此如果多个用户同时修改会话中的同一条消息，则最终结果与消息随时间的交织而变化。

2. 创建

Actor 可以创建其他的 Actor。图 1-17 展示了 Supervisor Actor 创建 Conversation Actor 的情况。正如你看到的，这自动创建了 Actor 的层次关系。聊天应用中首先创建 Supervisor Actor，然后顺次创建应用中的其他 Actor。Conversation Actor 从日志中恢复所有的 Conversation，然后它对每个会话创建一个 Conversation Actor，这些 Actor 再从日志中把自己恢复。

3. 改变

状态机是保证系统在特定的状态时执行特定功能的有力工具。

Actor 每次接收一条消息，这种性质适合实现状态机。一个 Actor 可以通过交换它的行为来改变它处理传入的消息的方式。

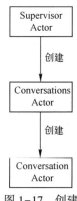

图 1-17　创建

假定用户要关闭一个会话（Conversation）。Conversation 从已开启状态开始，在收到 CloseConversation 消息时变为关闭状态。任何发送给关闭状态的 Conversation 的消息都将被忽略。Conversation 完成了从添加消息到忽略所有消息的行为转变。

4. 监督

Actor 需要监督它所创建的 Actor。聊天应用中的 Supervisor 可以跟踪主要组件的行为，如图 1-18 所示。

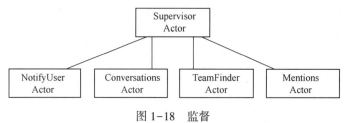

图 1-18　监督

Supervisor 在系统中的组件执行失败时决定如何处理。例如，它可以决定当 Mention 组件和 Notify Actor 崩溃时聊天应用继续运行，因为它们不是关键组件。Supervisor 收到表示 Actor 崩溃和原因的消息，决定 Actor 重启还是停止服务。

任何 Actor 都可以作为监督器，但只能管理自己创建的 Actor。在图 1 - 19 中，TeamFinder Actor 掌管两个查找联系人的连接。在这个例子中，它可以决定取消 OutlookContact Actor 的服务，因为它经常崩溃。TeamFinder 将继续只从 Google 中查找联系人。

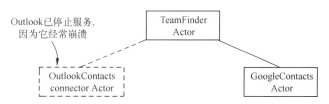

图 1-19　TeamFinder 监督联系人 Actor

> **Actor：在三个维度上进行解耦**
>
> 另一种认识 Actor 的方式是看它们为了扩展的目的，如何在 3 个维度上进行解耦：
> - 空间/位置。
> - 时间。
> - 接口。
>
> 在这 3 个维度上进行解耦是非常重要的，因为这是扩展的灵活性需要。如果 CPU 充足，则 Actor 可以同时运行，否则以串行的方式运行。Actor 可能共存一处，或者距离很远，在执行失败的情况下，Actor 可能收到它们无法处理的消息。
> - 空间——Actor 无法保证，也不期望知道另一个 Actor 在哪里。
> - 时间——Actor 不能保证，也无法预期它的工作何时完成。
> - 接口——Actor 没有定义的接口。Actor 不需要知道其他组件理解什么样的消息。
>
> Actor 之间不共享任何信息，也从不指向或使用就地改变的共享信息。信息通过消息进行传递。
>
> 在位置、时间和接口上耦合组件是构建故障恢复和按需扩展的应用程序的最大障碍。在 3 个维度上耦合组件构建的系统，只能运行在一台虚拟机上，并且当某个组件执行失败时整个系统就会瘫痪。

现在已经了解了 Actor 可以执行的操作，下面来学习一下 Akka 对 Actor 的支持，以及要使它们真正地处理消息需要什么。

1.7　Akka Actor

下面介绍 Akka 如何实现 Actor 模型，并近距离观察一下它们是如何契合的。

1.7.1　ActorSystem

首先，来看一下 Actor 是如何创建的。Actor 可以创建其他 Actor，如图 1-20 所示。

17

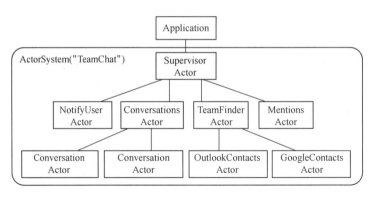

图 1-20 "TeamChat" ActorSystem

聊天应用的第一个 Actor 是 Supervisor。图 1-20 中的所有 Actor 是相同应用的一部分。如何把 Actor 作为更大系统的一部分？答案就是 Akka 的 ActorSystem。任何 Akka 应用的第一件事情就是创建 ActorSystem。ActorSystem 能够创建顶层的 Actor，一般情况是只创建一个顶层的 Actor——在我们的例子中，Supervisor 监控一切。

已经谈到了 Actor 需要支持的功能，如远程和持久化的日志。ActorSystem 是支持这些功能的纽带。大部分功能以 Akka 扩展（Akka extensions）的形式提供，也就是针对具体问题对 ActorSystem 可配置的模块。支持功能的一个简单例子是调度功能，它可以周期地向 Actor 发送消息。

ActorSystem 返回创建的顶层 Actor 的地址，而不是 Actor 本身。这个地址称为 ActorRef。ActorRef 可用于向 Actor 发送消息。当 Actor 可能在另外的服务器上时，这很有意义。

有时需要在系统中查找某个 Actor，这就是引入 ActorPath 的原因。可以把 Actor 的层次结构与 URL 路径结构相比较。每个 Actor 有一个名字，这个名字在每个层次上应该是唯一的：不能有两个同名的兄弟 Actor（如果没有给 Actor 命名，则 Akka 会产生一个，但为所有的 Actor 命名是一个好的习惯）。所有的 Actor 引用存放在 Actor 路径中，绝对或相对路径都可以。

1.7.2　ActorRef、邮箱和 Actor

消息被发送到 Actor 的 ActorRef。每个 Actor 有一个邮箱——它很像一个队列。发送给 ActorRef 的消息暂存在邮箱中，以备后续处理，按到达的顺序一次处理一个。图 1-21 显示了 ActorRef、邮箱和 Actor 三者之间的关系。

Actor 如何具体处理消息，将在下一节介绍。

1.7.3　分发器

Actor 在某个点上被分发器（Dispatchers）调用，或者说，分发器将消息推送到 Actor，如图 1-22 所示。

分发器类型决定了使用哪种线程模型推送消息。许多 Actor 可以接收几个线程推送的消息，如图 1-23 所示。

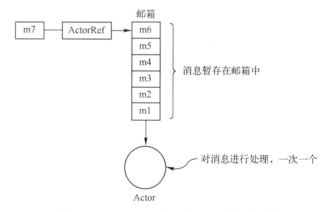

图 1-21　ActorRef、邮箱和 Actor 之间的关系

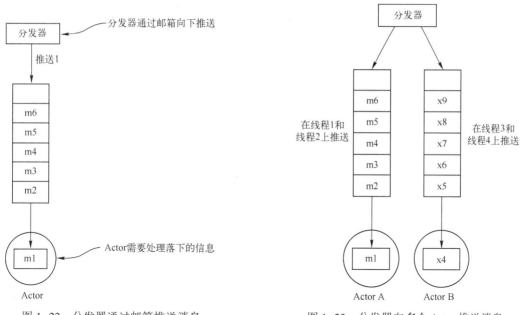

图 1-22　分发器通过邮箱推送消息　　　　　图 1-23　分发器向多个 Actor 推送消息

图 1-23 显示消息 m1 到 m6 由分发器通过线程 1 和线程 2 推送，消息 x4 到 x9 通过线程 3 和线程 4 推送。图 1-23 并不是告诉你能够或者应该确切地控制消息由哪个线程发送。这里要注意的是，可以在一定程度上配置线程模型。所有类型的分发器都可以以某种方式进行配置，可以对一个 Actor、特定的 Actor 组或系统中的全部 Actor 分配一个分发器。

当向某个 Actor 发送一条消息时，实际上所做的只是把这条消息放到邮箱的最后，最终分发器将把它推送给 Actor。这个 Actor 又可以把一条消息放到下一个 Actor 邮箱的最后，并在某个时间点进行推送。

Actor 是轻型的，因为它们运行于分发器之上，Actor 并不与一定数目的线程相对应。Akka 的 Actor 比线程占用的空间要少：大约 270 万个 Actor 可存放在 1 GB 内存中，这与 4096

个线程占用1GB内存有很大区别，这就意味着可以比直接使用线程更加自由地创建各种类型的 Actor。

有许多不同类型的分发器可供选择，以适应特定的需求。可以对系统中的分发器和邮箱进行配置和调整，给性能调优带来了极大的灵活性。本书第 15 章给出了性能调整的一些提示。

回调陷阱

许多框架通过回调提供异步编程。如果你用过这样的框架，那么就可能遇到回调陷阱，也就是一个回调调用另一个回调，这个回调又调用另一个回调，如此往复。

把回调与分发器截取邮箱中的消息，并通过给定的线程推送消息进行比较。Actor 无须在回调（函数）中提供回调（函数），而直接执行某些功能，这是个好消息。Actor 只需要简单地把消息放到邮箱中，剩下的由分发器去完成。

1.7.4 Actor 和网络

Akka 的 Actor 如何通过网络进行交互？ActorRef 负责定位 Actor，用户所要做的就是解决地址如何链接到 Actor。如果工具负责识别地址是局部的还是远程的，那就可以通过配置地址解析方式来扩展解决方案了。

Akka 提供了远程模块（将在第 6 章介绍），可以使用户透明地查找 Actor。Akka 向远程 Actor 驻留的机器发送消息，并通过网络传回结果。

现在唯一需要改变的就是远程 Actor 的引用是如何查找的，这可以通过简单的配置实现，稍后将会学习到。代码无须做任何改变，这就意味着可以不修改一行代码，把向上扩展变成向外扩展。

解析地址的灵活性在 Akka 中大量使用。远程 Actor、集群甚至测试工具都使用这种灵活性。

1.8 总结

传统扩展是很难的，当需要扩展时，不灵活性和复杂性很快变得难以控制。Akka Actor 采用关键的设计决策提供扩展的灵活性。

Actor 是一种向上和向外扩展的编程模型，所有要素都围绕发送和接收消息。虽然它不是可以解决任何问题的金钥匙，但能够适合一种编程模型，这就可以减少扩展方面的复杂性。

Akka 以 Actor 为中心，这使得 Akka 是独一无二的。它轻松地对构建基于 Actor 的应用提供支持和附加工具，因此用户可以专注于 Actor 的思考和编程。

第 2 章
搭建和运行

本章导读
- 获得项目模板。
- 构建云迷你 Akka App。
- 部署到 Heroku 上。

我们的目标是告诉你如何快速构建一个 Akka 应用程序，它不仅能做一些琐碎的事情，而且，即使在早期版本上也是可以进行扩展的。作者从包括实例的 github.com 上克隆一个项目，然后把读者需要知道的构建 Akka App 的必要知识讲解一遍。首先，看一下构建迷你 App 所需要的知识，使用 Lightbend 的简单构建工具（sbt）创建一个可以运行的 JAR 文件。我们将构建一个迷你的售票 App，在首次迭代中，将构建迷你型的 REST 服务。我们将尽量保持简单，而把主要精力集中于掌握 Akka 的知识要素。最后展示如何把这个 App 部署到云上，使之在 Heroku（一个流行的云提供商）上运行。值得注意的是，要完成这个目标其实是非常快速的。

Akka 很容易搭建和运行，而且非常灵活，运行时内存占用少。

2.1　克隆、构建和测试接口

为了操作简单，把这个 App 的源代码与本书的其他代码一起放在了 github.com 上。下面要做的第一件事是把库中的代码克隆到选择的目录中，如清单 2-1 所示。

清单 2-1　克隆例子项目工程

```
git clone https://github.com/RayRoestenburg/akka-in-action.git ←
                                          从Git库克隆完整的示例代码
```

这将创建一个名为 akka-in-action 的目录，其中包含 chapter-up-and-running 目录，里面存放本章的实例项目工程。用户已经熟悉 Git 和 GitHub，还有其他的工具。本章将使用 sbt、Git、Heroku toolbelt 和 httpie（一种易于使用的命令行 HTTP 客户端）。

注意：请注意 Akka 2.4 要求 Java 8 的支持。如果安装了早期版本的 sbt，请把它删除并升级到 0.13.7 或更高版本。Paul Phillips 的 sbt-extras() 比较有用，它可以自动选择 sbt 和 Scala 的版本。

下面看一下项目工程的结构。Sbt 工程结构与 Maven 的结构相似。它们的主要差别在于 sbt 允许构建 Scala 文件，而且包含解释器，这可使它更强大。在 chapter-up-and-running 目录中，所有服务器代码在 src/main/scala 目录下，配置文件和其他资源在 src/main/resources 目录下，测试代码在 src/test/scala 文件夹中。项目应该能够正常编译，在 chapter-up-and-running 目录下输入以下命令等待就可以了：

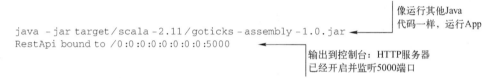

可以看到 sbt 启动，获取所有的依赖，运行所有的测试，并生成一个很大的 JAR 文件 target/scala-2.11/goticks-assembly-1.0.jar。可以用下面的命令行运行服务器，如清单 2-2 所示。

清单 2-2　运行 JAR 文件

现在已经验证了项目是可以正确编译的，是时候介绍一下它到底做了什么了。在下一节中，从编译文件开始，再看其他的资源和服务的实际代码。

2.1.1　用 sbt 进行构建

下面先看看构建文件。现在使用简单的 sbt DSL（领域特定语言）进行本章的文件编译，因为现阶段它可以满足我们的需要。用 sbt 设置 DSL，需要注意的是，在文件的设置行之间必须有空行加以分隔（这在完全配置模式下不是必需的，这时可以像通常一样编写 Scala 代码）。构建文件位于 chapter-up-and-running 目录中，名字为 build.sbt，内容如清单 2-3 所示。

清单 2-3　sbt 构建文件

```
"com.typesafe.akka" %% "akka - http - spray - json - experimental" %
    akkaVersion,
"io.spray" %% "spray - json" % "1.3.1",
"com.typesafe.akka" %% "akka - slf4j" % akkaVersion,
"ch.qos.logback" % "logback - classic" % "1.1.3",
"com.typesafe.akka" %% "akka - testkit" % akkaVersion % "test",
"org.scalatest" %% "scalatest" % "2.2.0" % "test"
)
}
```

sbt 使用一系列预定义的库，包含一个 Lightbend 的存储库，托管我们在这里使用的 Akka 库。对于熟悉 Maven 使用的读者，这看起来更紧凑。和 Maven 一样，一旦有了存储库和依赖映射，就可以通过修改一个简单的值，很容易地获取库文件的新版本。

每个依赖以组织 % 模块 % 版本号（%% 自动应用库的 Scala 的正确版本）的格式指向一个 Maven 的构件。这里最重要的依赖是 akka-actor 模块。现在已经建立了构建文件，我们可以编译代码，运行测试并构建 JAR 文件。在 chapter-up-and-running 目录中，运行以下的命令，如清单 2-4 所示。

清单 2-4 执行测试

```
sbt clean compile test ←———— 删除目标文件，然后编译并执行测试
```

如果任何依赖仍需要下载，则 sbt 会自动进行。

2.1.2 快进到 GoTicks.com REST 服务器

我们的售票服务将允许客户购买各种活动（如音乐会、体育游戏等）的票。假定我们是一个名为 GoTicks.com 的初创公司的一部分，在第一次迭代中，我们已经被分派为第一个版本的服务构建后端 REST 服务器。现在要做的是给客户一张标号的演出票。一旦所有票售罄，服务器将返回 404（未找到）HTTP 状态码。首先要实现的 REST API 是添加一个新的活动（因为系统中的所有其他服务需要出现一个活动）。新活动只包含活动的名称（如红辣椒的"RHCP"）和可以为指定场地销售的总票数。

REST API 的需求见表 2-1。

表 2-1 REST API 的需求

描 述	HTTP 请求方式	URL	请 求 体	状 态 码	响应实例

创建活动	POST	/events/RHCP	{"tickets":250}	201 Created	{
					"name":"RHCP",
					"tickets":250
					}

获取所有活动	GET	/events	N/A	200 OK	[{event:"RHCP", tickets:249},{ event:"Radiohead", tickets:130}]
买票	POST	/events/RHCP/tickets	{"tickets":2}	201 Created	{"event":"RHCP", "entries":[{"id":1},{"id":2}] }

（续）

描　述	HTTP 请求方式	URL	请　求　体	状　态　码	响　应　实　例
取消活动	DELETE	/events/RHCP	N/A	200 OK	{event:"RHCP", tickets:249}

下面构建 App 并在 sbt 中运行。进入 chapter-up-and-running 目录，并执行如下的命令，如清单 2-5 所示。

清单 2-5　用 sbt 启动 App 的本地应用

```
sbt run                              ←————————— 告诉构建工具进行编译并运行App
[info] Running com.goticks.Main
INFO [Slf4jLogger]:Slf4jLogger started
RestApi bound to /0:0:0:0:0:0:0:0:5000
```

和大多数构建工具一样，sbt 类似于 make：如果代码需要编译，则进行编译，然后打包。和其他构建工具不同，sbt 可以在本地部署和运行 App。如果遇到错误，则需确保没有在其他控制台窗口运行应用，并且没有其他进程使用 5000 端口。下面看看能否使用 httpie[⊖]，使发送 HTTP 请求变得简单。它支持 JSON 和 HTTP 头等其他处理。先看看能不能用指定的票数创建一个活动，如清单 2-6 所示。

清单 2-6　从命令行创建一个活动

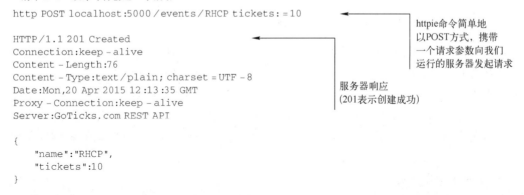

参数被转换成 JSON 格式。注意，参数使用:=而不是=，这意味着参数是非字符串类型的域。这种格式的命令转换成{"tickets":10}。接下来的全部内容是 httpie 输出到控制台的 HTTP 响应。活动现在创建成功了，让我们再创建一个：

```
http POST localhost:5000/events/DjMadlib tickets:=15
```

现在试试 GET 请求。根据 REST 约定，以实体结尾的 GET URL 应返回这一实体的列表，如清单 2-7 所示。

清单 2-7　请求所有活动的列表

```
http GET localhost:5000/events
```

⊖　可以在这里（https://github.com/jakubroztocil/httpie）获取 httpie。

24

```
...
HTTP/1.1 200 OK
Connection:keep-alive
Content-Length:110
Content-Type:application/json; charset=UTF-8
Date:Mon,20 Apr 2015 12:18:01 GMT
Proxy-Connection:keep-alive
Server:GoTicks.com REST API

{
    "events":[
        {
            "name":"DjMadlib",
            "tickets":15
        },
        {
            "name":"RHCP",
            "tickets":10
        }
    ]
}
```

注意，可以看到两个活动，并且所有票都是可售的。现在看一下是否可以买两张 RHCP 的票。

清单 2-8　买两张 RHCP 的票

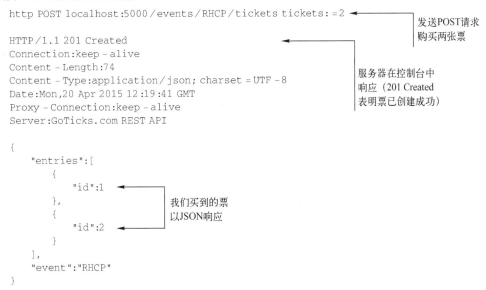

```
http POST localhost:5000/events/RHCP/tickets tickets:=2

HTTP/1.1 201 Created
Connection:keep-alive
Content-Length:74
Content-Type:application/json; charset=UTF-8
Date:Mon,20 Apr 2015 12:19:41 GMT
Proxy-Connection:keep-alive
Server:GoTicks.com REST API

{
    "entries":[
        {
            "id":1
        },
        {
            "id":2
        }
    ],
    "event":"RHCP"
}
```

发送POST请求购买两张票

服务器在控制台中响应（201 Created 表明票已创建成功）

我们买到的票以JSON响应

这里假定的是本次活动有两张票，否则我们会得到 404。

如果以 GET 方式再次请求/events，会得到如下的响应。

清单 2-9　两次活动创建后的 GET 结果

```
HTTP/1.1 200 OK
Content-Length:91
Content-Type:application/json; charset=UTF-8
Date:Mon,20 Apr 2015 12:19:42 GMT
```

```
Server:GoTicks.com REST API

[
    {
        "event":
        "DjMadlib",
        "nrOfTickets":15
    },
    {
        "event":
        "RHCP",
        "nrOfTickets":8
    }
]
```

和预期的一样，RHCP 只有 8 张票了。如果所有的票已售完，则会得到 404。

清单 2-10　座位卖完后的结果

```
HTTP/1.1 404 Not Found         ◄──────    当我们无票可售时,
Content-Length:83                          服务器返回404
Content-Type:text/plain
Date:Tue,16 Apr 2013 12:42:57 GMT
Server:GoTicks.com REST API

The requested resource could not be found
but may be available again in the future.
```

REST API 中的所有 API 调用都到此结束。很明显，应用已经支持 Event（活动的）基本的 CRUD 操作，从 Event（活动）创建到票全部售完。这并不完全，我们还没有处理活动的票未售完的情况，实际上当活动开始时，这些票应该变成不可用的。下一节将详细讨论如何得到这个结果。

2.2　探索应用中的 App

本节将介绍 App 是如何构建的。读者可以构建自己的 Actor，也可以学习 github.com 上的源代码。Actor 可以执行以下 4 种操作：创建、发送/接收，改变和监督。在本例中，只介绍前两种操作。首先，我们来看下整体结构：各种协作者（Actor）如何交互完成核心功能——创建活动、发布票券和完成活动。

2.2.1　App 结构

整个应用由两个 Actor 类组成。首先必须要做的是创建一个包含所有 Actor 的 ActorSystem，然后 Actor 就可以相互创建了。图 2-1 显示了这一创建次序。

RestApi 包括几个路由（route）处理 HTTP 请求。路由使用方便的 DSL 定义如何处理 HTTP 请求，DSL 由 Akka 的 akka-http 模块提供。RestApi 是 HTTP 的基本适配器：负责 JSON 转换和所需的 HTTP 响应。稍后会演示如何把这个 Actor 连接到 HTTP 服务器。即使在这个最简单的示例中，也可以看到请求的实现如何产生一些协作者，每个具有特定的功能。

TicketSeller 最终跟踪某一特定活动的票卷并进行销售。图 2-2 演示了创建 Event（活动）的请求在 ActorSystem 中的工作流程（这是在表 2-1 中的第一个服务）。

讨论的第二个服务中 Customer（顾客）能够买票（现在有了一个 Event（活动））。图 2-3 显示了当收到购票请求（JSON 格式）后将发生什么。

下面看一下整体代码。首先 Main 类启动一切。Main 对象是一个简单的 Scala App，可以像其他 Scala App 一样运行。它类似于包含 main 方法的 Java 类。在详细了解 Main 类之前，先看一下最重要的表达式，清单 2-11 中的导入语句。

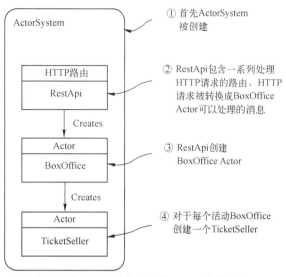

图 2-1　REST 请求触发的 Actor 创建顺序

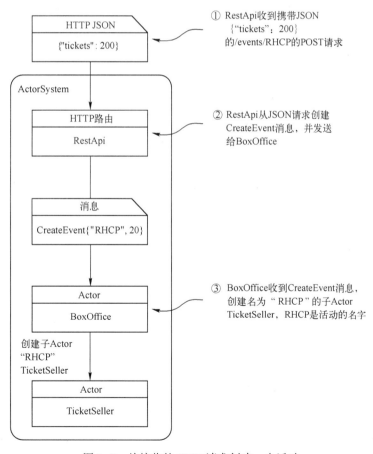

图 2-2　从接收的 JSON 请求创建一个活动

27

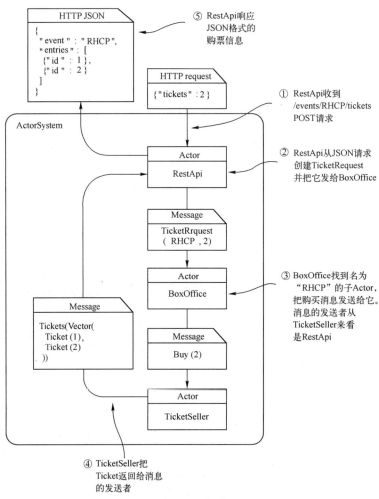

图 2-3　购票

清单 2-11　Main 类的导入语句

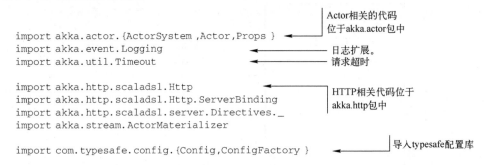

Main 类首先要创建一个 ActorSystem，然后 ActorSystem 创建 RestApi，获得 HTTP 扩展，并把 RestApi 路由绑定到 HTTP 扩展，绑定过程稍后介绍。Akka 采用扩展机制（extension）支持各种工具，正如你在本书的剩余部分看到的一样。Http 和 Logging 就是这样的例子。

我们并不对配置参数（如主机和端口）进行硬编码，而是采用 Typesafe 配置库（Typesafe Config Library）进行配置（第 7 章将详细介绍该配置库的使用方法）。

清单 2-12 展示了启动 ActorSystem 和 HTTP 扩展的关键代码，以及获取 RestApi 路由并绑定到 HTTP，这些都是 Main 对象的职责。

清单 2-12　启动 HTTP 服务器

```
object Main extends App
        with RequestTimeout{
  val config = ConfigFactory.load()          从配置中获取
  val host = config.getString("http.host")   主机和端口
  val port = config.getInt("http.port")

  implicit val system = ActorSystem()        bindAndHandle是异步的，
  implicit val ec = system.dispatcher        需要一个隐式ExecutionContext

  val api = new RestApi(system,requestTimeout(config)).routes   RestApi提供
                                                                HTTP路由
  implicit val materializer = ActorMaterializer()
  val bindingFuture:Future[ServerBinding] =
  Http().bindAndHandle(api,host,port)        用RestAPI路由
}                                            启动HTTP服务器
```

和任何 Scala 应用一样，Main 对象继承自 App。

ActorSystem 自创建以后就是活跃的，根据需要启动线程池。

Http() 返回 HTTP 扩展。bindAndHandle 把 RestApi 中定义的路由绑定到 HTTP 服务器。bindAndHandle 方法是异步的，在结束前返回一个 Futuer 对象。现在就讨论这些细节，稍后再进行讨论（第 5 章将讨论关于 Future 的话题）。Main App 并不立即退出，ActorSystem 创建非精灵（后台）线程并保持运行（直到它退出）。

RequestTimeout Trait 在这里介绍是为了完整性需要，它使得 RestApi 使用 akka-http 中配置的请求超时成为可能。代码如清单 2-13 所示。

清单 2-13　Main 对象

```
trait RequestTimeout{
    import scala.concurrent.duration._               使用akka-http服务器
    def requestTimeout(config:Config):Timeout = {   配置的默认请求超时设置
        val t = config.getString("spray.can.server.request-timeout")
        val d = Duration(t)
        FiniteDuration(d.length,d.unit)
    }
}
```

获取请求超时被提取到一个 RequestTimeout Trait 中。

App 中的 Actor 通过消息进行交互。Actor 接收和请求返回的消息，在 Actor 的伴随对象中集中在一起。BoxOffice 消息显示如清单 2-14 所示。

清单 2-14　BoxOffice 消息

```
case class CreateEvent(name:String,tickets:Int)   创建活动的消息
case class GetEvent(name:String)                  获取活动的消息
case object GetEvents                             请求所有活动的消息
```

29

```
case class GetTickets(event:String,tickets:Int)         ← 获取某活动的票券
case class CancelEvent(name:String)                      ← 取消活动的消息
case class Event(name:String,tickets:Int)               ← 描述活动的消息
case class Events(events:Vector[Event])                  ← 描述活动列表的消息
sealed trait EventResponse                               ← CreateEvent的响应消息
case class EventCreated(event:Event)extends EventResponse
case object EventExists extends EventResponse            → 表征活动已创建的消息
```
表征活动已存在的消息

TicketSeller 发送或接收的消息如清单 2-15 所示。

清单 2-15　TicketSeller 消息

向 TicketSeller 添加票券的消息

```
case class Add(tickets:Vector[Ticket])
case class Buy(tickets:Int)
case class Ticket(id:Int)
case class Tickets(event:String,
                   entries:Vector[Ticket]=Vector.empty[Ticket])
case object GetEvent
case object Cancel
```

从 TicketSeller 购票的消息

票券

活动的票券列表

活动剩余票券的消息

取消活动的消息

　　和典型的 REST App 一样，有一个关于核心实体生命周期的接口：Event 和 Ticket。所有这些消息都是不可改变的（因为它们是 case 类或对象）。Actor 必须被设计成可以接收它们需要的消息，并产生它们调用合作者时需要的消息。这特别适合 REST 来完成。在下一节将详细介绍 Actor，从 TicketSeller 开始，以"自下而上"的方式进行介绍。

2.2.2　处理销售的 Actor：TicketSeller

　　TicketSeller 由 BoxOffice 创建，并持有票券的列表。每次购票请求，它就会从列表中把相应的票券删除。清单 2-16 显示了 TicketSeller 的代码。

清单 2-16　实现 TicketSeller

```
class TicketSeller(event:String)extends Actor{
    import TicketSeller._

    var tickets = Vector.empty[Ticket]

    def receive = {
        case Add(newTickets) => tickets = tickets ++ newTickets
        case Buy(nrOfTickets) =>
            val entries = tickets.take(nrOfTickets).toVector
            if(entries.size >= nrOfTickets){
                sender()!Tickets(event,entries)
                tickets = tickets.drop(nrOfTickets)
            } elsesender()!Tickets(event)
        case GetEvent => sender()!Some(BoxOffice.Event(event,tickets.size))
        case Cancel =>
            sender()!Some(BoxOffice.Event(event,tickets.size))
            self!PoisonPill
    }
}
```

票券列表

当有 Ticket 消息到达时，向列表中添加票券

当收到 GetEvent 消息时，返回一个活动剩余的票数

如果有足够的票，则将购票数量从列表中删除，并返回包含 Ticket 的消息，否则返回空的 Ticket 消息

TicketSeller 使用不可变列表跟踪可用的票数。可变列表也是足够安全的,因为它只在 Actor 内部可用,并且任意时刻只有一个线程在访问。

应该倾向于使用不可变列表。当向其他 Actor 返回部分或全部列表时它也是可变的。例如,用于从列表中删除前几张票的 take 方法,对于可变列表（scala. collection. mutable. List-Buffer）,take 方法返回相同类型的列表（ListBuffer）,很显然它也是可变的。

2. 2. 3　BoxOffice Actor

对于每个活动 BoxOffice 需要创建一个子 TicketSeller,并将该子项的委托返回给负责此项活动的 TicketSeller。清单 2-17 演示了 BoxOffice 对 CreateEvent 消息的响应。

清单 2-17　BoxOffice 创建 TicketSeller

```
def createTicketSeller(name:String) =
    context.actorOf(TicketSeller.props(name),name)    ◄── 使用它的上下文创建TicketSeller,
                                                          定义在独立的方法中,使其在
                                                          测试时易于覆盖
def receive = {
    case CreateEvent(name,tickets) =>
        def create() = {                                ◄── 局部方法创建TicketSeller,
            val eventTickets = createTicketSeller(name)     向其添加票券,并以
            val newTickets = (1 to tickets).map{ticketId =>  EventCreated进行响应
                TicketSeller.Ticket(ticketId)
            }.toVector
            eventTickets ! TicketSeller.Add(newTickets)
            sender()! EventCreated
        }
        context.child(name).fold(create())(_ => sender()! EventExists) ◄──
                                               创建EventCreated并响应,
                                               或以EventExists作为响应
```

BoxOffice 对每个未结束的活动创建一个 TicketSeller。注意它使用它的上下文而不是 ActorSystem 创建 Actor。使用另一 Actor 上下文创建的 Actor 是其子孙,服从父 Actor 的监督（后续章节将详细介绍）。BoxOffice 为当前活动构建一系列标号的票券,并把这些票券发送给 TicketSeller,还会向 CreateEvent 消息的发送者（这里 RestApi Actor 是发送者）送回 Event 已经创建的响应。清单 2-18 显示了 BoxOffice 对 GetTickets 消息的响应。

清单 2-18　获取票券

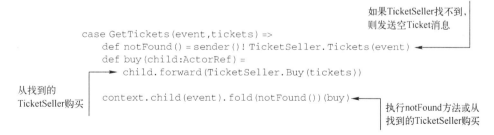

```
                                              如果TicketSeller找不到,
                                              则发送空Ticket消息
        case GetTickets(event,tickets) =>
            def notFound() = sender()! TicketSeller.Tickets(event) ◄──
            def buy(child:ActorRef) =
      ┌──►      child.forward(TicketSeller.Buy(tickets))
从找到的
TicketSeller购买  context.child(event).fold(notFound())(buy) ◄──
                                              执行notFound方法或从
                                              找到的TicketSeller购买
```

Buy 消息转发到 TicketSeller。转发使得 BoxOffice 向 RestApi 发送消息作为代理成为可能。TicketSeller 的响应直接到达 RestApi。

下一条消息 GetEvents 更复杂,第一次获得它时需要额外的处理。我们将询问

31

TicketSeller 剩余的票数，并把结果组合在活动的列表中。这就变得有意思起来，因为 ask 是异步操作，同时我们不想等待并阻塞 BoxOffice 处理其他的请求。

下面的代码使用了称为 Future 的概念。

清单 2-19　获取票券

```
case GetEvents =>
    import akka.pattern.ask
    import akka.pattern.pipe

    def getEvents = context.children.map{child =>
        self.ask(GetEvent(child.path.name)).mapTo[Option[Event]]
    }

    def convertToEvents(f:Future[Iterable[Option[Event]]]) =
        f.map(_.flatten).map(l => Events(l.toVector))
    pipe(convertToEvents(Future.sequence(getEvents)))to sender()
```

定义局部方法查询活动的所有TicketSeller

ask方法返回一个Future，一个最终包含一个值的类型。getEvents方法返回Iterable[Future[Option[Event]]]，随后把它转换成Future[Iterable[Option[Event]]]。管道在Future完成时把其中的值发送给一个Actor，这里是GetEvents消息的发送者RestApi

准备查询所有的TicketSeller。GetEvent查询返回一个Option[Event]，因此当对应到所有TicketSeller时，就得到Iterable[Option[Event]]。这个方法把Iterable[Option[Event]]扁平化为Iterable[Event]，而忽略所有的空Option。Iterable被转换成Events消息

这里发生的是 ask 方法立即返回一个 Future。Future 是将来某个时间点可获得的一个值（这也是名字的由来）。我们得到一个 Future 引用（可以读作"使用 Future 引用"），而不是等待响应的值（当前活动剩余的票数）。我们不直接读取值，而是定义值一旦可用要做什么。我们甚至可以把 Future 值类型的列表转换成值类型的列表，并在所有异步操作完成时定义如何处理这个列表。

当所有响应处理完成后，代码最终向发送者发送 Events 消息。发送消息时采用另一种管道（pipe）模式，这将比在 Future 中向 Actor 发送消息更加容易。

2.2.4　RestApi

RestApi 使用 Akka 的 HTTP 路由 DSL，这将在第 12 章详细介绍。随着服务接口的增加，需要更复杂的请求路由。因为仅仅创建一个 Event，然后对它进行售票，所以目前路由需求比较少。RestApi 定义了几个类用于 JSON 转换，如清单 2-20 所示。

清单 2-20　RestApi 中使用的活动消息

```
case class EventDescription(tickets:Int){
    require(tickets > 0)
}
case class TicketRequest(tickets:Int){
    require(tickets > 0)
}
case class Error(message:String)
```

包含活动初始票数的消息

包含需求票数的消息

包含错误的消息

下面详细看一下简单请求路由的详细过程，如清单 2-21 所示。首先，RestApi 需要处理 POST 请求创建 Event（活动）。

清单 2-21 活动路由定义

```
def eventRoute =
    pathPrefix("events" / Segment){event =>
        pathEndOrSingleSlash{
            post{
                // POST / events /:event
                entity(as[EventDescription]){ed =>
                    onSuccess(createEvent(event,ed.tickets)){
                        BoxOffice.EventCreated(event) => complete(Created,event)
                        case BoxOffice.EventExists =>
                        val err = Error(s" $ event event exists already. ")
                        complete(BadRequest,err)
                    }
                }
            } ~
            get{
                // GET / events /:event
                onSuccess(getEvent(event)){
                    _. fold(complete(NotFound))(e => complete(OK,e))
                }
            } ~
            delete{
                // DELETE / events /:event
                onSuccess(cancelEvent(event)){
                    _. fold(complete(NotFound))(e => complete(OK,e))
                }
            }
```

调用createEvent方法活动,creatEvent调用BoxOffice完成活动的创建

执行成功时,以201 Created结束请求

如果活动无法创建,则以400 BadRequest完成请求

路由使用 BoxOfficeApi trait,它封装了与 BoxOffice Actor 交互的方法,所以路由 DSL 代码才保持干净整洁,如清单 2-22 所示。

清单 2-22 BoxOffice API 封装与 BoxOffice Actor 所有的交互

```
trait BoxOfficeApi{
    import BoxOffice._

    def createBoxOffice():ActorRef

    implicit def executionContext:ExecutionContext
    implicit def requestTimeout:Timeout

    lazy val boxOffice = createBoxOffice()

    def createEvent(event:String,nrOfTickets:Int) =
        boxOffice.ask(CreateEvent(event,nrOfTickets))
            .mapTo[EventResponse]

    def getEvents() =
        boxOffice.ask(GetEvents).mapTo[Events]

    def getEvent(event:String) =
        boxOffice.ask(GetEvent(event))
            .mapTo[Option[Event]]

    def cancelEvent(event:String) =
        boxOffice.ask(CancelEvent(event))
            .mapTo[Option[Event]]

    def requestTickets(event:String,tickets:Int) =
        boxOffice.ask(GetTickets(event,tickets))
```

```
    .mapTo[TicketSeller.Tickets]
}
```

RestApi 实现了 createBoxOffice 方法创建 BoxOffice 子 Actor。清单 2-23 显示了售票的 DSL 片段。

清单 2-23　Ticket 路由定义

```
def ticketsRoute =
    pathPrefix("events" / Segment / "tickets"){event =>       将tickets的JSON请求
        post{                                                转换成TicketRequest
            pathEndOrSingleSlash{                            case类
                // POST / events /:event /tickets
                entity(as[TicketRequest]){request =>
                    onSuccess(requestTickets(event,request.tickets)){tickets =>
                        if(tickets.entries.isEmpty)complete(NotFound)
                        else complete(Created,tickets)        如果tickets
                    }                                         不可得，则响应
                }                                             404 Not Found
            }
        }                                 以201 Created进行响应,
                                          把tickets转换成JSON实体
```

消息自动转换回 JSON 格式，将在第 12 章介绍转换细节。这就是 GoTicks.com 应用的第一次迭代的所有的 Actor。这个例子展示了如何在请求/响应的同步 HTTP 中实现异步处理。仅用几行代码就可以构建这个 App。

2.3　部署到云上

Heroku.com 是一家流行且可以运行 Scala 应用的云提供商，可以运行免费实例。本节将介绍如何把 GoTicks.com app 运行到 Heroku 上。最好已经安装了 Heroku 的 toolbelt（见 https://toolbelt.heroku.com/）。如果没有，请参考 Heroku 网站（https://devcenter.heroku.com/articles/heroku-command）进行安装。还需要在 heroku.com 上申请一个账号，访问他们的网站，首先在 heroku.com 上创建一个 App，然后部署并运行它。

2.3.1　在 Heroku 上创建 App

首先，登录 Heroku 账号并创建一个新的 Heroku App，托管 GoTicks.com app。在 chapter-up-and-running directory 目录下执行以下命令，如清单 2-24 所示。

清单 2-24　在 Heroku 上创建 App

```
heroku login
heroku create
Creating damp-bayou-9575... done,
stack is cedar
http://damp-bayou-9575.herokuapp.com/
|
git@heroku.com:damp-bayou-9575.git
```

可以看到类似于清单中的响应信息。

向项目中添加一些信息，便于 Heroku 理解如何编译代码。首先是 project/plugins.sbt 文件。

清单 2-25　plugins.sbt 文件

使用打包程序创建用于在Heroku上运行应用程序的启动脚本

使用Typesafe发布的库

使用程序集创建一个大的JAR文件，以部署到Heroku上

```
resolvers += Classpaths.typesafeReleases
addSbtPlugin("com.eed3si9n" % "sbt-assembly" % "0.13.0")
addSbtPlugin("com.typesafe.sbt" % "sbt-nativepackager" % "1.0.0")
```

这是构建一个 JAR 文件并构建本地脚本的一个非常小的入侵（对 Heroku 来说，这是一个 Bash shell 脚本。Heroku 运行在 Ubuntu Linux 上）。在 chapter-up-and-running 目录下，还需要 Procfile 文件，它告诉 Heroku，应用运行在 web dyno 上——Heroku 在其虚拟动态分支上运行的一种进程类型。Procfile 如清单 2-26 所示。

清单 2-26　Heroku Profile

```
web:target/universal/stage/bin/goticks
```

它指定 Heroku 应该运行 sbt-native-packager 插件构建的 Bash 脚本。先测试一下在本地的运行情况：

```
sbt clean compile stage
```
清理目标，然后构建存档文件，但并不部署

```
heroku local
23:30:11 web.1 | started withpid 19504
23:30:12 web.1 | INFO [Slf4jLogger]:Slf4jLogger started
23:30:12 web.1 | REST interface bound to /0:0:0:0:0:0:0:0:5000
23:30:12 web.1 | INFO [HttpListener]:Bound to /0.0.0.0:5000
```
Heroku负责加载App，有一个PID

告诉Heroku抓取存档文件并从本地启动

这是应用程序部署到 Heroku 上所需的准备工作。它可以让我们在本地运行一个周期，这样就可以以最快的速度进行工作，同时完成首次部署。一旦开始部署到 Heroku 上，就可以看到后续向云实例推送的工作，都是直接通过 Git 把期望版本的资源推送到远程实例上。

2.3.2　在 Heroku 上部署并运行

刚才已经验证了可以在 heroku local 上本地运行 App。通过 heroku create 在 Heroku 上创建了新的 App，这个命令还向 Git 配置中添加了名为 heroku 的 git remote。现在要做的是确保所有改变已经提交到 Git 的本地版本库，然后使用下面的命令把代码推送到 Heroku：

```
git subtree push --prefix chapter-up-and-running heroku master
---->Scala app detected
----->InstallingOpenJDK 1.6...
.... //resolving downloads,downloading dependencies
....
----->Compiled slug size is 43.1MB
----->Launching... done,
v1 http://damp-bayou-9575.herokuapp.com deployed toHeroku
Togit@ heroku.com:damp-bayou-9575.git
 * [new branch] master ->master
```
推送到Heroku进行部署

和以前一样，现在Heroku编译App，这次是在远程实例上

最后，和其他任何Git推送一样，成功：master现在是远程的

这些都是以已经把任何改变提交到主分支（master branch），并且项目保存在 Git 版本库的根目录下为前提的。Heroku 连接到 Git 推送进程并识别 Scala App 代码。它从云上下载所有依赖，编译代码并启动应用。最后，可以看到类似如下的输出，如清单 2-27 所示。

从 GitHub 使用 akka-in-action 项目

通常，最好使用 git push heroku master 在 Heroku 上部署。当使用 GitHub 上的 akka-in-action 项目时，这个命令不能工作，因为这个应用没有位于 Git 版本库的根目录。为了能够顺利工作，应该告诉 Heroku 使用一个分支，如下面的命令：

```
git subtree push --prefix chapter-up-and-running heroku master
```

更多详细信息请参考 chapter-up-and-running 目录下的 README.md 文件。

这些在 App 创建时显示在控制台上。注意，Heroku 已经识别 App 是 Scala 应用，因此它会安装 OpenJDK，然后进行编译并运行这个实例。现在 App 已经部署在 Heroku 上并开始运行，可以再次使用 httpie 对 Heroku 上的应用进行测试。

清单 2-27　httpie 测试 Heroku 实例

```
http POST damp-bayou-9575.herokuapp.com/events/RHCP tickets:=250
http POST damp-bayou-9575.herokuapp.com/events/RHCP/tickets tickets:=4
```

这些命令的结果与前面看到的响应相同（见清单 2-10）。现在已经把首个 Akka app 部署到 Heroku 上，也完成了 GoTicks.com app 的首次迭代。

2.4　总结

使用 Actor 构建完全功能性的 REST 服务非常简单，所有交互都是异步的。使用 httpie 命令行工具进行测试时，服务的表现与预期一样。

GoTicks.com app 还不能称为产品，还没有票券的持久化存储。我们已经部署到 Heroku 上，但 web dyno 可能随时更换，因此票券只存储在内存中根本不能实际应用。App 是向上扩展的，还没有向外扩展到多个结点上。

第 3 章
Actor 测试驱动开发

本章导读
- Actor 同步单元测试。
- Actor 异步单元测试。
- Actor 消息模式单元测试。

回想 TDD 刚出现时的场景，真是十分有趣——主要反对意见是测试耗时太长，阻碍开发进度。在不同堆栈之间以及不同阶段（如单元测试和集成测试）的测试负载方面存在巨大差异。当测试限制在单个组件的单元测试时，每个人都有快速流畅的体验。随着测试涉及的协作者不断增多，这种快速和流畅迅速消失。基于下面的原因，Actor 对于这个问题提供了非常有趣的解决方案：

- Actor 更适合测试，因为它们对行为进行了封装。
- 通常，常规单元测试只测试接口，或者必须把接口和功能分开测试。
- Actor 是构建于消息之上的，非常利于测试，因为你可以方便地发送消息来模拟行为。

在开始测试（和编码）之前，将使用上一章中的几个概念，展示它们在代码中的表示方式，介绍用于创建 Actor 的 Actor API，然后发送和接收消息。本章会详细介绍 Actor 的运行细节和必须遵守的规则，以避免出现问题，然后转向某些常见场景的实现，利用测试驱动的方法编写 Actor，并验证代码是否与期望一致。在每一步骤中，首先要关注代码实现的目标（TDD 的主要关注点之一）。接下来，编写 Actor 测试说明书，开始开发代码（TDD 测试优先风格），然后编写足够的代码确保测试通过，并重复这个过程。随着进一步推进，将介绍防止意外出现共享状态应遵循的规则，还将介绍 Akka 中 Actor 的工作细节，这对测试开发有一定影响。

3.1 测试 Actor

首先对接收和发送消息进行测试，先是即发即弃风格（单向），然后是请求响应风格

（双向）的交互。我们使用 ScalaTest 单元测试框架，也用于 Akka 本身的测试。ScalaTest 是 xUnit 风格的测试框架，如果想了解更多，请参考 www. scalatest. org 获取更多信息。ScalaTest 的易读性设计，使得它不用太多介绍就可进行测试。刚接触时，Actor 测试比通常的对象测试更难，主要有以下几个原因：

- 时间性（Timing）——消息发送是异步的，因此难于知道何时断言单元测试中的期望值。
- 异步性（Asynchronicity）——Actor 是在几个线程上并行运行的。多线程测试比单线程测试更难验证，并且需要并发原语，如锁、锁存器和 Barrier 等同步各 Actor 的结果，这些都是要远离的东西。一个使用不正确的 Barrier 可能锁住一个测试单元，进而导致整个测试执行终止。
- 无状态性（Statelessness）——Actor 隐藏其内部状态，并禁止访问这个状态，访问只能通过 ActorRef。调用 Actor 的方法并检测它的状态，是在测试中想要的，但却被 Actor 的设计阻止。
- 协作/整合（Collaboration/Integration）——如果想对几个 Actor 执行集成测试，则需要窃听 Actor 的消息，以断言是否与期望值相同。

幸运的是，Akka 提供了 akka-testkit 模块。该模块包含几个测试工具，使得 Actor 测试容易许多。测试工具模块使得几种不同类型的测试成为可能：

- 单线稈单元测试——Actor 实例通常不能直接访问。测试工具提供了 TestActorRef 访问底层的 Actor 实例。这使得直接测试 Actor 实例成为可能，调用定义的方法或在单线程环境中调用接收函数，就像测试其他正常对象一样。
- 多线程单元测试——测试工具提供了 TestKit 和 TestProbe 类，这使得如下操作成为可能：从其他 Actor 接收响应，检查消息和设置特定消息的到达时间。TestKit 提供了断言期望消息的方法。Actor 通过使用常规分发器运行在多线程环境中。
- 多 JVM 测试——Akka 还提供了多 JVM 测试工具，在测试远程 Actor 系统时很有用。多 JVM 测试将在第 6 章详细介绍。

TestKit 中的 TestActorRef 类继承自 LocalActorRef（类），它的作用是把分发器设置成只用于测试的 CallingThreadDispatcher。它调用调用者线程中的 Actor，而不是独立线程中的 Actor。这提供了一个关键连接点，提高了原先列出的解决方案。

最接近代码实际应用的选项是多线程风格，由 TestKit 类进行测试。我们集中于多线程方法进行测试，因为它可以暴露单线程环境中不易发现的问题。

在开始之前，需要做一些准备，从而避免不必要的重复。一旦 ActorSystem 被创建，它就开始运行直至停止。在所有测试中，都需要创建 ActorSystem，并停止它。为了使测试更简单，构建一个小的 trait，对于所有的测试结束时，可以保证测试系统能够自动停止。代码如清单 3-1 所示。

清单 3-1　所有测试完成后停止系统

```
import org.scalatest.{ Suite,BeforeAndAfterAll }
import akka.testkit.TestKit

trait StopSystemAfterAll extends BeforeAndAfterAll {
    this:TestKit with Suite =>
    override protected def afterAll() {
        super.afterAll()
        system.shutdown()
    }
}
```

从 ScalaTest 的 BeforeAndAfterAll trait 继承

该 trait 只能用于 TestKit 混合测试

当所有测试完成后，关闭 TestKit 提供的系统

把这个文件放在 src/test/scala/aia/testdriven 目录中，因为所有的测试代码都放置在 src/test/scala 目录中，它是所有测试代码的根目录。在编写测试时，将使用这个 trait，以便于在所有测试执行完毕后，系统自动关闭。TestKit 暴露了一个 system 值，在测试时可以创建系统中的 Actor 和想要创建的东西。

在后面的章节中，将使用测试工具模块测试使用 Actor 时常见的场景，包括单线程和多线程环境。Actor 相互作用只有几种不同的方式。我们将探索可用的不同选项，并用测试工具模块测试特定的交互。

3.2　单向消息

请读者记住，我们已经离开了"调用函数并等待响应"的土壤，因此事实上我们的例子只发送带有 tell 的单向消息。对于即发即弃的模式，我们不知道消息何时到达，也不知道消息是否到达，那该如何测试呢？我们要做的是向 Actor 发送一条消息，消息发送后检查 Actor 是否完成了它要做的工作。Actor 对消息的响应应该对消息进行处理并采取某种活动，如向其他 Actor 发送消息，保存内部状态，与其他对象交互或进行 I/O 操作。如果 Actor 的行为在外部没有可视化效果，则可以只检查消息处理过程中是否存在错误，还可以通过 TestActorRef 查看 Actor 的状态。下面将介绍 Actor 的三种变体：

- SilentActor——Actor 的行为不能从外界直接观察，它可能是 Actor 用于创建某些内部状态的中间步骤。我们测试 Actor 至少完成了消息处理，且没有抛出异常；需要确定 Actor 已经执行结束，还要测试内部状态是否已经改变。
- SendingActor——当收到的消息处理完成后，向其他 Actor（或者多个 Actor）发送消息的 Actor。我们把这种 Actor 看作一个黑盒，检查它对接收消息的响应。
- SideEffectingActor——接收消息并与其他常规对象以某种方式交互的 Actor。当向这种 Actor 发送消息之后，要确定与它交互的对象是否受到了影响。

下面对上面的每种 Actor 都编写一个测试，说明在测试中验证结果的方法。

3.2.1　SilentActor 实例

下面从 SilentActor 开始。因为这是第一个测试，所以简单看一下 ScalaTest 的用法。

清单 3-2　静默类型 Actor 的第一个测试

WordSpecLike以BDD风格
为测试提供易读的DSL

从TestKit继承，提供
测试用的Actor系统

```
class SilentActor01Test extends TestKit(ActorSystem("testsystem"))
  with WordSpecLike
  with MustMatchers                          MustMatchers提供易于阅读的断言
  with StopSystemAfterAll {
    "A Silent Actor" must {                  以文本说明的方式编写测试。
        "change state when it receives a message,single threaded" in {
        //Write the test,first fail
        fail("not implemented yet")          每个 "in"
        }                                    描述一个
        "change state when it receives a message,multi-threaded" in {  特定的测试
        //Write the test,first fail
        fail("not implemented yet")
        }
    }
}
```

确保所有
测试结束
后，系统
停止运行

这段代码是我们开始运行静默 Actor 测试所需的基本框。我们使用 WordSpec 风格的测试，它是基于 BDD 的，因为它可以将测试编写为许多文本规范，这些规范也将在测试运行时显示（测试是行为规范）。在前面的代码中，我们为静默 Actor 类型创建了测试说明——"change internal state when it receives a message."（意思是：当它收到消息时改变内部状态）。现在它总是失败，因为还没有实现与红-绿-重构（red-green-refactor）风格期望的一样，首先要确保执行失败（红），然后实现代码使其通过（绿），再对代码进行重构使其美观。清单 3-3 定义了一个什么也不做的 Actor，将总是执行失败。

清单 3-3　静默类型 Actor 的首个失败实现

```
class SilentActor extends Actor {
    def receive = {                接收任何消息，
        case msg =>                无任何内部状态
    }
}
```

执行命令 sbt test，一次执行所有测试，但也可能一次运行一个测试。如果要一次执行一个测试，则以交互方式启动 sbt 并执行 testOnly 命令。在下面的例子中，运行 aia.testdriven. SilentActor01Test 测试：

```
sbt
...
>testOnly aia.testdriven.SilentActor01Test
```

现在首先编写向静默 Actor 发送消息的测试，并检查它是否改变了内部状态。为了测试通过，必须编写 SilentActor 以及其伴体（companion）对象（与 Actor 名字相同的对象）。伴体对象包含消息协议，也就是 SilentActor 支持的所有消息。把相关的消息组织在一起，是一种好的方式。清单 3-4 是第一次通过。

清单 3-4　单线程测试内部状态

```
"change internal state when it receives a message,single" in {
    import SilentActor._                                        ← 导入消息

    val silentActor = TestActorRef[SilentActor]
    silentActor !SilentMessage("whisper")
    silentActor.underlyingActor.state must (contain("whisper"))
}
```

为单线程测试创建
TestActorRef

获取底层 Actor
并检查其状态

这是最简单的典型 TDD 场景：触发某些事情，并检查状态的改变。现在编写 SilentActor。
清单 3-5 显示了 Actor 实现的第一个版本。

清单 3-5　SilentActor 实现

```
object SilentActor {
    case class SilentMessage(data:String)          ← 伴体对象保持相互
    case class GetState(receiver:ActorRef)            关联的消息
}
class SilentActor extends Actor {
    import SilentActor._                           SilentActor能够
    var internalState = Vector[String]()           处理的消息类型

    def receive = {
        case SilentMessage(data) =>
            internalState = internalState :+ data    ← 状态保存在向量中，
    }                                                  每条消息报都添加到
                                                       这个向量中
    def state = internalState   ← 返回构建好的向量
}                                  的状态方法
```

因为返回的列表是不可改变的，测试不能改变它，所以当检查期望的结果时会引发问
题。设置/修改 iternalState 变量是非常安全的，因为 Actor 受到多线程访问的保护。一般来
说，最好将变量（var）与不可变数据结构结合使用，而不是将值（val）与可变数据结构结
合使用（如果以某种方式将内部状态发送给另一 Actor，则将防止意外地共享可变状态）。

现在看一下本测试的多线程版本，需要改变 Actor 的一些代码。就像单线程的版本一
样，需要添加一个状态方法，以便测试这个 Actor。需要添加一些代码，使多线程版本的
Actor 变成可测试的。清单 3-6 显示了内部状态的多线程测试。

清单 3-6　内部状态的多线程测试

伴体对象保持相关的消息

```
"change internal state when it receives a message,multi" in {
    import SilentActor._

    val silentActor = system.actorOf(Props[SilentActor],"s3")
    silentActor !SilentMessage("whisper1")
    silentActor !SilentMessage("whisper2")          消息被添加到伴体
    silentActor !GetState(testActor)                对象以获得状态
    expectMsg(Vector("whisper1","whisper2"))
}                                                   用于检查向testActor
                                                    发送了什么消息
```

测试系统
用于创建
Actor

41

Akka 实战

多线程测试使用 TestKit 的 ActorSystem 创建一个 SilentActor。

Actor 通常从 Props 对象创建。Props 对象描述了 Actor 应该如何创建。创建 Props 的最简单方式是以它要创建的 Actor 为参数进行创建，在本例中写作 Props[SilentActor]。以这种方式创建的 Props 最终以它的默认构造方法创建 Actor。

使用多线程 Actor 系统的情况下，无法访问 Actor 实例，必须以另一种方式观察 Actor 的状态变化。因此添加了 GetState 消息，它持有一个 ActorRef。TestKit 有一个 testActor，可用于接收期望的消息。这里添加的 GetState 方法，可以让 SilentActor 发送它的内部状态。因此，可以调用 expectMsg 方法，它期望一条消息发送到 testActor，并对消息进行断言。在本例中，这条消息是一个包含所有数据域的 Vector。

expectMsg * 方法的超时设置

TestKit 有多个版本的 expectMsg 方法和其他断言消息的方法。所有这些方法都希望在一定时间内收到一条消息，否则它们将超时并抛出异常。超时设置有一个默认值，它可以在配置中用 akka. test. single-expect-default 键进行设置。扩展因子（dilation factor）用于计算实际时间（通常设置为1，意思是超时设置不增加）。它的作用是兼容不同计算能力的机器。在运行较慢的机器上，等待时间会比较长（通常开发人员在他们较快的工作站上运行测试，当提交到较慢的持续集成服务器上时，就会失败）。每台机器都可以配置这个因子，确保测试运行成功（第7章将详细介绍有关的配置问题）。可以直接在方法中设置最大超时时间，但最好使用配置的值，根据需要在不同的测试上改变这个值。

现在要做的就是对 SilentActor 进行编码，使得它也可以处理 GetState 消息，如清单 3-7 所示。

清单 3-7　SilentActor 实现

```
object SilentActor {
    case class SilentMessage(data:String)
    case class GetState(receiver:ActorRef)   ← 为了测试的目的
}                                               添加GetState消息
class SilentActor extends Actor {
    import SilentActor._
    var internalState =Vector[String]()
    def receive = {
        case SilentMessage(data) =>
            internalState = internalState : + data
        case GetState(receiver) => receiver !internalState  ← 在GetState消息中，
    }                                                         将内部状态发送给
}                                                             ActorRef
```

内部状态在 GetState 消息中被送回 ActorRef，在本例中将是 testActor。因为内部状态是不可变 Vector，所以绝对安全。对于 SilentActor 类型就这些：单线程和多线程变体。使用这些方法，可以构建大多数程序员熟悉的测试：利用 TestKit 的工具可以检查状态的改变并对其进行断言。

3. 2. 2　SendingActor 实例

通常 Actor 通过 props 方法持有一个 ActorRef，用于后续发送消息。在这个例子中，将构建

42

一个 SendingActor，把所有活动排序，并把排序后的活动列表发送给接收者，如清单 3-8 所示。

清单 3-8　发送 Actor 测试

```
"A Sending Actor" must {
    "send a message to another actor when it has finished processing" in {
        import SendingActor._
        val props = SendingActor.props(testActor)
        val sendingActor = system.actorOf(props,"sendingActor")

        val size = 1000
        val maxInclusive = 100000

        def randomEvents() = (0 until size).map{ _ =>
            Event(Random.nextInt(maxInclusive))
        }.toVector

        val unsorted = randomEvents()
        val sortEvents = SortEvents(unsorted)
        sendingActor !sortEvents

        expectMsgPF() {
            case SortedEvents(events) =>
            events.size must be(size)
            unsorted.sortBy(_.id) must be(events)
        }
    }
}
```

接收者被传递给props方法，用于创建Props，在测试中传递testActor

随机无序的活动列表被创建

testActor应该收到一个活动排序好的Vector

SortEvents 消息被发送给 SendingActor。SortEvents 消息包含必须要排序的活动。SendingActor 要把这些活动排序，并发送 SortedEvents 消息给接收者 Actor。在测试中，把消息传送给 testActor，而不是实际处理消息的 Actor，这很容易做到，因为接收者仅仅是一个 ActorRef。因为 SortEvents 消息包含随机活动的向量，所以不能使用 expectMsg(msg)，因为这样不能确切匹配。在这种情况下，使用 expectMsgPF，它持有一个偏函数（partial function），和 Actor 收到的消息一样。这里匹配被发送到 testActor 的消息，它应该 SortedEvents 消息，包含排序好的 Events 向量。如果现在进行测试，将会执行失败，因为还没有实现 SendingActor 中的消息协议。SendingActor 实现如清单 3-9 所示。

清单 3-9　SendingActor 实现

接收者通过Props传递给SendingActor的构造函数：在测试中传入一个 testActor

```
object SendingActor {
def props(receiver:ActorRef) =
Props(new SendingActor(receiver))
case class Event(id:Long)
case class SortEvents(unsorted:Vector[Event])
case class SortedEvents(sorted:Vector[Event])
}

class SendingActor(receiver:ActorRef) extends Actor {
import SendingActor._
def receive = {
case SortEvents(unsorted) =>
receiver !SortedEvents(unsorted.sortBy(_.id))
```

SortEvent消息被发送给SendingActor

SendingActor完成排序后，把SortedEvent消息发送给接收者

SortEvents和SortedEvents都使用不可变Vector

再一次创建伴体保存消息协议。它也含有一个 Props 方法，用于创建 Actor 的 Props。这

里需要把接收者（Actor）的引用传递给它（Props 方法），因此使用了 Props 的另一种变体。

调用 Props(arg)转换为调用 Props. apply 方法，该方法需要一个名称创建者参数。名称参数在第一次引用时被求值，因此 new SendingActor(receiver)仅在 Akka 需要创建它时执行一次。在伴体对象中创建 Props 的好处是不能访问 Actor 的内部状态，在这种情况下需要从一个 Actor 创建 Actor。从 Props 中使用 Actor 的内部元素将导致竞争条件。如果 Props 本身正在被需要通过网络发送的消息使用，将导致序列化问题。推荐使用我们的方式创建 Props。

SendingActor 用 sortBy 方法对未排序的 Vector 进行排序，它创建有序向量的拷贝，可以安全的共享。SortedEvents 被传递到接收者。再一次利用了 case 类的不可变性和不可变的 Vector 数据结构。

下面看一下 SendingActor 的一些变体。表 3-1 显示了 SendingActor 的常见变化。

表 3-1　SendingActor 类型

Actor	描　　述
MutatingCopyActor	Actor 创建一个改变了的副本，并把这个副本发送给下一个 Actor，本节介绍的就是这种情况
ForwardingActor	只将收到的消息进行转发，并不改变消息
TransformingActor	把收到的消息变成不同的类型
FilteringActor	转发部分接收的消息，而抛弃另一些收到的消息
SequencingActor	根据收到的一条消息，Actor 创建许多消息，并把创建的消息一个接一个地发送给另一 Actor

MutatingCopyActor、ForwardingActor 和 TransformingActor 可以用相同的方式进行测试。可以传递一个 testActor 作为下一个 Actor 来接收消息，并用 expectMsg 或 expectMsgPF 访求检查消息。FilteringActor 的不同之处在于它解决了如何断言某些消息未通过的问题。SequencingActor 需要类似的方法。如何判断收到的消息数目是正确的？下面的测试告诉你如何做。

编写一个 FilteringActor 的测试，如清单 3-10 所示。FilteringActor 的作用是过滤重复的消息。它持有一个收到消息的列表，并检查到来的消息是否与表中的消息重复。这相当于对调用、调用计数和缺失调用进行断言的框架进行模拟。

清单 3-10　FilteringActor 测试

```scala
"filter out particular messages" in {
    import FilteringActor._
    val props = FilteringActor.props(testActor,5)
    val filter = system.actorOf(props,"filter-1")
    filter !Event(1)
    filter !Event(2)
    filter !Event(1)
    filter !Event(3)
    filter !Event(1)
    filter !Event(4)
    filter !Event(5)
    filter !Event(5)
    filter !Event(6)
    val eventIds = receiveWhile() {
        case Event(id) if id <= 5 => id
    }
    eventIds must be(List(1,2,3,4,5))
    expectMsg(Event(6))
}
```

发送一些活动，包括重复的活动

接收消息直到没有 case 语句匹配为止

确定结果中没有重复的活动

测试使用 receiveWhile 方法收集 testActor 收到的消息，直接没有 case 语句匹配为止。在测试中，Event(6)在 case 语句中没有匹配，case 语句定义 Event 的 ID 小于等于 5 的为匹配，从而退出 while 循环。receiveWhile 方法返回收集到的元素，因为它们在偏函数（partial function）中作为列表返回。现在编写 FilteringActor 实现这些功能，如清单 3-11 所示。

清单 3-11　FilteringActor 实现

```
object FilteringActor {
    def props(nextActor:ActorRef,bufferSize:Int) =
    Props(new FilteringActor(nextActor,bufferSize))
    case class Event(id:Long)
}
class FilteringActor(nextActor:ActorRef,
        bufferSize:Int) extends Actor {
    import FilteringActor._
    var lastMessages = Vector[Event]()
    def receive = {
        case msg:Event =>
        if (!lastMessages.contains(msg)) {
            lastMessages = lastMessages :+ msg
            nextActor !msg
            if (lastMessages.size > bufferSize) {
                //discard the oldest
                lastMessages = lastMessages.tail
            }
        }
    }
}
```

缓冲区的最大值被传递给构造函数

最后消息的Vector被保留

活动在缓冲区中未打到，则发送给下一个Actor

当缓冲区满时，保留时间最长的活动被丢弃

FilteringActor 持有最后接收消息的 Vector 缓冲区，并把接收到的缓冲区中不存在的消息添加到 Vector 中。只有缓冲区中不存在的消息才被发送到 nextActor。当达到最大缓冲区的 bufferSize 值时，为防止 lastMessages 列表变得太大使内存溢出，列表中保存时间最长的消息将被删除。

receiveWhile 方法也可用于测试 SequencingActor，可以断言由某个特定活动触发的一系列消息是符合期望的。当需要断言多个消息时，有以下两个方法：ignoreMsg 和 expectNoMsg。ignoreMethod 持有一个类似于 expectMsgPF 方法的偏函数（partial function），它不是用来对消息进行断言，而是忽略任何匹配模式的消息。如果对大多数消息不感兴趣，只处理发送给 testActor 的特定消息，这个方法将非常有用。expectNoMsg 断言在一定时间内没有消息发送给 testActor，这也在 FilteringActor 测试中发送重复消息之间使用。下面的测试清单 3-12 演示了 expectNoMsg 方法的使用。

清单 3-12　FilteringActor 实现

```
"filter out particular messages using expectNoMsg" in {
    import FilteringActor._
    val props=FilteringActor.props(testActor,5)
    val filter=system.actorOf(props,"filter-2")
    filter !Event(1)
    filter !Event(2)
    expectMsg(Event(1))
    expectMsg(Event(2))
    filter !Event(1)
```

```
expectNoMsg
filter !Event(3)
expectMsg(Event(3))
filter !Event(1)
expectNoMsg
filter !Event(4)
filter !Event(5)
filter !Event(5)
expectMsg(Event(4))
expectMsg(Event(5))
expectNoMsg()
}
```

因为 expectNoMsg 必须等待一定时间才能确定没有收到任何消息，所以这个测试运行较慢。

TestKit 提供了一个 testActor 用来接收消息，可用于 expectMsg 和其他方法断言消息。TestKit 只有一个 testActor，因为 TestKit 需要继承，如果要测试向多个 Actor 发送消息的 Actor 时该怎么办呢？答案是 TestProbe 类。TestProbe 类与 TestKit 非常类似，唯一不同的是，它无须继承就可以使用。只需要简单地用 TestProbe() 创建一个 TestProbe 就可以开始使用了。本书中编写的测试会经常使用 TestProbe。

3.2.3　SideEffectingActor 实例

清单 3-13 显示了一个简单的 Greeter Actor，根据收到的消息打印问候语。这是 Actor 版的 "Hello World" 实例。

清单 3-13　Greeter Actor

```
import akka.actor.{ActorLogging,Actor}

case class Greeting(message:String)

class Greeter extends Actor with ActorLogging {         ┐ 打印它
    def receive ={                                        │ 收到的
      case Greeting(message) => log.info("Hello {}!",message) ◄┘ 问候语
      }
    }
```

Greeter 只做一件事：接收消息并把它输出到控制台。SideEffectingActor 允许进行这种测试：处理结果不能直接访问。虽然许多情况符合这种描述，但清单 3-14 足以说明对期望结果的最终测试方法。

清单 3-14　测试 Hello World

```
import Greeter01Test._
class Greeter01Test extends TestKit(testSystem)  ◄──────  在Greeter01Test
        with WordSpecLike                                 对象中使用
        with StopSystemAfterAll {                         testSystem
    "The Greeter" must {
        "say Hello World!when a Greeting("World") is sent to it" in {
            val dispatcherId = CallingThreadDispatcher.Id
单线程 ──►  val props = Props[Greeter].withDispatcher(dispatcherId)
环境        val greeter = system.actorOf(props)
            EventFilter.info(message = "Hello World!",
```

```
                    occurrences =1).intercept {          ◄─────────  拦截日志消息
                        greeter !Greeting("World")
                    }
                }
            }
        }
    object Greeter01Test {                         从包含测试事件
        val testSystem ={                          监听器的配置中
            val config =ConfigFactory.parseString(  创建系统
            """
            akka.loggers = [akka.testkit.TestEventListener]
            """)
            ActorSystem("testsystem",config)
        }
    }
```

通过观察使用 ActorLogging trait 输出的日志消息对 Greeter 进行测试。测试工具提供了
TestEventListener，通过配置可以处理所有的日志事件。ConfigFactory 可以解析字符串的配置
文件，本例中只覆盖了事件处理列表。

测试运行在单线程环境中，因为要检查当 Greeter 收到 "World" 问候时，日志事件被
TestEventListener 处理。使用 EventFilter 对象对日志消息进行过滤。在这个例子中，滤出
期望的消息，这种过滤只进行一次。当拦截代码执行时应用过滤器，也就是当发送消
息时。

前一个测试 SideEffectingActor 的例子说明，对某些交互进行断言会迅速增加复杂性。在
许多情况下，可以对代码进行一些修改，使得它易于测试。很明显，如果把监听器传递给测
试的底层类，就没有必要进行配置或过滤，只需要获取 Actor 产生的消息即可。清单 3-15
的代码显示了修改后的 Greeter，当问候被记入日志时，可以通过配置发送一条消息给监听
器 Actor。

清单 3-15　通过监听器简化 Greeter Actor 测试

```
    object Greeter02 {
        def props(listener:Option[ActorRef] =None) =
        Props(new Greeter02(listener))            构造函数有一个可
    }                                             选的监听器，默认
    class Greeter02(listener:Option[ActorRef]) ◄  情况下设置为None
            extends Actor with ActorLogging {
        def receive = {
            case Greeting(who) =>
            val message = "Hello " + who + "!"
            log.info(message)                     有选择地发送
            listener.foreach(_ !message) ◄──────  给监听器
        }
    }
```

Greeter02 Actor 被调整为接收一个 Option[ActorRef]，在 props 方法中默认被设置为
None。它在成功记录一条消息后，如果 Option 非空，则发送一条消息给监听器。当没
有使用指定的监听器时，它和通常一样运行。清单 3-16 是修改后测试 Greeter02 的
代码。

清单 3-16 更简单的 Greeter Actor 测试

```
class Greeter02Test extends TestKit(ActorSystem("testsystem"))
    with WordSpecLike
    with StopSystemAfterAll {
        "The Greeter" must {
            "say Hello World!when a Greeting("World") is sent to it" in {
                val props = Greeter02.props(Some(testActor))
                val greeter = system.actorOf(props,"greeter02 -1")
                greeter !Greeting("World")
                expectMsg("Hello World!")
            }
            "say something else and see what happens" in {
                val props = Greeter02.props(Some(testActor))
                val greeter = system.actorOf(props,"greeter02 -2")
                system.eventStream.subscribe(testActor,classOf[UnhandledMessage])
                greeter !"World"
                expectMsg(UnhandledMessage("World",system.deadLetters,greeter))
            }
        }
    }
}
```

把监听器设置给testActor

和平常一样断言消息

正如你看到的，测试已经被大大简化了。简单地把 Some(testActor) 传递给 Greeter02 的构造方法，并像平常一样断言它发送给 testActor 的消息。

3.3 双向消息

在 SendingActor 类型的多线程测试中，已经介绍过了一个双向消息（Two-way messages）的例子。在那个例子中，使用了包含 ActorRef 的 GetState 消息。简单地调用! ActorRef 响应 GetState 请求。和前面演示的一样，tell 方法有一个隐式的 sender 引用。

在本测试中，将使用 ImplicitSender trait。该 trait 把隐式的发送者替换成测试工具中的 Actor 引用。清单 3-17 显示了 trait 的使用。

清单 3-17 ImplicitSender

```
class EchoActorTest extends TestKit(ActorSystem("testsystem"))
    with WordSpecLike
    with ImplicitSender
    with StopSystemAfterAll {
```

把隐式的发送者设置成TestKit的Actor引用

在黑盒方式下，双向消息很容易测试：一个请求应该有一个响应，可以简单地对响应进行断言。在下面的测试中，将对 EchoActor 进行测试，如清单 3-18 所示。EchoActor 是一个对任何请求进行响应的 Actor。

清单 3-18 响应测试

```
"Reply with the same message it receives without ask" in {
    val echo = system.actorOf(Props[EchoActor],"echo2")
    echo !"some message"
    expectMsg("some message")
}
```

向Actor发送一条消息

对消息像平时一样断言

发送消息，EchoActor 向测试工具的 Actor 引用发送响应。这个 Actor 引用被 ImplicitSender trait 自动设置为发送者。EchoActor 保持不变，它只是把消息发送回发送者，如清单 3-19 所示。

清单 3-19　**EchoActor**

```
class EchoActor extends Actor {
    def receive = {
        case msg =>
            sender() !msg
    }
}
```

不论收到什么，只是简单地
发送回（隐式）发送者

EchoActor 的响应方式与 ask 模式或 tell 方法完全相同。

这一部分学习了 Akka 的 TestKit 提供的 Actor 测试的内容。它们有相同的目标：使得对结果断言的单元测试容易编写。TestKit 提供了单线程和多线程的测试方法。在测试中，甚至可以获取底层的 Actor 实例。按照与其他 Actor 的交互方式对 Actor 进行分类，给出了 Actor 的测试模板，包括 SilentActor、SendingActor 和 SideEffectingActor 三种类型。在许多情况下，最简单的 Actor 测试方法是传递一个 testActor 引用，它可用于断言测试底层的 Actor 发送的消息。testActor 可用于请求–响应模式中的发送者，也可用于接收消息的 Actor。最后，在许多情况下，准备一个测试用的 Actor 是非常有意义的，特别是当 Actor 是"静默的"，这种情况下，最好对 Actor 添加可选的监听器。

3.4　总结

测试驱动开发胜过质量保证机制，这是工作的一种方式。Akka 被设计成支持 TDD。因为常规单元测试的基石是调用方法，获得响应，并对响应结果进行检查。在本章，对于基于消息的异步风格，必须采用新的思维模式。

对于经验丰富的 TDD 程序员，Actor 也带来了一些新的好处。

- Actor 封装行为，测试是检查行为的必备手段。
- 基于消息的测试更清晰：只有不可变状态来回传递，排除测试破坏它们状态的可能性。
- 理解了测试的核心 Actor，就可以对所有各类的 Actor 编写单元进行测试了。

本章介绍了 Akka 的测试方式和工具。它们的真正价值在于用来实现 TDD 的承诺：迅速开发经过测试的工作代码。

## 第 4 章

容错

本章导读

- 构建自修复系统。
- 理解 "let-it-crash" 原则。
- 理解 Actor 生命周期。
- 监督 Actor。
- 选择出错恢复策略。

本章介绍了使应用程序更具有弹性的 Akka 工具，介绍了 "let-it-crash" 原则（可理解为"蓄意崩溃"），包括监督、监测和 Actor 生命周期的内容。

4.1 容错概述

下面先从容错的定义开始介绍。如果说一个系统是容错（fault tolerant）的，这意味着什么？为什么在编写代码时要接受失败？在理想状态下，系统在任何时间都是可用的，并且无论执行什么功能都能保证成功。为了实现这种理想的状态，只有两个办法：一个是使用永不失败的组件，另一个就是对于任何失败提供恢复功能。在大多数框架下，所能做的仅仅是利用捕捉机制，当未知错误发生时尽快终止操作/系统。即使应用程序企图提供恢复策略，测试它们也比较困难，毕竟为了测试恢复策略本身，增加了额外的复杂性。在以前，为了能对容错做一些处理，需要返回可能错误的状态码。异常处理成为了现代编程语言的标准配置，这给各种恢复手段提供了一种简便的方式。这虽然在不需要每行代码都增加出错检测方面获得了一些成功，但在错误到标准处理器的传播方面并没有显著改善。

无错系统在理论上非常棒，但事实是构建一个高度可用的分布式系统，即使这是实现简单功能的系统也是不可能的。其主要原因是，功能简单的系统也有一大部分不在你的控制之中，而这些部分可能崩溃。这就是普遍存在的责任问题：作为协作者的交互，经常使用共享组件，就会引发责任不清的问题（错误到底是哪个组件引发的）。一种潜在不可用资源就是网络：它可能随时中断或部分可用，如果要继续操作，则必须寻找其他通信途径或者在一段时间内停止通信。你可能依赖于出现行为不当、失败或仅偶尔无法使用的第三方服务。软件的服务器也可能会出现故障或无法使用，甚至可能会遇到硬件故障。在设备众多的电信界，设备故障太平常了，如果没有良好的应对（故障的）措施，将无法提供有效的服务，于是出现了"let it crash"的思想。

因为无法阻止故障的发生，所以必须采取一定的措施，要注意以下几点：

- 系统是需要容错的，当故障发生时以便它可以保持可用并继续运行。可恢复故障不应触发灾难性故障。
- 在某些情况下，只要系统中最重要的特性仍能够可用，而同时故障部分被停止并与系统隔离，防止它们进一步干涉系统的其他部分，产生不可预料的后果，这样是可以接受的。
- 在其他情况下，某些组件十分重要，它们需要积极的备份（可能位于不同的服务器上，或者使用不同的资源），以便于在主要组件故障时可以随时参加进来，以保证它们的可用性。
- 系统的部分故障不能破坏整个系统，因此需要一种方法隔离特定的故障，以便后续处理。

当然 Akka 工具箱也没有包含容错的金钥匙。仍然需要处理特定的故障，但会是一种更清晰、更程序化的方式。Akka 用于支持建构容错系统的特性，见表 4-1。

表 4-1 可用的容错策略

策　　略	描　　述
故障隔离	错误必须限制在系统的特定部分，不能造成全盘崩溃
容错结构	故障隔离意味着需要某种结构把它限制起来，也需要某种结构使活动部分不受影响
冗余	后备组件，当组件发生故障时，由后备组件接管
替代	如果故障组件可以被隔离，也需要在容错结构中替换它。系统的其他部分可以像与故障组件通信一样与替代组件进行通信
重启	如果组件出现不正确的状态，则需要一种能力把它恢复到初始状态。这种不正确的状态可能就是故障原因，但所有的不正确状态是不可预测的，因为各种依赖已超出了你的控制
组件生命周期	故障部分需要被隔离，如果不能恢复，则需要被终止并从系统中移除，或者用正确的状态重新初始化。这就需要组件存在启动、重启和终止的状态
挂起	当组件发生故障时，需要对该组件的所有调用挂起，直到该组件被修复或替换，只有这样，新的组件才能继续工作而不遗漏任何节拍
关注点隔离	如果故障恢复代码能够与正常代码分离，这将是比较好的。故障恢复在正常流程中是横切的。正常流程与故障恢复流程的清晰隔离，将使工作变得简单。如果已经实现这种隔离，则故障恢复将简单很多

通常异常用于从一系列行为中撤销某些操作，以防止出现不一致的状态，而不是从我们到现在为止讨论的故障中恢复。

4.1.1 普通对象与异常

下面看一个应用程序的例子，它从多个线程接收日志数据，从文件中解析出感兴趣的信息保存为行对象，并把这些行写入数据库。有些文件哨进程跟踪添加的文件，并通过某种方式通知许多线程来处理新添加的文件。图 4-1 给出了应用程序的预览，并突出显示了要详细讨论的部分（虚线框内的部分）。

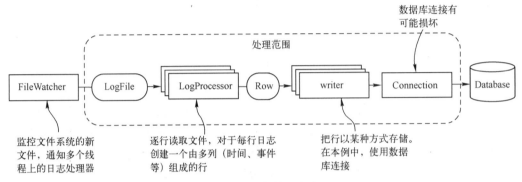

图 4-1 日志处理程序

如果数据库连接损坏，则要能够创建其他数据库的连接继续保存，而不是撤销保存操作。如果连接出现故障，则要将其关闭，防止程序继续使用它。在有些情况下，可能仅仅是重启连接，希望排除其中临时损坏的状态。可能出现问题的地方，使用伪代码进行表示。使用标准的异常处理创建相同数据库的新连接。

首先，创建线程中使用的所有对象。创建后，它们将用于处理文件哨发现的新文件。创建一个使用数据库连接的写对象。图 4-2 显示了写对象的创建过程。

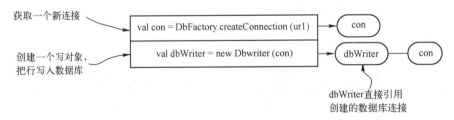

图 4-2 创建写对象

和你期望的一样，创建写对象的依赖被传递给构造函数。数据库工厂设置包括不同的 URL，通过创建写对象的线程传入。接下来创建一些日志处理器，它们获取写对象的引用保存日志行，如图 4-3 所示。

图 4-4 演示了这个实例应用程序对象之间的相互调用情况。

图 4-4 显示的流程被许多线程调用，同时处理文件哨找到的文件。图 4-5 显示了 Db-BrokenConnectionException 异常触发时的调用堆栈，这意味着应该切换到其他连接。图 4-5 中只显示了对象之间的调用情况，而忽略了每个方法的细节。

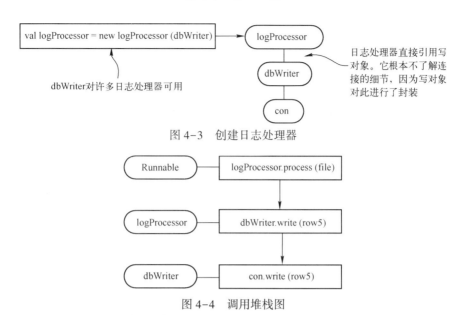

图 4-3 创建日志处理器

图 4-4 调用堆栈图

注：图中只显示了调用堆栈上每个对象（显示在左侧）调用其他对象的情况，忽略了其他方法的调用情况

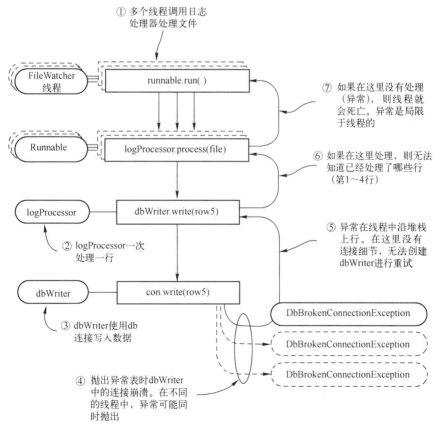

图 4-5 处理日志文件时的调用堆栈

这里不是仅仅沿堆栈抛出异常，而是要从 DbBrokenConnectionException 异常中恢复，把损坏的连接替换成可工作的连接。首先面临的问题是，很难以不破坏设计的方式添加恢复代码，其次没有足够的信息重建连接：在异常触发时，不知道文件中的哪些行已经处理完毕，哪一行正在处理。

使处理的行和连接信息对所有对象都可用将破坏我们的简单设计，并且违反一些基本的最佳实践，如封装、控制反转和单一责任。直接在异常处理中插入恢复代码，将会使日志文件处理功能与数据库连接恢复逻辑杂糅在一起。即使是找到重建连接的地点，也还要注意其他线程在替换连接时，不能使用已经破坏的连接，否则将引起某些日志行丢失。

线程之间的通信异常不是一种标准特征，必须自己创建，这可不是一件琐碎的事情。下面来看一下容错需求，看看这种方法是否有使用的机会：

- 故障隔离（fault isolation）——隔离的难点在于许多线程可能同时抛出异常，因此必须添加某些锁机制。很难把损坏连接从对象链中移出：如果这样做，就必须改写程序。将来也没有标准支持排除连接的使用，因此需要某种程度的间接方式手工在对象中创建。

- 容错结构（structure）——这种存在于对象间的结构是简单而直接的。每个对象可能引用其他对象，从而形成图状结构，运行时简单地替换图中的一个对象是不可能的。必须自行创建一个更复杂的结构（再一次使用对象间的一定程度的间接方式）。

- 冗余（redundancy）——异常抛出时，沿调用堆栈向上传播。你可能错失确定使用哪个冗余对象的机会，或者丢失正在使用的数据对象，正如前面的例子演示的一样。

- 替换（replacement）——在堆栈中某个地方替换一个对象没有默认的规则，必须找到自己的方法。依赖注入框架提供了一些这方面的功能，但当任何对象通过某种程度的间接方式引用普通对象的实例时，就会有麻烦。如果要改变一个对象，最好能确定它能够支持多线程访问。

- 重启（reboot）——和替换类似，把对象的状态返回到初始状态也不是自动支持的，需要采用另一程度的间接方式自己构造。该对象的所有依赖也必须重新引入。如果这些依赖也需要重新启动（假定日志处理器也可以抛出一些可恢复性错误），则启动的顺序问题就会使事情变得更复杂。

- 组件生命周期（component lifecycle）——一个对象只在创建之后，垃圾回收并从内存中移除之前存在。其他机制需要自行构建。

- 挂起（suspend）——当捕获异常并沿堆栈向上抛出时，输入数据或者运行上下文丢失，或不可用。在问题没有解决之前，必须创建自己的缓冲区保存对异常对象的调用。如果调用来自多个线程，则必须添加锁机制，防止同时触发多个异常，并且还要找到保存相关输入数据，以备再次处理的方法。

- 关注点分离（separation of concerns）——异常处理代码与处理代码交织，无法独立定义处理代码。

这看起来不太乐观：要做到一切井井有条，将使情况变得复杂和困难。貌似我们忽略了什么，可以使应用程序的容错变得容易：

- 在类优先的风格中，重新创建对象及其依赖关系和在应用程序中替换对象及其依赖关系是不可能的。

- 对象之间相互直接通信，因此难以隔离它们。
- 故障恢复代码与功能代码相互纠缠在一起。

Actor 可以从 Props 对象（重新）创建，是 Actor 系统的一部分，而且通过引用而不是直接进行通信。下一节将介绍 Actor 如何使故障恢复代码与功能代码进行解耦，Actor 的生命周期如何在故障恢复过程中挂起和重新启动 Actor。

4.1.2　Let it crash

通过普通对象和异常处理构建容错系统是非常复杂的工作，下面看看 Actor 是如何简化这个工作的。Actor 处理消息和遇到异常时将会做什么？我们已经讨论过不能将恢复代码嫁接在操作流程之上，因此在业务逻辑代码中进行异常处理也不是一个好的办法。

Akka Actor 不采用一条流程（即处理正常代码也处理恢复代码），而是采用两条独立的流程：一个是业务逻辑流程，另一个是故障恢复逻辑。正常流程是 Actor 处理消息的流程，故障恢复流程负责监视 Actor 的正常流程。用于监督其他 Actor 的 Actor 称为监视器（supervisor）。图 4-6 显示了监视器监视 Actor 的情况。

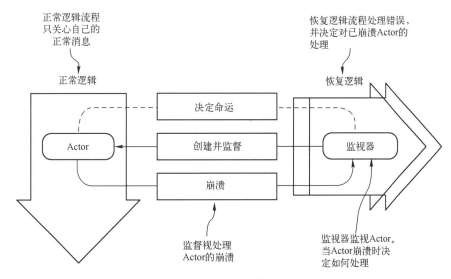

图 4-6　正常流程和恢复流程

我们做的仅仅是让 Actor 崩溃，而不是在 Actor 中捕获异常。Actor 的消息处理代码只包含正常的逻辑处理，而没有错误处理或恢复代码，因此也不属于恢复流程，这使得结构更清晰。崩溃 Actor 的邮箱暂时挂起，直到错误恢复流程中的监视器决定如何处理异常为止。Actor 如何变成监视器呢？Akka 选择采用父母监管（parental supervision）的办法，也就是说，任何创建 Actor 的 Actor，就自动成为被创建者的监视器。监视器并不"捕捉异常"，而是根据崩溃原因决定如何对崩溃的 Actor 进行处理。监视器不企图修正 Actor 或它的状态，只是简单地决定如何恢复，并触发对应的策略。监视器对 Actor 的处理有以下 4 种选择：

- 重启（restart）——Actor 必须从它的 Props 重新创建。重新开始（或者重启）后，Actor 继续处理消息。因为应用的其他部分使用 ActorRef 与之通信，新的 Actor 实例会自动接收下一条消息。
- 恢复（resume）——相同的 Actor 实例继续进行消息处理，故障被忽略。
- 停止（stop）——Actor 必须终止。不再参加消息处理。
- 处理升级（escalate）——监视器不知道如何处理，把问题汇报给它的父对象。父对象也是一个监视器。

图 4-7 给出了在使用 Actor 构建日志处理程序时，可以选择的策略。图 4-7 中显示了在特定的崩溃发生时，监视器可能采取的处理行为。

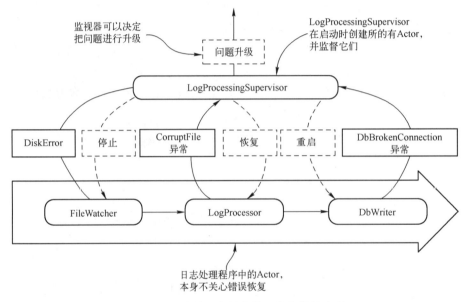

图 4-7　日志处理应用中的正常和恢复流程

图 4-7 显示了日志处理容错的解决方案，至少针对连接损坏问题。当 DbBrokenConnectionException 发生时，dbWriter Actor 崩溃，并被替换为重新创建的 dbWriter。

这里需要采取某些特殊的步骤恢复失败的消息，这一内容在如何实现重新启动时详细讨论。你只需要知道不需要重新处理消息，因为这样容易引发错误。一个很好的例子是 logProcessor 遇到损坏的文件：损坏文件重复处理可能导致邮箱中毒（poisoned mailbox）——由于破坏的消息处理一次又一次的失败，导致其他消息得不到处理。基于这个原因，Akka 选择了启动后不再向邮箱发送失败的消息，但如果你能确定发送这样的消息不会引发错误，也可以自己发送（已经失败的消息），这将在后面讨论。一个好消息就是，如果一个作业正在处理成千上万的消息，而其中一个损坏，默认的行为就是其他消息都得到了正确处理。一个损坏的文件不会引发灾难性的失败，更不会抹杀灾难发生时其他的工作（发生故障可以保留其他的工作成果）。

图 4-8 显示了当监视器选择重新启动时，崩溃的 dbWriter Actor 如何替换成新的实例。

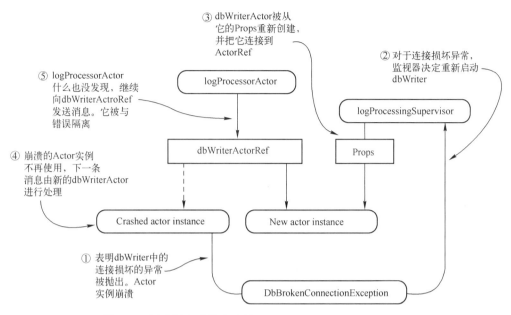

图 4-8 用重新启动的方式处理 DbBrokenConnectionException

下面重温一下"let-it-crash"方法的优点：

- 错误隔离（fault isolation）——监视器可以决定终止一个 Actor。这个 Actor 被从系统中移除。

- 容错结构（structure）——Actor 系统的引用层次结构，可以在不影响其他 Actor 的情况下替换 Actor 实例。

- 冗余（redundancy）——一个 Actor 可以替换为其他的 Actor。在数据库连接损坏的例子中，新的 Actor 实例可以连接到不同的数据库。监视器还可以决定停止出错的 Actor，并创建另一类型进行替代。另一种选择是根据负责平衡的原则，把消息路由到其他许多的 Actor，这将在第 9 章进行讨论。

- 替代（replacement）——Actor 可以通过它的 Props 进行重建。监视器可以决定以一个新的 Actor 替换出错的 Actor 实例，而无须知道重建 Actor 的任何细节。

- 重启（reboot）——这可以通过重新启动来实现。

- 组件生命周期——Actor 是一个活跃的组件。它可以被启动、停止和重新启动。下一节将详细介绍 Actor 的生命周期。

- 挂起（suspend）——当一个 Actor 崩溃时，它的邮箱被挂起，直到监视器做出处理决定。

- 关注点分离（separation of concerns）——正常的 Actor 消息处理和出错恢复监控流程是正交的，它们之间泾渭分明。

4.2 Actor 生命周期

Actor 在失败时可以重启进行恢复。在重启时，如何正确设置 Actor 的状态？为了回答这个问题，需要仔细观察 Actor 的生命周期。Actor 在其创建时由 Akka 启动。启动后一直保持 Started 状态直到停止。停止时 Actor 处于 Terminated 状态。当 Actor 被终止后，将不能再处理任何消息，并最终被垃圾回收。当 Actor 处于 Started 状态时，可以重新启动重置内部状态。正如前面讨论的，Actor 实例可以替换为一个新的 Actor 实例。重启可以根据需要进行好多次。在 Actor 的生命周期中，有以下 3 种类型的事件：

- Actor 被创建并启动——为了简单起见，称之为开始（start）事件。
- 由于重新启动（restart）事件重启 Actor。
- 由于停止（stop）事件 Actor 被停止。

Actor trait 中有几个钩子（程序/方法），在表征生命周期变化的事件发生时，会调用它们。可以在这些钩子中添加自己的代码，用于重新创建新 Actor 实例的特定状态。例如，处理重新启动前处理失败的消息，或者释放某些资源。在下一节中，将介绍这 3 种事件，并介绍如何通过钩子运行自定义代码。虽然 Akka 对钩子的调用是异步的，但调用顺序是可以得到保证的。

4.2.1 启动事件

下面介绍启动事件（start event）。Actor 由 actorOf 方法创建并自动启动。顶层的 Actor 由 ActorSystem 的 actorOf 方法创建。父 Actor 使用其 ActorContext 的 actorOf 方法创建子 Actor。图 4-9 显示了启动 Actor 的过程。

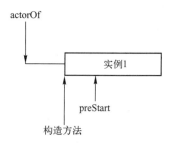

图 4-9　启动 Actor 的过程

实例创建后，Actor 由 Akka 启动。在 Actor 启动之前，preStart 钩子被调用，如清单 4-1 所示。为了使用这个触发器，必须覆盖 preStart 方法。

清单 4-1　生命周期的 preStart 钩子方法

```
override def preStart() {
    println("preStart")
}
```

代码说明如下：处理工作。

```
override def preStart() {
    println("preStart") ◀——— 处理工作
}
```

这个钩子用于设置 Actor 的初始状态，还可以通过 Actor 的构造函数进行初始化。

4.2.2 停止事件

这里讨论的下一个生命周期事件是停止事件（stop event）。让我们回到重新启动事件之后，因为重新启动的钩子与启动和停止的钩子相关。当 Actor 停止时，停止事件表明 Actor 的生命周期终止，并且只发生一次。Actor 可以通过 ActorSystem 和 ActorContext 对象的 stop 方法停止，或者向 Actor 发送 PoisonPill 消息，也可以停止 Actor。图 4-10 显示了停止 Actor 的过程。

在 Actor 被终止前，postStop 钩子被调用，如清单 4-2 所示。当 Actor 处于 Terminated 状态时，Actor 不会再收到任何新的消息。postStop 方法与 preStart 钩子相对应。

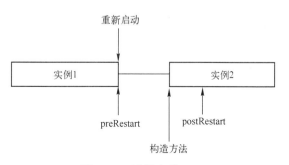

图 4-10　停止 Actor 的过程

清单 4-2　生命周期的 postStop 钩子方法
```
override def postStop():Unit = {
    println("postStop")  ←———— 处理工作
}
```

通常情况下这个钩子实现的功能与 preStart 相反，释放在 preStart 方法中申请的资源，并把 Actor 的最后状态保存在 Actor 外的某处，以备下一个 Actor 实例使用。已停止的 Actor 与它的 ActorRef 脱离。Actor 停止后，ActorRef 重定向到系统中的 deadLettersActorRef，它是一个特殊的 ActorRef，接收发送给已死亡的 Actor 的消息。

4.2.3　重启事件

下面介绍重启事件（restart event）在 Actor 的生命周期中，监视器有可能决定重新启动它。根据发生错误的数目，这种情况可能出现多次。因为 Actor 的实例被替换，所以这个事件比启动或停止事件要复杂得多。图 4-11 显示了重新启动 Actor 的过程。

当重启发生时，崩溃 Actor 实例的 preRestart 方法被调用，如清单 4-3 所示。在这个钩子中，在崩溃 Actor 的实例被替换前，它的当前状态被保存。

图 4-11　重新启动 Actor

清单 4-3　生命周期的 preRestart 钩子方法

在覆盖这个钩子时，一定要小心。preRestart 方法的默认实现是，停止该 Actor 的所有子 Actor，并调用 postStop 钩子（方法）。如果忘记调用 super. preRestart，则默认行为不会发生。

记住 Actor 从 Props 对象（重新）创建时，Props 对象最终调用 Actor 的构造方法。在构造方法中创建它所有的子 Actor。如果崩溃 Actor 的子 Actor 没有停止，当父 Actor 重启时，会增加子 Actor 的数量。

重新启动 Actor 时，需要注意停止策略与停止方法的不同。后面将看到，它可以监视 Actor 的死亡。已崩溃的 Actor 实例重启时，并不会发送 Terminated 消息给崩溃的 Actor。在重启中，新的 Actor 实例被连接到错误发生前，与崩溃 Actor 相同的 ActorRef。而已经停止的 Actor 从它的 ActorRef 断开，并重定向到 deadLettersActorRef。已停止的 Actor 和崩溃的 Actor 的共同点是，当它们被从系统中清除时，默认情况下调用 postStop 方法。

preRestart 方法接收两个参数：重启的原因和当 Actor 崩溃时正在处理的消息（可选的）。监视器可以决定保存什么，以便在重启时恢复其状态。这不能用局部变量实现，因为重启后，新的 Actor 实例将接管处理过程。一种在崩溃死亡的 Actor 之外保存状态的方案是，监视器发送一条消息到 Actor 的邮箱。这是通过 Actor 向其自身的 ActorRef 发送消息完成的，Actor 实例通过 self 的值引用 ActorRef。其他的选择包括把状态写到 Actor 之外，如数据库或文件系统。这取决于你的系统和 Actor 的行为。

这让我们联想到日志处理的例子，我们不想在 dbWriter 崩溃时丢失行（Row）消息。这种情况下解决方案是发送失败的 Row 消息到 self ActorRef，以便 Actor 实例处理它。这个方法需要注意的一点是，由于向邮箱发送了一条消息，因此邮箱中的消息顺序被改变了。失败的消息被弹出邮箱，并比等待在邮箱中的其他消息更晚一些处理。

preStart 钩子方法调用后，Actor 类的新实例被创建，并且通过 Props 对象执行它的构造方法，然后，新实例的 postRestart 钩子方法被调用。生命周期的 postRestart 钩子方法如清单 4-4 所示。

清单 4-4　生命周期的 postRestart 钩子方法

```
override def postRestart(reason:Throwable):Unit = {    ◄──── Actor抛出异常
    println("postRestart")
    super.postRestart(reason)    ◄──── 警告：调用父Actor的实现
}
```

这里还是以警告开始。postRestart 方法的默认实现会触发 preStart 函数的调用。如果确信重启时不需要调用 preStart 方法，则可以忽略 super. postRestart，但大多数情况下不是这么回事。在重新启动过程中，默认调用 preStart 和 postStop，并且在生命周期中的启动和停止事件中也会被调用，因此在这里分别添加初始化和清理代码是非常有意义的。

reason 参数与 preRestart 方法接收的 reason 参数相同。在覆盖钩子方法时，Actor 恢复自己最后正确的状态是透明的，如使用 preRestart 函数保存的信息。

4.2.4　生命周期综合

当把所有不同的事件组合在一起，就得到了 Actor 的完整的生命周期，如图 4-12 所示。这里只显示了一次重启。

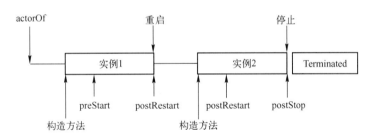

图 4-12　Actor 的完整生命周期

把生命周期的所有钩子方法集中在一个 Actor 中，就可以看到不同的事件发生，如清单 4-5 所示。

清单 4-5　生命周期的钩子示例

```
class LifeCycleHooks extends Actor
      with ActorLogging{
   System.out.println("Constructor")
   override def preStart():Unit={
       println("preStart")
   }
   override def postStop():Unit={
       println("postStop")
   }
   override def preRestart(reason:Throwable,message:Option[Any]):Unit={
       println("preRestart")
       super.preRestart(reason,message)
   }
   override def postRestart(reason:Throwable):Unit={
       println("postRestart")
       super.postRestart(reason)
   }
   def receive={
       case "restart" ⇒
       throw new IllegalStateException("force restart")
       case msg:AnyRef ⇒
       println("Receive")
       sender() !msg
   }
}
```

在下面的测试中，触发所有的生命周期事件，如清单 4-6 所示。停止之前的 sleep 方法确保看到 postStop 的发生。

清单 4-6　生命周期触发测试

```
val testActorRef=system.actorOf(          ◀——— 启动Actor
   Props[LifeCycleHooks],"LifeCycleHooks")
testActorRef !"restart"                    ◀——— 重启Actor
testActorRef.tell("msg",testActor)
expectMsg("msg")
system.stop(testActorRef)  ◀——— 停止Actor
Thread.sleep(1000)
```

测试结果如清单4-7所示。

清单4-7 生命周期钩子方法的测试结果

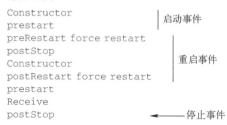

每个 Actor 都会经过这样的生命周期。Actor 启动并且可能多次重启，直到被停止和终止。preStart、preRestart、postRestart 和 postStop 钩子可使 Actor 进行状态初始化和清理，并能够在崩溃时控制和恢复它的状态。

4.2.5 生命周期监控

Actor 的生命周期可以被监控。Actor 终止生命周期也就结束。如果监视器决定停止 Actor，它就会被终止；如果 stop 方法用于停止 Actor，或者收到 PoisonPill 消息，就会间接调用 stop 方法。因为 preRestart 方法默认情况下，使用 stop 方法停止 Actor 的所有子 Actor，因此重启时这些子 Actor 也会被停止。崩溃的 Actor 实例重启时，不会以这种方式终止。它会被从 Actor 系统中移除，并不会直接或间接地调用 stop 方法。因为 ActorRef 重启后仍保持活跃，Actor 实例没有终止，只是换成了一个新的实例。ActorContext 提供了 watch 方法监控 Actor 的死亡，并提供了 unwatch 方法解除监控。一旦 Actor 调用了 Actor 引用的 watch 方法，它就变成了这个 Actor 引用的监控器。当被监控的 Actor 终止时，一条 Terminated 消息被送往 Actor 的监控器。Terminated 消息只包含死亡 Actor 的 ActorRef。崩溃的 Actor 实例在重启时与 Actor 停止时的终止方式不同，就变得很有意义，否则每当 Actor 重启时会收到许多终止消息，这将造成无法区分 Actor 是最终死亡还是临时重启。清单4-8显示了 DbWatcher Actor 监控 dbWriterActorRef 生命周期的情况。

清单4-8 监控 dbWriter 的生命周期

```
监控                class DbWatcher(dbWriter:ActorRef) extends Actor with ActorLogging {
dbWriter          ─→ context.watch(dbWriter)
的生命                 def receive = {                              终止Actor的actorRef在
周期                      case Terminated(actorRef) =>  ◄──────── Terminated消息中传递
                              log.warning("Actor {} terminated",actorRef)  监控器记录dbWriter
                      }                                            被终止的事实
                }
```

与监视相比，它只能用于父 Actor 对子 Actor，监控可以由任何 Actor 进行。只要 Actor 能够访问被监控的 Actor 的 ActorRef，它就可以简单地调用 context. watch(actorRef)。当被监控的 Actor 终止时，它就会收到一条 Terminated 消息。监控和监视可以组合使用，而且很强大。

4.3　监视

本节将介绍监视的细节。这里使用日志处理的例子，展示不同的监视策略。我们将集中于/user 路径下的监视器层次结构，也称为用户空间（user space）。这是所有应用 Actor 生存的地方。首先，讨论各种创建应用的监视器层次结构的方式和各自的优缺点，然后介绍如何为每个监视器定制监视策略。

4.3.1　监视器层次结构

监视器的层次结构是 Actor 相互创建的结果：每一个创建其他 Actor 的 Actor 就是创建的子 Actor 的监视器。

子 Actor 的监视层次在生命周期中是固定的。一旦子 Actor 被父 Actor 创建，一生都在父 Actor 的监视之下；Akka 没有采用这种办法。唯一能够停止父 Actor 监视任务的就是终止子 Actor。因此，在应用程序的一开始就应该选择正常的监视结构，这是很重要的，特别是在不想通过终止部分层次结构，由不同的 Actor 子树来替代的情况下。

最危险的 Actor（最有可能崩溃的 Actor）尽可能地处理位于底层。错误发生的层次越低，就有越多的监视器处理它，升级处理的余地也越大。若故障发生在 Actor 系统的顶层，则可能需要重新启动所有的顶层 Actor，甚至有可能关闭整个系统。

正如在前一节期望的一样，下面来看一下日志处理程序的监视器层次结构，如图 4-7 所示。

在这次创建中，LogProcessingSupervisor 创建应用中的所有 Actor。所有的 Actor 使用 ActorRef 直接连接。每个 Actor 都知道它发送消息的下一个 Actor 的 ActorRef。ActorRef 需要保持活跃，并经常用来引用下一个 Actor 的实例。如果一个 Actor 实例需要停止，则它的 ActorRef 将指向系统中的 deadLetters，这将破坏应用程序。因此在这些情况下，监视器应该使用重启策略，以便保持 ActorRef 随时可用，因为这样它一直是有效的。

这种做法的好处是，Actor 之间直接对话，而且 LogProcessingSupervisor 只负责监视和创建实例。缺点是只能应用重启策略，否则消息将被发送给 deadLetters，进而丢失。由于 DiskError 而停止 FileWatcher 不会引起 LogProcessor 或 DbWriter 被停止，因为它们在层次上不是 FileWatcher 的孩子。例如，如果知道数据库结点因为 DbNodeDownException 而执行失败，要改变数据库连接的 URL，则需要停止 DbWriter 并创建一个新的。原始 Props 用于重新启动以创建 DbWriter，它始终引用相同的数据库 URL。因此需要不同的解决方案。

图 4-13 显示了不同的方法。LogProcessingSupervisor 不创建所有的 Actor，FileWatcher 创建 LogProcessor，而 LogProcessor 再创建 DbWriter。

正常和恢复流程仍然在监视策略和接收方法中单独定义，即使 FileWatcher 和 LogProcessor 现在也负责创建和监视 Actor，并负责正常消息流的处理。

这种方法的好处是，LogProcessor 现在可以监控 DbWriter，当抛出 DbNodeException 异常时决定终止它。当收到 Terminated 消息时，用完全不同的数据库结点的 URL 创建

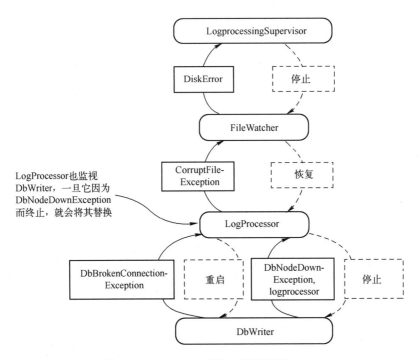

图 4-13 每个 Actor 都创建并监视子 Actor

新的 DbWriter。

LogProcessingSupervisor 现在也不需要监视整个应用程序了，它只需要监视和控制 File-Watchers。如果 LogProcessingSupervisor 监控 FileWatchers 和 DbWriters，则必须区别 FileWatcher 和 DbWriter 的终止，以免导致处理子组件问题的代码独立性变差。GitHub 上的源代码还有其他监视风格的例子。下面的例子（清单4-9）显示了图4-13所示的层次结构是如何创建的。下一节将详细介绍监视器和它所采用的策略。

清单 4-9 构建监视器的层次结构

```
object LogProcessingApp extends App {
    val sources = Vector("file:///source1/","file:///source2/")
    val system = ActorSystem("logprocessing")
    val databaseUrls = Vector(
        "http://mydatabase1",
        "http://mydatabase2",
        "http://mydatabase3"
    )
    system.actorOf(
        LogProcessingSupervisor.props(sources,databaseUrls),
        LogProcessingSupervisor.name
    )
}
```

第一个url是初始url，剩下的是 DbNodeDownException触发时备用url

前面的代码显示了日志处理应用是如何构建的。只有一个顶层 Actor，即 LogProcessing-Supervisor 是用 system. actorOf 创建的——其他所有的 Actor 都是顺次向下创建的。下一节将重新介绍每个 Actor，以及它们是如何创建孩子们的。

4.3.2　预定义策略

应用程序中的顶层 Actor 在/user 路径下创建，并由用户守护者（user guardian）负责监督。用户默认的策略是，对于任何 Exception 重新启动它所有的孩子，除非它收到了指示 Actor 被终止或初始化失败的内部异常，在这种情况下，它会终止出现问题的 Actor。这种策略也称为默认策略（default strategy）。每个 Actor 都有一个默认策略，可以通过覆盖 supervisorStrategy 方法进行修改。在 SupervisorStrategy 对象中有两个预定义的策略：default-Strategy 和 stoppingStrategy。正如名字的含义一样，默认策略对所有的 Actor 都是默认的，只要你没有覆盖它，Actor 就会采用默认监视策略。SupervisorStrategy 对象中的默认监视策略，如清单 4-10 所示。

清单 4-10　默认监视策略

```
final val defaultStrategy:SupervisorStrategy = {
    def defaultDecider:Decider = {
        case _:ActorInitializationException => Stop
        case _:ActorKilledException => Stop
        case _:Exception => Restart
    }
    OneForOneStrategy()(defaultDecider)
}
```

对于出现的异常，Decider 通过模式匹配选择一个指令

指令：Stop、Restart、Resume和Escalate

使用defaultDecider的 OneForOneStrategy被返回

前面的代码使用的 OneForOneStrategy 还没有介绍。Akka 有两种方式允许你决定子 Actor 的命运：所有的孩子命运相同，并且应用相同的恢复策略或者做出决定，且只对崩溃的 Actor 进行补救。在某些情况下，你可能希望只停止失败的子 Actor。在其他情况下，如果一个子 Actor 失败，则可能要停止所有的子 Actor，是因为它们都依赖同一特定的资源。如果指示共享资源完全失效的异常被抛出，那么最好的做法是一次性停止所有的子 Actor，而不是等它们一个一个地出现问题。OneForOneStrategy 决定子 Actor 不共享相同的命运：只有崩溃的子 Actor 才由 Decider 定夺。另一个选择是 AllForOneStrategy，它的意思是，即使只有一个子 Actor 出现了问题，也对所有的子 Actor 采用相同的处理。下一节将详细介绍 OneForOneStrategy 和 AllForOneStrategy。下面的例子给出了 SupervisorStrategy 对象中的 stoppingStrategy 的定义，如清单 4-11 所示。

清单 4-11　Stopping 监视策略

```
final val stoppingStrategy:SupervisorStrategy = {
    def stoppingDecider:Decider = {
        case _:Exception => Stop
    }
    OneForOneStrategy()(stoppingDecider)
}
```

对任何Exception都决定停止

停止策略将停止因任何异常崩溃的子 Actor。这些内建的策略没什么特殊的，它们都是以相同的方式进行定义，允许自定义监视策略。由 stoppingStrategy 策略监视的 Actor，在 Error（如 ThreadDeath 或 OutOfMemoryError）抛出时，会发生什么呢？任何未被监视策略处理的 Throwable，都将向上抛出到父监视器进行处理。如果致命的错误一

路向上到达用户守护者，它也不会处理，因为用户守护者采用的是默认的监视策略。在这种情况下，Actor 系统中的未捕获异常处理器将会关闭整个系统。在大多数情况下，最好的做法是不处理管理程序中的致命错误，而是优雅地关闭 Actor 系统，因为致命错误无法恢复。

4.3.3　自定义策略

每个应用程序都必须为需要容错的情况制定策略。对于崩溃的 Actor，监视器可以有 4 种不同的处理策略。这些都是可以使用的模块。本节将重新回到日志处理的例子，并构建以下因素的特定监视策略：

- 恢复子 Actor，忽略错误，继续使用同一 Actor 实例进行处理。
- 重新启动子 Actor，移除已崩溃的 Actor 实例，使用新的实例代替。
- 停止子 Actor，并永久地终止它。
- 向上抛出错误，由父 Actor 决定如何处理。

日志处理应用中的异常如清单 4-12 所示。为了简化这个例子，自定义了几个异常。

清单 4-12　日志处理应用中的异常

```
@SerialVersionUID(1L)
class DiskError(msg:String)
    extends Error(msg) with Serializable ←──── 当资源所在磁盘故障时
                                                引发的不可恢复的错误

@SerialVersionUID(1L)
class CorruptedFileException(msg:String,val file:File)
    extends Exception(msg) with Serializable ←──── 当日志文件损坏无法进行
                                                    处理时触发的异常

@SerialVersionUID(1L)
class DbNodeDownException(msg:String)
    extends Exception(msg) with Serializable ←──── 当数据库结点发生致命
                                                    错误时触发的异常
```

日志处理应用中 Actor 之间交互的消息，定义在各自的伴体对象中。LogProcessor 的伴体对象如清单 4-13 所示。

清单 4-13　LogProcessor 的伴体对象

```
object LogProcessor {
    def props(databaseUrls:Vector[String]) =       创建LogProcessor
        Props(new LogProcessor(databaseUrls))       的Props
    def name = s"log_processor_${UUID.randomUUID.toString}" ← 每个LogProcessor
    //represents a new log file                              有唯一名字
    case class LogFile(file:File) ←────
}                                  从FileWatcher接收的日志文件，
                                   LogProcessor将会处理它们
```

先从层次结构的底部看起，数据库写入 Actor 可能因为 DbBrokenConnectionException 异常而崩溃。当这个异常发生时，dbWriter 应该被重启。DbWriter Actor 如清单 4-14 所示。

66

清单 4-14 DbWriter Actor

```
object DbWriter {
    def props(databaseUrl:String) =
        Props(new DbWriter(databaseUrl))
    def name(databaseUrl:String) =
        s"""db-writer-${databaseUrl.split("/").last}"""          ◄── 创建人类可读
                                                                      的名字
    case class Line(time:Long,message:String,messageType:String) ◄──
}
                                                                   LogProcessor
                                                                   处理日志文件
class DbWriter(databaseUrl:String) extends Actor {                 中的一行
    val connection = new DbCon(databaseUrl)
    import DbWriter._
    def receive = {
        case Line(time,message,messageType) =>
            connection.write(Map('time -> time,                   通过连接写入
                'message -> message,                              有可能使
                'messageType -> messageType))         ◄──         Actor崩溃
    }
    override def postStop():Unit = {
        connection.close()                   ◄──      如果Actor崩溃或停止，
    }                                                  则关闭连接
}
```

DbWriter 由 LogProcessor 进行监视，如清单 4-15 所示。

清单 4-15 LogProcessor 监视并监控 DbWriter

```
class LogProcessor(databaseUrls:Vector[String])
        extends Actor with ActorLogging with LogParsing {
    require(databaseUrls.nonEmpty)

    val initialDatabaseUrl = databaseUrls.head
    var alternateDatabases = databaseUrls.tail
                                                              当重新连接
    override def supervisorStrategy = OneForOneStrategy() {    可以工作时
        case _:DbBrokenConnectionException => Restart    ◄──  重新启动
        case _:DbNodeDownException => Stop               ◄──
    }                                                         当重新连接
    var dbWriter = context.actorOf(                           总是失败时
        DbWriter.props(initialDatabaseUrl),                   停止
        DbWriter.name(initialDatabaseUrl)
    )                                      ◄───── 创建dbWriter的子Actor
    context.watch(dbWriter)                ◄───── 并监视它

    import LogProcessor._

    def receive = {
        case LogFile(file) =>
            val lines:Vector[DbWriter.Line] = parse(file)
            lines.foreach(dbWriter !_)     ◄───── 把文件中的行发送给DbWriter
        case Terminated(_) =>
            if(alternateDatabases.nonEmpty) {             如果DbWriter
                val newDatabaseUrl = alternateDatabases.head  终止，则从备选
                alternateDatabases = alternateDatabases.tail  URL创建新的
                dbWriter = context.actorOf(                   DbWreiter，
                    DbWriter.props(newDatabaseUrl),           并监视它
                    DbWriter.name(newDatabaseUrl)
                )
```

```
                context.watch(dbWriter)
            } else {
                log.error("All Db nodes broken,stopping.")
                self !PoisonPill                              ◄──┐ 当所有选择
            }                                                    │ 都失败时,停止
        }                                                        │ LogProcessor
    }
```

如果数据库连接损坏,则数据库写入的 Actor 将通过 Props 对象重建。DbWriter 在它的构造函数中从 databaseUrl 创建一个新的连接。

如果检测到 DbNodeDownException 异常,则 dbWriter 将被替换。如果所有备选方案都行不通,则 LogProcessor 通过 PoisonPill 将自己停止。当 DbBrokenConnectionException 异常发生时,Actor 崩溃,正在处理的行也会丢失。日志应用程序中的上一层 Actor 是 LogProcessor。

当检测到文件损坏时,LogProcessor 会崩溃。在这种情况下,不要再继续处理这个文件,而是忽略它。FileWatcher 恢复崩溃的 Actor,如清单 4-16 所示。

清单 4-16　FileWatcher 监视 LogProcessor

```
class FileWatcher(source:String,
    databaseUrls:Vector[String])
        extends Actor with ActorLogging with FileWatchingAbilities {   在文件监视API
    register(source)                                            ◄──┐ 中注意源URI

    override def supervisorStrategy = OneForOneStrategy() {
        case _:CorruptedFileException => Resume   ◄──┐ 如果检测到损坏的
    }                                                │ 文件,则重新启动

    val logProcessor = context.actorOf(
        LogProcessor.props(databaseUrls),
        LogProcessor.name
    )                                           ┌── 创建并监控
    context.watch(logProcessor)        ◄────────┘   LogProcessor

    import FileWatcher._
                                       ┌── 当遇到新文件时,由文件
    def receive = {                    │   监视API发送
        case NewFile(file,_) =>    ◄───┘
            logProcessor !LogProcessor.LogFile(file)

        case SourceAbandoned(uri) if uri = = source =>
            log.info(s" $uri abandoned,stopping file watcher.")
            self !PoisonPill
        case Terminated(logProcessor) =>                    ◄──────────┐
            log.info(s"Log processor terminated,stopping file watcher.")
            self !PoisonPill                      ┌── 当文件源废弃时,FileWatcher
    }                            ◄────────────────┘   将自己终止,指示文件监视API
}                                                     不要再处理源中的文件
```
由于DbWriter中的备用数据库耗尽,因此LogProcessor
停止时,FileWatcher将会停止

这里不会介绍文件监视 API 的细节,它假设在 FileWatchingAbilities trait 中提供。FileWatcher 不进行任何危险性动作,并将继续运行直到文件监视 API 通知 FileWatcher 文件源被放弃。LogProcessingSupervisor 监视所有 FileWatcher 的终止,并处理监视器底层可能发生的 DiskError(磁盘错误)。因为 DiskError 在底层没有定义,所以它将会被自动抛到父层进行处理。这是一个不可恢复的错误。因此,当发生这种情况时,FileWatchingSupervisor 决定停止

层次结构中的所有 Actor。这里使用的就是 AllForOneStrategy 策略，因为任何文件监视器因 DiskError 而崩溃，所有的文件监视器都会被停止。LogProcessingSupervisor 如表 4-17 所示。

清单 4-17　LogProcessingSupervisor

```
object LogProcessingSupervisor {
    def props(sources:Vector[String],databaseUrls:Vector[String]) =
        Props(new LogProcessingSupervisor(sources,databaseUrls))
    def name = "file - watcher - supervisor"
}
class LogProcessingSupervisor(
    sources:Vector[String],
        databaseUrls:Vector[String]
            ) extends Actor withActorLogging {
    var fileWatchers:Vector[ActorRef] = sources.map { source =>
        val fileWatcher = context.actorOf(
            Props(new FileWatcher(source,databaseUrls))
        )
        context.watch(fileWatcher)        ← 监视每个 FileWatcher
        fileWatcher
    }
    override def supervisorStrategy = AllForOneStrategy() {
        case _:DiskError => Stop        ← 因DiskErro 停止一个 FileWatcher。LogProcessor 和下层创建的 DbWriter也自动停止
    }
    def receive = {
        case Terminated(fileWatcher) =>        ← 文件监视器收到Terminated消息
        fileWatchers = fileWatchers.filterNot(_ == fileWatcher)
        if (fileWatchers.isEmpty) {
            log.info("Shutting down,all file watchers have failed.")
            context.system.terminate()        ← 当所有的文件监视器终止时，终止 Actor系统，以便于终止应用程序
        }
    }
}
```

默认情况下，OneForOneStrategy 和 AllForOneStrategy 将无限制地进行下去。两种策略构造函数的参数 maxNrOfRetries 和 withinTimeRange 都有默认的值。在某些情况下，可能希望策略在重试一定次数或一段时间停止，可以简单地把这些参数设置为期望的值。一旦设置了这样的约束，错误未在指定的时间内或超过重试的最大次数没有解决，就抛到上层继续处理。下面的代码提供了一个不耐烦的数据库管理程序策略的示例，如清单 4-18 所示。

清单 4-18　不耐烦的数据库管理策略

```
override def supervisorStrategy = OneForOneStrategy(
    maxNrOfRetries = 5,
        withinTimeRange = 60 seconds) {        ← 如果问题在60s内 或重启5次未得到 解决，则向上抛出
    case _:DbBrokenConnectionException => Restart
}
```

注意，在两次重启之间没有时间间隔，Actor 将会以最快的速度重启。如果在两次重启之间需要某种形式的间隔，则 Akka 提供了一种特殊的 BackOffSupervisor，可以把你自己的 Actor 的 Props 传递给它。这个 BackOffSupervisor 从 Props 创建 Actor 并监督它，使用某种间隔机制防止重启过快。

这种机制可用于阻止 Actor 持续无效的重启。当使用这个功能时，可与监视功能（watch functionality）一起使用，在被监视的 Actor 终止时构建一种策略。例如，一段时间之后，尝

试重新创建这个 Actor。

4.4 总结

容错是并发方法的重要组件。"let it crash"不是忽略可能发生的故障，或者专门处理任何错误的工具箱。恰恰相反：程序员需要预测恢复需求，这些工具可使故障不会灾难性的结束（或者不需要编写大量代码处理错误）。在使日志处理的例子实现容错的过程中，可以看到：

- 监视意味着恢复代码的清晰隔离。
- 构建在消息机制之上的 Actor 模型，使得你的程序在某些 Actor 消失时也能正常工作。
- 根据每种情况的需求，可以选择恢复、放弃或重启。
- 可以沿监视层次向上抛出错误。

同样，Akka 思想的亮点体现在这里：在工具包的支持下，以结构化的方式把应用程序的功能性需求纳入到代码中。其结果就是难以实现的复杂的容错功能在编写代码时就可以构建和测试，而无须大量的额外开销。

Akka 可以帮助你使用 Actor 在并发系统中实现功能，并处理这些 Actor 可能发生的错误，可以开始构建应用程序了。

第5章
Future

本章导读
- Future 的用法。
- Future 的组合。
- Future 中错误的恢复。
- Future 和 Actor 组合使用。

简单地说，Future 是组合异步功能的，非常有用而且简单的工具。Akka 工具最初提供了自己 Future 的实现。同时，几个其他的库（如 Twitter Finagle 和 scalaz）也提供了 Future 类型。在证明了它的有用性之后，通过 Scala 的提升过程（SIP-14）对 scala. concurrent 包进行重新设计，将 Future 作为 Scala 库的基础功能。Future 类型自 Scala 2.10 以来，已经被作为标准库的一部分。

与 Actor 类似，Future 是一种非常重要的异步构建块，提供了并行执行的可能性。不论是 Actor 还是 Future，对于不同的应用场合都是非常有用的工具。问题是对于合适的问题选择合适的工具。在 5.1 节介绍 Future 适用的场合和一些例子。Actor 提供的是构建并发对象系统的机制，而 Future 提供的是构建异步功能的机制。

Future 提供了一种不必等待当前线程的处理函数结果的可能。这是如何做到的，5.2 节会进行介绍。Future 和其他的 Future 是可以组合使用的。简单地说，它们可以以许多方式自由组合。5.3 节介绍了如何进行错误处理。在 5.4 节将学习到 Web 服务调用的异步组合流程。

不必在 Future 和 Actor 之间选择，它们可以使用在一起。Akka 提供了 Actor 和 Future 易于组合使用的模式，这将在 5.5 节详细介绍。

5.1 Future 的应用实例

为了与 Future 的应用实例进行对比，先介绍可以用 Actor 实现的例子。Future 可以使这些例子的实现更简单。Actor 非常善于处理多个消息、捕获状态，并根据所处的状态和收到的消息进行不同的处理。它们是有弹性的对象，即使出现问题，也可以通过监视与监控长期存在。

当你宁愿使用函数，而不想或不需要保持某种状态完成作业时，Future 是不错的工具。

Future 是函数结果（成功的或失败的）的占位符，这个结果可在将来的某个时间点获得。它实际上是一个异步处理的句柄。它向你提供一种方式，指向一个最终可得的结果。异步函数结果的占位符如图 5-1 所示。

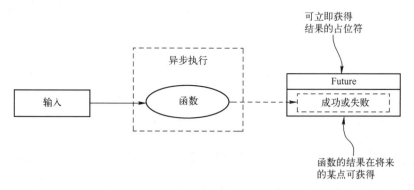

图 5-1　异步函数结果的占位符

Future 是一个只读的占位符，不能从外界改变。一旦函数执行结束，Future 就会包含一个成功的结果或者是失败的结果。执行成功后，Future 中的结果不可改变，并且可以读取多次，每次读到的都是相同的结果。有了结果的占位符，就可以很容易地把多个异步执行的功能组合在一起。

为了避免混淆，如果你对 Java 7 中的 java.util.concurrent.Future 类比较熟悉，可能会认为本章讨论的 scala.concurrent.Future 仅仅是这个 Java 类的包装类，事实并非如此。java.util.concurrent.Future 类需要轮询，并且只提供了一个阻塞式的 get 方法，用于获取结果，而 Scala 的 Future 无须阻塞或轮询就可组合函数的结果，Java 8 中引入的 CompletableFuture<T>（Scala 的 Future[T]出现之后才引入的）更具有可比性。

为了更好地理解，看一下售票系统的另一个例子。我们想创建一个网页，提供有关活动和地点的额外信息。购票只是简单地链接到这个 Web 页面，可以使用户通过移动设备访问它。如果是露天活动，则可能还要提供天气预报，在活动时间内进行路线规划，到哪儿停车，或者对客户感兴趣的类似活动提出建议。

Future 对于流水线特别方便，其中一个函数为下一个函数提供输入，并行地扇出到许多函数，稍后组合这些函数的结果。TicketInfo 服务根据票的号码查找活动的相关信息。提供部分信息的任何服务可能已关闭，并且不希望在聚合信息时阻塞每个服务请求。TicketInfoService 的工作流程如图 5-2 所示。

如果某些服务未能及时响应或执行失败，它们负责的信息将不会显示。为了能够显示活动的规划路线，先要通过票券号码查找活动，这一过程如图 5-3 所示。

在本例中，getEvent 和 getTraffic 是两个执行异步 Web 服务调用的函数，并顺序执行。

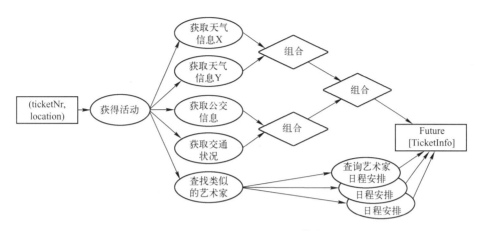

图 5-2 TicketInfoService 的工作流程

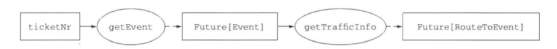

图 5-3 异步函数链

getTrafficInfo Web 服务调用接收 Event 参数。当 Future[Event]结果可用时，getTrafficInfo 被调用。这与通过轮询并等待当前线程结果的 getEvent 方法调用不同。这里是简单地定义了一个流程，getTrafficInfo 函数最终被调用，而不需要对线程进行等待或轮询。这些函数会尽快地执行。当前线程没必要等待 Web 服务的调用。线程有限的等待无疑是件好事，因为在这无效的等待中可以做一些有用的事情。

图 5-4 给出了一个简单的例子，在这个例子中服务的异步调用是理想的。它显示了移动设备调用 TicketInfo 服务，综合了天气和交通服务的信息。

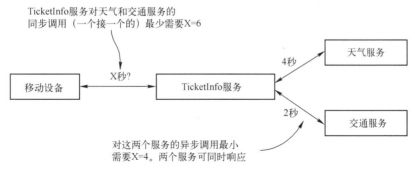

图 5-4 同步与异步集成结果

在调用交通服务之前无须等待天气服务的执行，因此可以减少移动设备请求的延迟。需要调用的服务越多，延迟减少的越明显，因为这些响应可以并行地处理。图 5-5 显示了另一种情况。在这个例子中，希望使用两个竞争的天气服务中最快的结果。

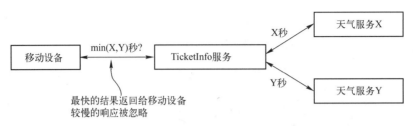

图 5-5　以最快的结果进行响应

天气服务 X 有可能发生错误，并使请求超时。在这种情况下，无须等待到超时，而是使用响应较快的天气服务 Y，它像预期的一样工作。

执行 Actor 时貌似不会发生这些问题。对于如此简单的情况，必须要做的只是要处理的工作。以集成天气和交通信息为例，必须创建 Actor，定义消息，并实现作为 ActorSystem 的部分接收功能。要思考的是如何处理超时，何时停止 Actor，如何对每个 Web 页面请求创建新的 Actor 并组合其响应。图 5-6 显示了如何使用 Actor 完成这项任务。

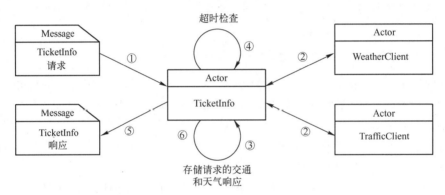

① 创建 TicketInfo Actor 并发送请求。

② 创建子 Actor 并发送请求，关联请求与响应。

③ 存储子 Actor 的响应。

④ 在某子 Actor 不能响应的情况下，向 TicketInfo Actor 发送计划好的超时消息 。

⑤ 若请求超时，或所有响应都已收到，则返回组合好的响应消息。

⑥ 发送后停止 Ticket Info 及其子 Actor，每个请求只做一次。

图 5-6　用 Actor 组合 Web 服务请求

对于天气和交通 Web 服务调用，需要两个独立的 Actor，因此它们可以并行调用。对于每种特定的情形，如何组合 Web 服务调用需要在 TicketInfoActor 中编码实现。仅仅是调用两个 Web 服务并综合它们的结果，就需要做很多工作。注意，对于状态控制要求更细的粒度，或者需要监控和重试，Actor 是更好的选择。

虽然 Actor 是一种伟大的工具，但也不是我们追求永无阻塞的"终极利器"。在这种情况下，专门用于组合函数结果的工具将会更简单。

对于前面的实例中，有许多变种可以使 Future 大显身手。通常情况下，这些实例具备下面的一个或多个特征：

- 处理函数结果时不想被阻塞。
- 一次性方式调用函数，并在将来的某点上处理结果。
- 组合多个一次性函数或结果。
- 调用多个竞争函数，只使用部分结果，例如只使用响应最快的结果。
- 调用函数，当函数抛出异常时返回默认结果，以便于流程可以继续。
- 对于一个函数依赖一个或多个其他函数结果的情况，对函数进行管道连接。

5.2　Future 无阻塞

现在是时候构建 TicketInfoService 了，而且不希望任何线程空。先从 TicketInfo 服务开始，尝试执行图 5-7 中的两个步骤，以提供有关活动的交通信息。

图 5-7　获取活动的有关交通信息

第一步是获取指定号码的活动。函数同步调用与异步调用的区别在于定义程序的流程。清单 5-1 显示了同步调用 Web 服务的例子，用于获取指定号码的活动。

清单 5-1　同步调用

```
                    val request = EventRequest(ticketNr)        ←———— 创建请求
读取活动的值┌—— val response:EventResponse = callEventService(request) ←———┐
           └—— val event:Event = response.event                阻塞主线程，直到响应结束
```

清单 5-1 显示了在同一线程中执行的 3 行代码。执行过程很简单：一个函数被调用，立即在同一线程中访问它的返回值。在返回值不可访问之前，同一线程上的程序很明显不能继续运行。Scala 表达式很严格（立即进行求值），因此代码中的每一行都必须"产生完整的值"。

下面看看要把同步 Web 服务调用改成异步调用，需要做哪些改变。在前面的例子中，callEventService 对 Web 服务的调用是阻塞式的，它需要在线程中等待响应结果。我们先把 callEventService 包装在代码块中，让它在独立的线程中执行。清单 5-2 显示了这种改变。

清单 5-2　异步调用

Future{ ... }是调用 Future 对象的 apply 方法的简写，代码块是它的唯一参数，Future. apply(codeblock)是（立即）在其他线程中执行"代码块"的辅助函数。返回 Event 的代码块只被求值一次。

如果你是 Scala 的新手，代码块中的最后一个表达式就是返回值。Future. apply 方法返回代码块求值的任意类型的 Future，在这个例子中是 Future[Event]。

本例中 futureEvent 值的类型是显式类型注释的，但是因为 Scala 是类型推断的，所以也可以忽略。为了便于学习，本章所有的例子都增加了类型注释。

Future 应用函数参数

传递给 Future. apply 方法的代码块是按名传递（passed by name）的。按名传递的参数，只在函数中第一次被引用时，才会被求值。在 Future 中，它是在另一线程中进行求值。清单 5-2 中的代码块引用了其他线程中 request 的值（例子中称为线程 X）。这种值的引用方式称为值的封装（closing over a value）。在本例中是封装请求，这就是我们如何在主线程和其他线程之间桥接并将请求传递到 Web 服务调用。

现在 Web 服务在独立的线程中调用，可以在那里处理响应了。把对 callTrafficService 的调用链接起来，获得 event 的交通信息，如清单 5-3 所示。就像第一步一样，把 event 的路线打印到控制台上。

清单 5-3　处理活动结果

```
futureEvent.foreach{ event =>              ←──── 当活动结果可用时，
    val trafficRequest = TrafficRequest(          异步处理它
        destination = event.location,
        arrivalTime = event.time
    )
把路线打印
到控制台上   val trafficResponse = callTrafficService(trafficRequest) ←──┐
          → prin1tln(trafficResponse.route)      用基于活动的请求同步调用交通
                                                  服务，返回一个 TrafficResponse
```

前面的清单使用 Future 的 foreach 方法，当 event 结果可用时调用代码块。只有当 callEventService 成功时，才会调用代码块。

在本例中，希望 Route 后面也可以使用，那么返回一个 Future[Route]是更好的选择。foreach 方法返回 Unit，因此还需要使用其他的方法。清单 5-4 显示了使用 map 方法对返回结果进行处理。

清单 5-4　串连活动结果

```
                                        处理event并返回一个Future[Route]
val futureRoute:Future[Route] = futureEvent.map { event =>  ←────
    val trafficRequest = TrafficRequest(
        destination = event.location,
        arrivalTime = event.time
    )
    val trafficResponse = callTrafficService(trafficRequest) ←── 依旧同步调用
    trafficResponse.route  ←──                                  callTrafficService，
}                                                               它立即返回一个响应
        给map函数返回一个值，map函数
        把它转换成一个Future[Route]
```

概念上 Future. map 方法与 Option. map 方法类似。Option. map 方法调用一个代码块，如果它包含一些值，则返回一个新的 Option[T]。相似地，Future. map 调用代码块，若代码块中包含一个成功的值，则返回一个新的 Future[T]——在这个例子中，它是一个 Future[Route]，因为代码块的最后一行返回了一个 Route 值。futureRoute 是显式定义的，这个显式定义可以忽略。清单 5-5 显示了如何把两个 Web 服务调用直接链接起来。

清单 5-5　返回 Future[Route]结果的 getRoute 方法

```
val request = EventRequest(ticketNr)
val futureRoute:Future[Route] = Future {
    callEventService(request).event
}.map{ event =>                              ←———— 在Future[Event]上链接
    val trafficRequest = TrafficRequest(
        destination = event.location,
        arrivalTime = event.time
    )
    callTrafficService(trafficRequest).route  ←———— 返回路线(route)
```

把代码重构成一个接收 ticketNr 的 getEvent 方法和一个接收 event 的 getRoute 方法，如清单 5-6 所示。方法 getEvent 和 getRoute 分别返回 Future[Event] 和 Future[Route]。

清单 5-6　重构版本

```
val futureRoute:Future[route] =
    getEvent(ticketNr).flatMap { event =>   ←————
getRoute(event)          需要使用flatMap方法，否则futureRoute
                         将会是一个Future[Route]]
```

前面的清单使用 flatMap 组合 getEvent 和 getRoute。如果使用 map 方法，将会得到 Future[Future[Route]]。如果需要返回一个 Future[T]，则使用 flatMap。

前面例子中的 callEventService 和 callTrafficService 方法是阻塞式调用，主要是突出从同步到异步的转变。为了真正从异步风格中受益，前面的 getEvent 和 getRoute 应该使用非阻塞 I/O API 来实现，并且直接返回 Future 以最小化阻塞线程的数量。Akka-http 模块提供了异步 HTTP 客户端。在下一节中，可以假定 Web 服务调用是用 akka-http 实现的。

到现在为止忽略的一个细节就是，使用 Future 需要隐式地提供一个 ExecutionContext。如果没有提供，则代码无法编译。清单 5-7 显示了如何导入全局执行环境（global execution context）的隐含值。

清单 5-7　处理活动结果

```
import scala.concurrent.Implicits.global  ←———— 使用全局ExecutionContext
```

ExecutionContext 是用于在某些线程池的实现上执行任务的抽象。如果熟悉 java.util.concurrent 包，可以将其与带 extras 的 java.util.concurrent.Executor 接口进行比较。

清单 5-7 中的导入语句把全局执行环境（global execution context）放到隐式范围内，以便于 Future 用它在某些线程上执行代码块。

在 5.5 节，将看到 Actor 系统中的分发器也可以用作 ExecutionContext，与全局执行环境比起来，它是一种更好的选择，因为你不知道其他进程可能使用全局执行环境。

如果 Future 只是为了读，那么应该怎么写？你猜到了，就是 Promise[T]。如果你观察一下 Future[T]的源代码，看一下它的默认实现方式，会发现它由两部分组成，一部分是只读的 Future，另一部分是只写的 Promise，它们是一个事物的两个方面。

Promise 和 Future 源代码中有很多复杂的间接层，留给想了解底层细节的读者作为练习。

了解 Promise 最简单的方式是看一个例子。你可以用 Promise[T]把多线程回调风格的 API 包装到返回 Future[T]的 API 中。在这个例子中，我们将看到一小段向 Apache Kafka 发送记录的代码。这里并不介绍太多的细节，Kafka 集群可以把记录写入只允许添加的日志中。由于扩展性和防止故障的原因，日志被分割并备份在多个称为代理（broker）的服务器上。这个例子中最重要的是，KafkaProducer 可以异步的向代理发送记录。KafkaProducer 有一个接收回调参数的 send 方法。对于成功发送到集群的记录，回调参数将被调用一次。下面的清单 5-8 展示了使用 Promise 包装这个回调风格的方法，并返回一个 Future。

清单 5-8　使用 Promise 创建一个 Future API

为了清晰这段代码还是类型注解的。一个 Promise 只能完成一次。promise. success（metadata）和 promise. failure（e）分别是 promise. complete（Success（metadata））和 promise. complete（Failure（e））的简写。若 Promise 已经完成，再次执行将会抛出 IllegalStateException 异常。

在这个简单的例子中，我们不需要做太多，只需要获取 Future 的引用并完成 Promise。在更复杂的应用场合，需要保证每个其他的数据结构在多线程环境中使用都是安全的。Promise 和 Future 的源代码可以为这些方面提供不少灵感。

现在你已经知道如何利用 Promise 包装回调的 API，对于那些对 Promise 和 Future 内部工作细节感兴趣的读者，我们打算再深入探究一些。不用担心，这些没有必要掌握，你可以直接跳到下一节。图 5-8 显示了 Future. apply 方法创建 Promise 并在线程 X 上返回一个 Future。

这里我们省略了一些细节，但图中大体显示了 Future. apply 如何创建 Runnable 的子类。Runnable 持有一个 Promise，以便于在另一线程上运行它。在 Future. apply 方法中，相同的 Promise 被作为一个 Future 对象返回。我们再一次省略了一些间接的继承，只保留了必须的 DefaultPromise[T]，它从 Future[T] 和 Promise[T] 继承而来，因此它可以"用作两种类型"。

这里重要的是 Runnable 和 Future. apply 的客户端都获得对相同值 DefaultPromise 的引用。DefaultPromise 被设计成可以同时在多个线程上使用，因此它是安全的。图 5-9 显示了 PromiseCompletingRunnable 在另一线程 Y 上的运行结果。

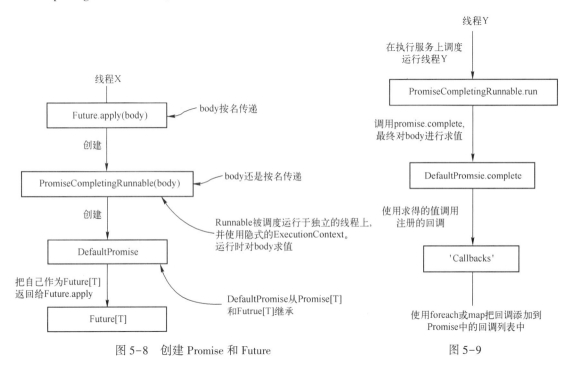

图 5-8　创建 Promise 和 Future　　　　　　　　图 5-9

就像 Kafka 的例子一样，PromiseCompletingRunnable 完成这个 Promise，使用 body 的最终结果调用所有注册的回调。这里又一次省略了很多细节。回调只被调用一次，在 Executor 上运行，Future 和 Promise 使用底层的并发编程技术保证这些（回调）正确执行。

5.3　Future 错误处理

上一节中的 Future 结果总是被认为是成功的。下面来看看当代码中抛出 Exception 异常时会发生什么。在 Future 上进行 foreach 并打印结果。通过命令行启动一个 Scala REPL 会话，如清单 5-9 所示。

清单 5-9 在 Future 中抛出一个异常

```
scala > :paste
// Entering paste mode (ctrl - D to finish)
import scala.concurrent._
import ExecutionContext.Implicits.global
val futureFail = Future { throw new Exception("error!") }
futureFail.foreach(value => println(value))
// Exiting paste mode, now interpreting.
futureFail:scala.concurrent.Future[Nothing] =
scala.concurrent.impl.Promise $DefaultPromise@ 193cd8e1
scala >
```

一旦Future结束，尝试打印它的结果

因为发生了异常，所以什么也没有打印

在某些线程中抛出 Exception 异常。你注意的第一件事件是在控制台上没有看到跟踪堆栈信息，如果在主 REPL 线程中触发异常，你应该看到堆栈信息。Foreach 代码块没有被执行，这是因为 Future 不是一个成功的值。其中获取异常的一个方法是使用 onComplete 方法。这个方法像 foreach 和 map 方法一样，接收一个代码块，但在这里它提供一个 scala. util. Try 参数。Try 可以是 Success 或者 Failure。使用 onComplete 方法处理成功和失败的结果如清单 5-10 所示。

清单 5-10 使用 onComplete 方法处理成功和失败的结果

```
scala > :paste
// Entering paste mode (ctrl - D to finish)
import scala.util._
import scala.concurrent._
import ExecutionContext.Implicits.global
val futureFail = Future { throw new Exception("error!") }
futureFail.onComplete {
case Success(value) => println(value)
case Failure(e) => println(e)
}
// Exiting paste mode, now interpreting.
java.lang.Exception:error!
```

Try、Success和Failure的导入语句

这段代码被给予一个 Try值。Try支持模式匹配，因此在onComplete 方法中，可以只给出一个偏函数来匹配Success或Failure

打印成功的值

打印非致命的异常

异常被打印

onComplete 方法使得处理成功或失败的结果成为可能。在本例中需要注意，即使在 Future 已经结束的情况下，onComplete 回调仍然可以被执行。在这个例子中，这是非常有可能的，因为异常直接在 Future 代码块中抛出。这对于任何注册在 Future 中的函数都是适用的。

致命和非致命异常

致命的异常在 Future 中是无法处理的。如果要创建一个 Future｛new OutOfMemoryError ("arghh")｝，则会发现它根本不会被创建，而是直接抛出 OOME(OutOfMemoryError)。有一个 scala. util. control. NonFatal 提取器应用于 Future 中的逻辑，这是非常必要的。忽略重要的致命错误或对它们视而不见，是非常可怕的想法。致命异常是 VirtualMachineError、ThreadDeath、InterruptedException、LinkageError 和 ControlThrowable（参见 scala. util. control. NonFatal 的源代码）。ControlThrowable 是不能正常捕获的异常代表。

onComplete 方法返回 Unit，因此不能与下一个函数链接。相似地，还有一个 onFailure 方法来匹配异常，它也返回 Unit，因此也不能把它用于链接。清单 5-11 显示了 onFailure 的用法。

清单 5-11　匹配所有非致命异常的 onFailure

```
futureFail.onFailure {          ←────── 当函数失败时调用
    case e => println(e)        ←────── 匹配所有非致命的异常类型
}
```

当发生异常时，需要能够继续在 TicketInfo 服务中累积信息。TicketInfo 服务收集关于活动的信息，如果需要的服务抛出异常，则它应该能够忽略这部分信息。图 5-10 显示了对于 TicketInfo 服务的部分流程，TicketInfo 类是如何收集活动信息的。

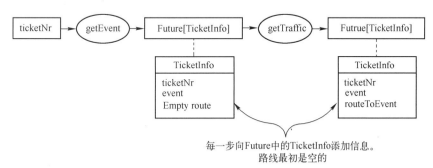

图 5-10　在 TicketInfo 中收集关于活动的信息

getEvent 和 getTraffic 方法被修改为返回 Future［TicketInfo］，用于沿着调用链累积活动的信息。TicketInfo 类是一个简单的 case 类，包含服务的选择性信息。清单 5-12 显示了 TicketInfo case 类。在下一节中，将向这个类添加更多的信息，如天气预报和其他活动的建议。

清单 5-12　TicketInfo case 类

```
case class TicketInfo(ticketNr:String,
                      event :Option[Event] = None,          关于ticketNr的额外信息
                      route:Option[Route] = None)  ←────   都是可选的，默认为空
```

这里需要注意的是，使用 Future 时应该总是使用不可改变的数据结构，否则对于可能使用相同对象的 Future 之间，将会出现共享可变状态的情况。这里是比较安全的，因为使用 case 类和 Option，它们是不可变的。当一个服务失败时，TicketInfo 累积到的信息将会沿着调用链继续传递。图 5-11 显示了如何处理失败的 getTraffic 调用。

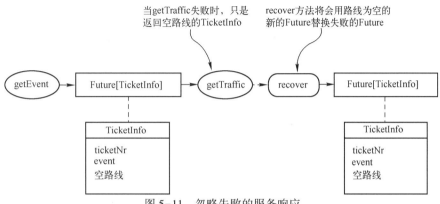

图 5-11　忽略失败的服务响应

81

Recover 方法用于完成失败服务调用的处理工作。这个方法使得能够定义异常发生时必须返回的结果。清单 5-13 显示了当 TrafficServiceException 异常发生时，如何用它返回输入的 TicketInfo。

清单 5-13　recover 方法用替换后的 Future 结果恢复调用链

```
val futureStep1:Future[TicketInfo] = getEvent(ticketNr)        ← 获取活动，返回一个
val futureStep2:Future[TicketInfo] = futureStep1.flatMap {        Future[TicketInfo]
    ticketInfo =>
        getTraffic(ticketInfo).recover {                       ← 使用flatMap可
            case _:TrafficServiceException => ticketInfo ←       直接返回一个
        }                                                         Future[TicketInfo]，
    }                          用包含初始TicketInfo的                而不是代码块中的
getTraffic返回一个             Future进行恢复                        TicketInfo
Future[TicketInfo]
```

Recover 方法定义了当 TrafficServiceException 异常发生时，它必须返回原来的 ticketInfo 作为 Future 的结果。getTraffic 方法只是创建一个 TicketInfo 的拷贝，并把路线添加进去。在这个例子中，对于 getEvent 返回的 Future，使用了 flatMap 而不 map。在传递给 map 方法的代码块中，需要返回一个 TicketInfo 值，它将被包装在一个新的 Future 中。使用 flatMap 方法需要直接返回一个 Future[TicketInfo]。因为 getTraffic 已经返回了一个 Future[TicketInfo]，所以最好使用 flatMap。

相似地，还有一个 recoverWith 方法，其中的代码块必须返回一个 Future[TicketInfo]，而不是一个 TicketInfo。需要注意的是，传递给 recover 方法的代码块是在出错返回之后，同步执行的，因此最好保证恢复代码比较简单。

在前面的代码中还有一个问题。如果第一个 getEvent 调用失败，会发生什么？flatMap 调用中的代码块将不会被调用，因为 futureStep1 已经失败，所以没有值进行下一步调用。futureStep2 将等于 futureStep1，是一个失败的结果。如果要返回一个仅包含 ticketNr 的 TicketInfo，则必须在第一步中进行恢复，如清单 5-14 所示。

清单 5-14　如果 getEvent 失败，使用 recover 方法返回一个空的 TicketInfo

```
val futureStep1:Future[TicketInfo] = getEvent(ticketNr)
val futureStep2:Future[TicketInfo] = futureStep1.flatMap { ticketInfo =>
    getTraffic(ticketInfo).recover {
        case _:TrafficServiceException => ticketInfo
    }
}.recover {                                    ← 如果getEvent失败，则返回一个
    case e => TicketInfo(ticketNr)               仅包含ticketNr的空TicketInfo
}
```

当 futureStep1 失败时，flatMap 调用中的代码块将不会执行。flatMap 将简单地返回一个失败的 Future 结果。前面清单中最后调用的 recover，把这个失败的 Future 转换成一个 Future[TicketInfo]。

5.4　Future 组合

本节将介绍异步 Future 函数的更多组合方式。在本节中，将讨论更多的方法来组合异

步函数与 Future。无论是 Future [T] trait，还是 Future 对象，都提供了 combinator 方法，像 flatMap 和 map 一样组合 Future。组合方法与 flatMap，map 和其他 Scala 集合（Collection） API 类似。它们使得创建转换不可变集合的流水线成为可能，一步一步地解决问题。

TicketInfo 服务需要组合几个 Web 服务调用提供附加的信息。我们将使用组合方法，使用接收 TicketInfo 返回 Future [TicketInfo] 的函数，一步一步地向 TicketInfo 添加信息。在每一步中，复制一份 TicketInfo case 类，并把它传递给下一个函数，最终构建完整的 TicketInfo。 TicketInfo case 类与其他用于服务的 case 类一样被更新，其定义如清单 5-15 所示。

清单 5-15　改进的 TicketInfo 类

```
case class TicketInfo(ticketNr:String,
                      userLocation:Location,
                      event:Option[Event] = None,
                      travelAdvice:Option[TravelAdvice] = None,
                      weather:Option[Weather] = None,
                      suggestions:Seq[Event] = Seq())    ←──── TicketInfo case类，
                                                               收集旅行建议、天气
                                                               和活动推荐
case class Event(name:String,location:Location,
                 time:DateTime)

case class Weather(temperature:Int,precipitation:Boolean)

case class RouteByCar(route:String,
                      timeToLeave:DateTime,
                      origin:Location,
                      destination:Location,
                      estimatedDuration:Duration,       ←──── 为了使例子简单，路线只
                      trafficJamTime:Duration)                用一个字符串表示

case class TravelAdvice(routeByCar:Option[RouteByCar] = None,
    publicTransportAdvice:Option[PublicTransportAdvice] = None)

case class PublicTransportAdvice(advice:String,
                timeToLeave:DateTime,                   ←──── 为了使例子简单，交
                origin:Location,destination:Location,          通建议只用一个字符
                estimatedDuration:Duration)                    串表示

case class Location(lat:Double,lon:Double)

case class Artist(name:String,calendarUri:String)
```

除票券号码和用户地址外，所有项目都是可选的。流程中的每一步，通过复制参数 Ticket-Info，修改新 TicketInfo 的属性的方式添加信息，并把它传递给下一个函数。如果一个服务调用不能完成，则相应的信息为空，就如同在 Future 错误处理一节介绍的一样。图 5-12 显示了异步 Web 服务的调用流程和本例中使用的组合方法。

图 5-12 中的组合方法以菱形显示。这里将详细介绍每个组合方法。流程从 ticketNr 和 TicketInfo 服务用户的 GPS 位置开始，最终完成整个 TicketInfo 的 Future 结果。天气服务的最快响应结果被使用。公共交通和开车路线组合在 TravelAdvice 中。同时，查找相似的艺术家，并请求每个艺术家的日程安排，这个结果用于推荐类似的活动。所有 Future 最终被组合到一个 Future [TicketInfo] 中。最终，这个 Future [TicketInfo] 将有一个 onComplete 回调，完成 HTTP 请求并返回给客户端，这些在例子中将省略。

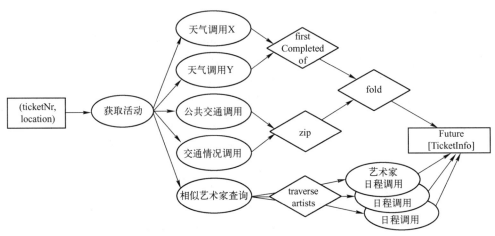

图 5-12 TicketInfoService 流程

从组合天气服务开始。TicketInfo 服务需要并行地调用多个天气服务，并使用最快的响应结果。图 5-13 显示了流程中使用的组合方法。

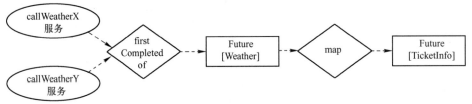

图 5-13 天气服务流程

两个天气服务都返回一个 Future［Weather］，它需要被转换成 Future［TicketInfo］，以备下一步使用。如果一个天气服务没有响应，则仍然可以使用另一个服务的结果响应客户。清单 5-16 显示了在 TicketInfoService 中如何使用 Future. firstCompletedOf 方法响应最先完成的服务。

清单 5-16 使用 firstCompletedOf 获取最快的响应

```
def getWeather(ticketInfo:TicketInfo):Future[TicketInfo] = {

    val futureWeatherX:Future[Option[Weather]] =
        callWeatherXService(ticketInfo).recover(withNone)        错误恢复被抽取到withNone
                                                                 函数中（这里忽略）。它
                                                                 只是简单地恢复为None值
    val futureWeatherY:Future[Option[Weather]] =
        callWeatherYService(ticketInfo).recover(withNone)

    val futures:List[Future[Option[Weather]]] =
        List(futureWeatherX,futureWeatherY)

最先完成的
Future[Weather]     val fastestResponse:Future[Option[Weather]] =
                    Future.firstCompletedOf(futures)
                                                                 复制天气响应到新的ticketInfo
                                                                 中，并作为map代码的返回结果
    fastestResponse.map{ weatherResponse =>
        ticketInfo.copy(weather = weatherResponse)
    }
}                       map代码块将完成的Weather值
                        转换成TicketInfo。结果是一个
                        Future[TicketInfo]
```

创建前两个 Future 用于天气服务请求。根据两个天气服务的 Future 结果，Future.first-CompletedOf 函数创建一个新的 Future。这里需要注意的是，firstCompletedOf 返回第一个完成的 Future。Future 完成有可能是成功的值，也有可能是失败的值。在前面的代码中，如果天气服务 X 失败的比天气服务 Y 返回正确的结果要快，则 ticketInfo 服务将不能添加天气信息。现在就会发生这样的情况，因为我们假定未响应的服务或执行效率低的服务，响应速度将比正常执行的服务要慢。可以使用 find 代替 firstCompletedOf。Find 接收一些 Future 和一个谓词函数，查找匹配的 Future，并返回一个 Future[Option[T]]。清单 5-17 显示了如何使用 find 获取第一个成功的 Future 结果。

清单 5-17　使用 find 获取第一个成功的结果

```
val futures:List[Future[Option[Weather]]] =
    List(futureWeatherX,futureWeatherY)

val fastestSuccessfulResponse:Future[Option[Weather]] =      匹配第一个
  Future.find(futures)(maybeWeather => !maybeWeather.isEmpty) ← 非空的结果
        .map(_.flatten) ←
```

结果需要展平，因为find需要一个TraversableOnce[Future[T]]
并返回Future[Option[T]]，在这种情况下，T实际上是Option[T]。
Future的值是List[Future[Option[Weather]]]，而不是List[Future
[Weather]]

公共交通和驾车路线服务需要并行处理，当两个结果都可用时组合到一个 TravelAdvice 中。图 5-14 显示了添加交通建议流程中使用的组合方法。

图 5-14　交通建议流程

在一个 Future 中，getTraffic 和 getPublicTransport 分别返回 RouteByCar 和 PublicTransportAdvice 不同类型的结果。这两个值先被放到一个元组中，然后这个元组被映射成 TravelAdvice。TravelAdvice 类如清单 5-18 所示。

清单 5-18　TravelAdvice 类

```
case class TravelAdvice(
    routeByCar:Option[RouteByCar]=None,
    publicTransportAdvice:Option[PublicTransportAdvice]=None
)
```

根据这个信息，用户就可以决定是驾车去还是乘坐公交去。清单 5-19 显示了 zip 方法的用法。

清单 5-19　使用 zip 和 map 组合驾车和公交建议

```
def getTravelAdvice(info:TicketInfo,
                    event:Event):Future[TicketInfo] = {

  val futureR:Future[Option[RouteByCar]] = callTraffic(
    info.userLocation,
    event.location,
    event.time
  ).recover(withNone)

  val futureP:Future[Option[PublicTransporAdvice]] =
    callPublicTransport(info.userLocation,
      event.location,
      event.time
    ).recover(withNone)

  futureR.zip(futureP)
    .map {
      case(routeByCar,publicTransportAdvice) =>
        val travelAdvice = TravelAdvice
                            (routeByCar,
                            publicTransportAdvice)
        info.copy(travelAdvice = Some(travelAdvice))
    }
}
```

把Future[RouteByCar]和Future[PublicTransportAdvice]压缩成Future[(RouteByCar, PublicTransportAdvice)]

把路线和公交建议转换成一个Future[TicketInfo]

前面的代码先把 Future 中的公共交通和驾车路线一起压缩到新的包含元组中两个结果的 Future 中，然后对组合的 Future 进行映射，并把结果转换成 Future［TicketInfo］，因此可用于进一步的链接。可以使用 for-comprehension 代替 map 方法，这将使代码更具有可读性。清单 5-20 显示了它的用法，它和前面清单中的 zip 和 map 方法所做的工作相同。

清单 5-20　使用 for-comprehension 组合路线和公交建议

zip方法创建的Future在此点上求值，结果是routeByCar和publicTransportAdvice元组

```
for(
  (route,advice) <- futureRoute.zip(futurePublicTransport);
  travelAdvice = TravelAdvice(route,advice)
) yieldinfo.copy(travelAdvice = Some(travelAdvice))
```

for组合产生一个TicketInfo，在for组合中以Future[TicketInfo]返回，和map方法类似

如果不熟悉 for-comprehension，可以简单地认为它们是对集合的遍历。在 Future 中，遍历最终包含一个值或没有值（出现异常的情况）的集合。

下面将要看到的是类似活动推荐的流程。使用了两个 Web 服务，包括一个类似艺术家服务，它返回与在活动中表演的艺术相似的艺术家信息。艺术家信息用于调用每个艺术家特定的日程，以请求与活动位置相近的下一次活动，并向用户推荐。清单 5-21 显示了推荐活动是如何实现的。

清单 5-21　for-comprehension 的用法和 map 遍历

前面的例子涉及的更多，为了清楚起见，代码被分成了几个方法，虽然很明显这些可以用内联的方式实现。一旦艺术家的信息可用，getPlannedEvents 就被执行一次。getPlannedEvents 使用 Future. sequence 方法从 Seq[Future[Event]]构建一个 Future[Seq[Event]]。换句话说，它把多个 Future 组合成一个包含结果列表的 Future。getPlannedEvents 方法的代码如清单 5-22 所示。

清单 5-22　使用 sequence 组合 Future 数组

```
def getPlannedEvents(event:Event,
    artists:Seq[Artist]):Future[Seq[Event]] = {
  val events:Seq[Future[Event]] = artists.map { artist =>
    callArtistCalendarService(artist,event.location)
  }
  Future.sequence(events)
}
```

返回一个 Future[Seq[Event]]，它是一个活动计划的列表，每个元素是一个相似艺术家的活动计划

在 Seq[Artists]上进行映射。对于每个艺术家，调用日程服务。"events"的值是一个 Seq[Event]

把 Seq[Future[Event]]转换成 Future[Seq[Event]]。当所有的异步调用 callArtistCalendarService 完成时，最终返回一个活动的列表

Sequence 方法是 traverse 方法的简化版本。清单 5-23 显示了使用 traverse 方法的 getPlannedEvents 的实现。

清单 5-23　再一次组合，这次使用 traverse 方法

```
def getPlannedEventsWithTraverse(
    event:Event,
    artists:Seq[Artist]
    ):Future[Seq[Event]] = {
  Future.traverse(artists) { artist =>
    callArtistCalendarService(artist,event.location)
  }
}
```

traverse 接收一段返回 Future 的代码。它允许遍历一个集合，并同进创建 Future 结果

使用 sequence，首先必须创建一个 Seq［Future［Event］］，以便把它转换成一个 Future［Seq［Event］］。使用 traverse 可以完成相同的工作，但不需要创建 Seq［Future［Event］］的中间步骤。

现在是 TicketInfoService 流程的最后一步了。包含 Weather 信息的 TicketInfo 需要和包含 TravelAdvice 的 TicketInfo 组合在一起。使用 fold 方法将两个 TicketInfo 组合成一个，如清单 5-24 所示。

清单 5-24　使用 fold 方法再组合一次

Fold 方法的工作类似于 Seq［T］和 List［T］数据结构上的 fold。它经常用于替代传统的 for 循环遍历构建某些数据结构。Fold 接收一个集合，一个初始值和一个代码块。对于集合中的每个元素执行代码块。代码块接收两个形式参数：一个累积状态的值和集合中的下一个元素。在前面的代码中，初始 TicketInfo 被用作初始值。在代码块的每次循环中，包含基于 ticketInfo 列表的更多信息的 TicketInfo 副本被返回。

完全的 Ticket Infoservice 流程如清单 5-25 所示。

清单 5-25　完全的 TicketInfoService 流程

```
def getTicketInfo(ticketNr:String,
location:Location):Future[TicketInfo] = {
    val emptyTicketInfo = TicketInfo(ticketNr,location)
    val eventInfo = getEvent(ticketNr,location)
                    .recover(withPrevious(emptyTicketInfo))

    eventInfo.flatMap{ info =>
        val infoWithWeather = getWeather(info)
        val infoWithTravelAdvice = info.event.map { event =>
            getTravelAdvice(info,event)
    }.getOrElse(eventInfo)

    val suggestedEvents = info.event.map { event =>
        getSuggestions(event)
    }.getOrElse(Future.successful(Seq()))

    val ticketInfos = Seq(infoWithTravelAdvice,infoWithWeather)

    val infoWithTravelAndWeather = Future.fold(ticketInfos)(info) { (acc,elem) =>
        val (travelAdvice,weather) = (elem.travelAdvice,elem.weather)
        acc.copy(travelAdvice = travelAdvice.orElse (acc.travelAdvice),
```

调用getEvent，它返回一个 Future[TicketInfo]

用天气信息创建一个TicketInfo

用TravelAdvice信息创建一个TicketInfo

获取推荐活动的Future列表

```
        weather = weather.orElse(acc.weather))
    }
    for(info <- infoWithTravelAndWeather;
    suggestions <- suggestedEvents
    ) yieldinfo.copy(suggestions = suggestions)
  }
}

// error recovery functions to minimize copy/paste
type Recovery[T] = PartialFunction[Throwable,T]
// recover withNone
def withNone[T]:Recovery[Option[T]] = {
  case e => None
}
// recover with empty sequence
def withEmptySeq[T]:Recovery[Seq[T]] = {
  case e => Seq()
}
// recover with the ticketInfo that was built in the previous step
def withPrevious(previous:TicketInfo):Recovery[TicketInfo] = {
  case e => previous
}
```

把天气和交通组合到
一个TicketInfo中

最后把推荐的
活动也加上

用于TicketInfoService
流程的错误恢复方法

　　Future 实现的 TicketInfoService 例子结束了。Future 可以以许多方式组合，组合方法使其易于转换和处理一系列异步函数结果。整个 TicketInfoService 流程没有一处阻塞式调用。如果对假设 Web 服务的调用使用异步 HTTP 客户端（如 spray-client 库）来实现，则阻塞线程的数量也将保持为 I/O 的最小值。在本书编写时，Scala I/O 的异步客户端库越来越多，而且还有数据库访问的库，可以提供 Future 结果。

5.5　Future 组合 Actor

　　在第 2 章，第一个 REST 服务使用了 akka-http，已经显示了 ask 方法返回一个 Future，如清单 5-26 所示。

清单 5-26　收集活动信息

```
class BoxOffice(implicit timeout:Timeout) extends Actor {
// ... skipping code

case GetEvent(event) =>
    def notFound() = sender() ! None
    def getEvent(child:ActorRef) = child forward TicketSeller.GetEvent
    context.child(event).fold(notFound())(getEvent)

case GetEvents =>
    import akka.pattern.ask
    import akka.pattern.pipe

    def getEvents:Iterable[Future[Option[Event]]] = context.children.map {
```

需要对ask定义截止时间。
如果在规定时间内ask
没有完成，则Future将
包含超时异常

导入ask模式，它把ask
方法添加到ActorRef

导入pipe模式，它把pipe
方法添加到ActorRef

```
                    child =>
遍历所有的子          self.ask(GetEvent(child.path.name)).mapTo[Option[Event]]
Actor，对于每      }
个子Actor请求
GetEvent           def convertToEvents(f:Future[Iterable[Option[Event]]]):Future[Events] =
                     f.map(_.flatten).map(l => Events(l.toVector))

                   pipe(
                     convertToEvents(Future.sequence(getEvents))
                   ) tosender()
```

这个本地定义把一个可遍历的Option的集合扁平化
为一个只有结果的列表(所有None的情况均被丢弃)，
然后把Iterable[Event]转换成一个Events值

Futrue被连接到发送者。
不需要关闭Futrue回调

在self上请求GetEvent的局部方法定义，意思是BoxOffice。
ask方法返回一个Future结果。因为Actor可以返回任何消息。
所以返回的Future是无类型的。使用mapTo方法把Future
[Any]转换成Future[Option[Event]]。如果Actor的响应不是
一个Option[Event]，则mapTo方法将以一个失败的Future而
告终

从里面出来，Future.sequence方法把getEvents
从Iterable[Future[Option[Event]]]转换成Future
[Iterable[Option[Event]]]。Future[Iterable[Option
[Event]]]被convertToEvents转换成Future[Events]

该示例显示了 BoxOffice Actor 如何收集每个售票点所剩余的票数。

这个例子显示了几个重要的细节。首先，把结果 pipe 到发送者。这是一个聪明的事情，因为发送者是 actor 上下文的一部分，它可以在 actor 接收的每个消息上有所不同。Future 回调可以关闭它需要使用的值。当回调函数被调用时，发送者可能有完全不同的值。pipe 到发送者，不需要在 Future 回调中引用 sender( ) 方法。

在 ActorContext 提供当前视图的 Actor 中使用 Future 时，要注意。因为 Actor 是有状态的，所以确保关闭的值不能从另一个线程可变是非常重要的。解决这个问题最简单的方法是使用不可变的数据结构，并把 Future pipe 到 Actor，如代码中显示的那样。另一种解决方法是"捕获"一个值中 sender( ) 的当前值。

5.6 总结

本章介绍了有关 Future 的内容，介绍了如何使用 Future 创建异步函数的工作流。目标是最小化显式的阻塞和线程等待，资源利用最大化和最小化不必要的延迟。

Future 是最终可获得的函数结果的占位符，是把函数组合成异步流程的强有力工具。它使得定义一个结果到另一结果的转换成为可能。因为 Future 是关于函数结果的，所以要组合这些结果必须采用函数式的方法。

Future 的组合方法提供的"转换风格"类似于 Scala 集合中的组合方法。函数以并行方式执行，在需要的地方顺序执行，最终提供有意义的结果。Future 中的结果可能是成功的值，也可能是失败的值。幸运的是，失败的值可以恢复为替换的值继续流程的执行。

Future 中包含的值应该是不可变的，以保证避免意外的共享可变状态。Future 可用在 Actor 中，但需要避免在 Future 中引用 Actor 的可变状态。例如，在安全使用 Actor 的发送者引用之前，需要将其保存到一个值中。Future 作为 ask 方法的响应用在 Actor 的 API 中。Future 的结果也可以通过 pipe 的方式提供给 Actor。

第 6 章
第一个分布式 Akka App

本章导读
- 向外扩展介绍。
- GoTicks.com 分布式 App。
- 使用远程模块对 Actor 进行分布。
- 分布式 Actor 系统的测试。

到目前为止，只看到了在一个结点上构建 Akka 的 Actor 系统。本章将介绍如何扩展 Akka 应用程序。在这里将构建第一个分布式 Akka App。使用第 2 章中的 GoTicks.com 应用并把它向外扩展。

本章先介绍一些常用的术语和不同的扩展方法，介绍 Akka-remote 模块，以及它如何为网络中的 Actor 之间相互通信提供优雅的解决方案。把 GoTicks.com 扩展到两个结点上：一个前端服务器和一个后端服务器。本章将介绍如何使用 multi-JVM 测试工具对应用进行单元测试。

6.1 向外扩展

对于网络上对象之间的交互，大多数网络技术使用阻塞式远程调用（RPC），从而掩盖本地对象和远程对象调用的不同。它的思想是局部编程模型是最简单的，因此让程序员以这种方式工作，然后在需要时以透明的方式使用远程调用。这种风格的通信方式适合于服务器间的点到点的连接，但对于大规模的网络来说并不是一个好的解决方案。对于需要扩展到网络上的应用，Akka 采取了不同的策略。

6.1.1 通用网络术语

本章中使用结点（node）表示通过网络通信运行的程序，是网络拓扑结构的一个连接点，是分布式系统的一部分。许多结点可以运行在同一服务器上，也可能运行在独立的服务器上。图 6-1 显示了一些通用的网络拓扑结构。

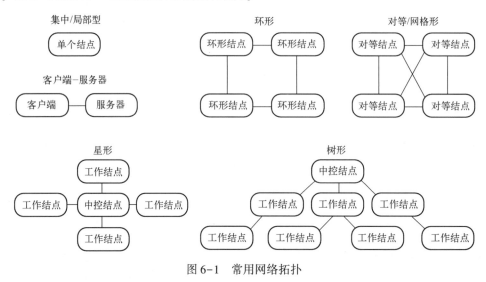

图 6-1　常用网络拓扑

结点在分布式系统中有一个特定的角色（role）。它有执行特定任务的职责。例如，结点可以作为分布式数据库的一部分，或者作为众多 Web 服务器中的一个，处理前端 Web 请求。

结点使用特定的网络传输协议与其他结点通信。典型的传输协议是 TCP/IP 和 UDP。结点之间的消息通过传输协议发送，并且需要被编码和解码成网络特定的协议数据单元（protocol data units）。协议数据单元包含字节数组形式的消息。消息需要被转换成字节和从字节转换，分别称为序列化（serialization）和反序列化（deserialization）。为此 Akka 提供了序列化模块。

同一分布式系统中的结点，共享组员关系（group membership）。这种关系可以是静态的（static），也可以是动态的（dynamic）（或者兼而有之）。在静态成员关系中，结点的数量和每个结点的角色在网络的整个生命周期中不会改变。动态成员关系允许结点扮演不同的角色，也允许结点加入和离开网络。

静态关系是两者中最简单的。启动时所有服务器持有其他结点的网络地址，但这样缺乏弹性，结点不能简单地被其他网络地址的结点替换。

动态关系更灵活，组中的结点可以随需要增加或减少。可以处理网络中失败的结点，自动地替换它们。比静态关系复杂得多。要正确实现动态关系，需要提供动态加入和退出分组的机制，检测和处理网络中的失败，识别不可达/失败的网络结点，并提供一种发现（discovery）机制，使新的结点能够查找网络中的分组，因为网络地址不是静态确定的。

6.1.2　采用分布式编程模型的原因

我们的最终目标是扩展到许多结点，通常起点是一个结点上的本地应用程序：你的笔记本式计算机。当要迁移到上一节讨论的一种拓扑结构上时，会发生哪些改变？我们能不能抽象出这样一种事实：所有结点运行在一个"虚拟结点"上，让某些聪明的工具处理所有细节，而我们不需要改变笔记本式计算机上运行的代码？最简短的回答是"不"⊖。我们不能简单地抽象本地和分布式环境的差异。论文《分布式计算的注意事项（A Note on Distributed Computing）》⊖概括了本地编程与分布式编程不可忽略的 4 个重要方面。这 4 个方面是延迟、内存访问、部分故障和并发。

- 延迟（latency）——在协作者之前使用网络意味着，对于每条消息需要更多的时间。L1 缓存的访问时间约为 0.5 ns，主存的存取时间约为 100 ns，从荷兰发送到加利福尼亚的数据包大约需要 150 ms——以及由于流量、重发数据包、间歇连接等造成的延迟。
- 部分故障（partial failure）——当系统的组成部分不总是可见，消失甚至重新出现时，确定分布式系统是否工作正常，是一件很难的事情。
- 内存访问（memory access）——在本地系统中获取内存中对象的引用不会发生间歇性失败，但获取分布式环境中的对象引用，却时常发生这种情况。
- 并发（concurrency）——没有一个掌管一切的"所有者"，前面的因素意味着交织操作的计划有可能失败。

由于这些差异，在分布式环境中使用局部编程模型在扩展时会失败。Akka 提供了完全相反的解决方案：对于分布式和局部环境都使用分布式编程模型。前面提到的论文指出了这一选择，并声明分布式系统采用这一方式将更简单。

但时代变了。几乎是 20 年以后，我们必须面临多核 CPU。越来越多的任务只需要分布在云中。为本地系统实施分布式编程模型的优点是它简化了并发编程。我们已经习惯了异步交互，期望部分失败（甚至拥抱它），并且使用无共享方法来实现并发，简化了 CPU 多核编程，并为分布式环境做好了准备。

这个选择为构建局部应用和分布式应用提供了坚实的基础，并适合于当今的挑战。Akka 为异步编程提供了一个简单的 API，以及在本地和远程测试应用程序所需的工具。

6.2　远程扩展

因为这只是对扩展的介绍，这里将使用第 2 章中简单的 GoTicks. com app 的例子。在下面的部分中，我们将把它改造成运行在多个结点上的应用。

使用客户端–服务器的网络拓扑结构，定义两个结点间的静态关系，因为这是从本地到分布的最简单的方式。两个结点的角色是前端和后端。REST 接口将运行在前端结点上。BoxOffice 和所有的 TicketSeller 都将运行在后端结点上。两个结点都有指向彼此的网络地址的引用。图 6-2 显示了从单个结点到客户端–服务器模式。

这里将使用 akka-remote 模块进行改变。当本地应用的版本中新的 Event 创建时，BoxO-

⊖　仍然向你兜售这种想法的软件供应商当然不会同意。

⊖　Jim Waldo，Geoff Wyant，Ann Wollrath 和 Sam Kendall，Sun Microsystems，Inc.，1994.

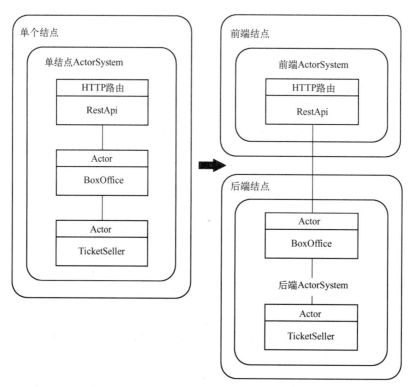

图 6-2　从单个结点到客户端–服务器模式

ffice Actor 创建 TicketSeller Actor。在客户端–服务器拓扑中，也是这样做的。akkaremote 模块能够远程创建和部署 Actor。前端结点根据自己已知的地址，在后端结点上查找 BoxOffice Actor，并由它来创建 TicketSeller Actor。我们还将看一下这种情况的变种，前端远程在后端结点上部署 BoxOffice Actor。

6.2.1　把 GoTicks. com app 改造成分布式应用

Akka-in-action 目录下的 chapter-remoting 文件夹中包含第 2 章实例的修改版本。可以按照这里的描述对第 2 章的例子进行修改。在 sbt 构建文件中添加 akka - remote 和 akka - multinode-testkit 的依赖，如清单 6-1 所示。

清单 6-1　分布式 GoTicks 构建文件的改变

akka-remote模块的依赖

```
"com.typesafe.akka"%% "akka - remote"    % akkaVersion,
"com.typesafe.akka"%% "akka - multi - node - testkit" % akkaVersion % "test",
```

测试分布式Actor系统的
multi-node测试工具的依赖

当启动 sbt 时，这些依赖会自动添加进来，或者可以运行 sbt update 显式地添加这些依赖。现在已经有需要的依赖，下面看一下连接前端和后端需要做的改变。前端和后端的 Actor 需要获得协作者的引用，这是下一小节的主题。

6.2.2 远程 REPL 活动

Akka 提供了以下两种方式获取远程结点上的 Actor 引用：一种是按 Actor 的路径进行查找；另一种是创建一个 Actor，获取它的引用，并进行远程部署。

REPL 控制台是快速观察 Scala 新类的交互式工具。通过 sbt 控制台在两个 REPL 会话中启动两个 Actor 系统。第一个会话包含后端 Actor 系统，第二个会话包含前端 Actor 系统。为了创建后端会话，在 chapter-remoting 文件夹中使用 sbt 控制台启动一个终端。由于需要开启远程，因此首先要做的是提供一些配置。正常情况下，src/main/resources 文件夹中的 application.conf 配置文件将包含这些配置信息，但对于 REPL 会话，可以通过一个 String 加载它。清单 6-2 包含了使用：paste 命令执行的 REPL 命令。

清单 6-2 加载远程的 REPL 命令

```
scala > :paste
//Entering paste mode (ctrl -D to finish)
val conf = """
akka {
  actor {
    provider = "akka.remote.RemoteActorRefProvider"    ◄── 选择远程ActorRef
  }                                                        提供者启动远程
  remote {
    enabled - transports = ["akka.remote.netty.tcp"]   ◄── 配置远程会话
    netty.tcp {
      hostname = "0.0.0.0"          ◄── 设置TCP传输的主机
      port = 2551                       和监听的端口
    }
  }
}
"""
//Exiting paste mode,now interpreting.   ◄── Ctrl-D结束paste命令
...
scala >
```

启动TCP传输

我们将把这个配置字符串载入 ActorSystem。需要特别注意的是，它定义了一个特殊的远程 ActorRefProvider，用于启动 akka-remote 模块。它还负责通过 ActorRef 把代码提供给远程的 Actor。清单 6-3 先导入了需要的配置和 Actor 包，然后把配置载入 Actor 系统。

清单 6-3 远程配置

```
scala > import com.typesafe.config._
import com.typesafe.config._

scala > import akka.actor._
import akka.actor._
                                                      把字符串解析成
                                                      配置对象
scala > val config = ConfigFactory.parseString(conf)  ◄──
config:com.typesafe.config.Config = ....

scala > val backend = ActorSystem("backend",config)   ◄── 用解析好的配置对象
[Remoting] Starting remoting                              创建ActorSystem
.....
[Remoting] Remoting now listens on addresses:
[akka.tcp://backend@ 0.0.0.0:2551]
backend:akka.actor.ActorSystem = akka://backend
```

95

如果你一直跟着输入，那你就从 REPL 启动了第一个远程 ActorSystem。根据你的观点，有 5 行代码引导和启动服务器。

后端 ActorSystem 用配置对象创建，并打开远程。如果忘记把配置传递给 ActorSystem，那么结果是 ActorSystem 可以运行，但没有打开远程，因为 Akka 默认的 application. conf 不能引导远程。Remoting 模块现在为后端 Actor 系统监听所有接口（0.0.0.0）的 2551 端口。现在添加一个简单的 Actor，它只是简单地把收到的消息打印到控制台上，使我们观察到一切工作正常，如清单 6-4 所示。

清单 6-4　创建并启动后端 Acotr 打印发来的信息
```
scala > :paste
// Entering paste mode (ctrl - D to finish)

class Simple extends Actor {
  def receive = {
    case m = > println (s "received$m!")
  }
}
// Exiting paste mode, now interpreting.

defined class Simple

scala > backend.actorOf (Props [Simple], "simple")    ◄── 在后端Actor系统中创建名为"simple"的简单Actor
res0 : akka.actor.ActorRef = Actor [akka: // backend/user/simple#485913869]
```

现在 Simple Actor 已经在后端 Actor 系统中运行了。需要注意的是，Simple Actor 是用"simple"这个名字创建的。这使得我们可以通过名字查找它，并通过网络进行连接。启动另一终端：打开 sbt 控制台，创建另一个远程 Actor 系统，前端结点。使用和前面一样的命令，只是确保前端 Actor 系统运行在不同的 TCP 端口上。

清单 6-5　创建前端 Actor 系统
```
scala > :paste
// Entering paste mode (ctrl - D to finish)

val conf = """
akka {
  actor {
    provider = "akka.remote.RemoteActorRefProvider"
  }
  remote {
    enabled - transports = ["akka.remote.netty.tcp"]
    netty.tcp {
      hostname = "0.0.0.0"
      port = 2552    ◄── 在与后端不同的端口上运行前端，以便使它们可以运行在同一台机器上
    }
  }
}
"""

import com.typesafe.config._

import akka.actor._

val config = ConfigFactory.parseString (conf)
```

```
val frontend=ActorSystem("frontend",config)
//Exiting paste mode,now interpreting.
...
[INFO] ... Remoting now listens on addresses:
[akka.tcp://frontend@ 0.0.0.0:2552]
...
frontend:akka.actor.ActorSystem=akka://frontend
scala>
```

配置被载入前端 Actor 系统。前端系统现在也已经开始运行，远程已经开启。从前端获取后端系统中 Simple Actor 的引用。首先要构建一个 Actor 路径。图 6-3 显示了路径是如何构建的。

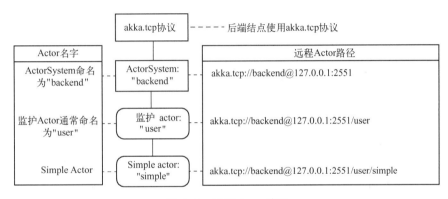

图 6-3　远程 Actor 路径

可以把路径构建成一个字符串，并使用 actorSelection 方法在前端 Actor 系统中查找它，如清单 6-6 所示。

清单 6-6　使用 actorSelection

```
scala > :paste
//Entering paste mode (ctrl – D to finish)          远程Simple
val path = "akka.tcp://backend@ 0.0.0.0:2551/user/simple"   Actor的路径
val simple = frontend.actorSelection(path)          使用
//Exiting paste mode,now interpreting.               actorSelection
path:String = akka.tcp://backend@ 0.0.0.0:2551/user/simple  选择Actor
simple:akka.actor.ActorSelection = ActorSelection[
  Anchor(akka.tcp://backend@ 0.0.0.0:2551/),Path(/user/simple)]
```

可以认为 actorSelection 方法是 Actor 层次结构中的一个查询。在本例中，这个查询是一个远程 Actor 的路径。ActorSelection 是一个表示 actorSelection 方法在系统中找到的所有 Actor 的对象，可以被用来向所有匹配的 Actor 发送消息。现在不需要 Simple 确切的 ActorRef，只需要向它发送消息，因此用 ActorSelection 就可以了。由于后端 Actor 系统已在其他控制台中运行，因此应该能够执行以下操作：

```
scala>simple ! "Hello Remote World!"
```

97

```
scala>
```

当切换到启动后端 Actor 系统的终端时，应该看到下面的打印信息：

```
scala>received Hello Remote World!!
```

REPL 控制台显示了消息已经从前端发送到了后端。使用 REPL 控制台能够交互地探索远程系统。

"Hello Remote World" 消息经过序列化、发送给 TCP 套接字、远程模块接收、反序列化，并发送给运行在后端的 Simple Actor。

注意 虽然 Java 序列化用在这个 REPL 例子中很简单，但在任何真实的分布式应用中都不应该使用它。Java 序列化不支持模式演化，很小的代码更改都可能使系统停止通信。与其他选择相比，它要慢得多，并且如果对象从不可信任的资源反序列化时，会出现各种安全问题。如果选择使用 Java 序列化时，Akka 将给出一个警告日志。

你可能已经注意到了，我们并没有编写任何特别的序列化代码，为什么能够工作呢？因为我们发送了一个简单的 String（"Hello Remote World!"）。对任何需要通过网络发送的消息，Akka 默认使用 Java 的序列化。也可以使用其他的序列化工具，还可以自定义自己的序列化，这是第 3 部分中的主题。Akka 远程消息协议（remote message protocol）有一个字段，其中包含用于消息的序列化程序的名称，以便远程接收模块可以反序列化有效载荷字节。用于表示消息的类必须是 Serializable 的，在两边的类路径中都必须是可访问的。很幸运，在 GoTicks.com app 中用作消息的"标准"case 类和对象默认是可序列化的。

3Serializable 是一个标志接口，并不能保证什么。如果使用非标准的结构，需要验证它是否可以正常工作。

6.2.3　远程查找

我们不是直接在 RestApi Actor 中创建 BoxOffice，而是在后端结点中查找它。BoxOffice Actor 的远程查找如图 6-4 所示。

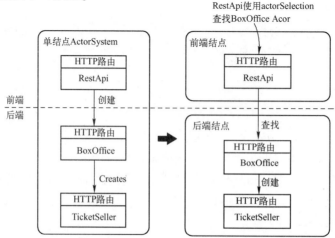

图 6-4　BoxOffice Actor 的远程查找

在前面的代码中，RestApi 直接创建了一个子 Actor BoxOffice：

```
val boxOffice=context.actorOf(Props[BoxOffice],"boxOffice")
```

这个调用把 boxOffice 直接作为 RestApi 的子 Actor。为了使代码更灵活，也为了使它既可以运行在单个结点上，也可以运行在客户端服务器上，这里将添加一个特殊的 Main 对象，使 App 运行在不同的模式下。每个 Main 类以稍微不同的方式创建或引用 BoxOffice。对第 2 章的代码做了稍许重构，以便于更容易地运行在不同的环境中。这个 trait 显示在清单 6-7 中，还列出了 RestApi 所做的修改。

SingleNodeMain、FrontendMain 和 BackendMain 分别被创建并启动单结点模式，前端和后端 App。清单 6-7 显示了这 3 个 Main 类的代码片段。

清单 6-7　核心 Actor 详解

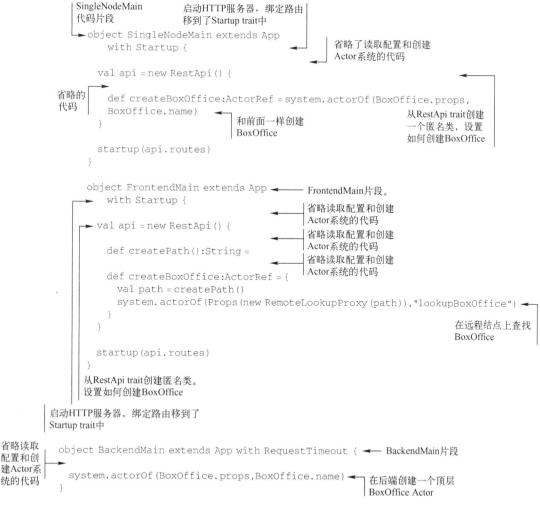

所有的 Main 类从一个特定的配置文件中加载它们的配置。SingleNodeMain、FrontendMain 和 BackendMain 分别从 singlenode . conf、frontend. conf 和 backend. conf 文件进行

加载。backend. conf 需要和 REPL 例子一样的远程配置和日志配置。清单 6-8 显示了 back-end. conf 的内容。

清单 6-8　包含后端配置的 backend. conf

```
akka {
  loglevel = DEBUG
  stdout-loglevel = WARNING
  event-handlers = ["akka.event.slf4j.Slf4jLogger"]

  actor {
    provider = "akka.remote.RemoteActorRefProvider"
  }
  remote {
    enabled-transports = ["akka.remote.netty.tcp"]
    netty.tcp {
      hostname = "0.0.0.0"
      port = 2551
    }
  }
}
```

日志配置更详细的信息见第 7 章。

frontend. conf 文件是 singlenode. conf 和 backend. conf 的综合，外加查找 BoxOffice Actor 的配置。RemoteBoxOfficeCreator 加载这些额外的配置属性。

清单 6-9　包含前端配置的 frontend. conf

```
akka {
  loglevel = DEBUG
  stdout-loglevel = DEBUG
  loggers = ["akka.event.slf4j.Slf4jLogger"]

  actor {
    provider = "akka.remote.RemoteActorRefProvider"
  }

  remote {
    enabled-transports = ["akka.remote.netty.tcp"]
    netty.tcp {
      hostname = "0.0.0.0"
      port = 2552
    }
  }

  http {
    server {
      server-header = "GoTicks.com REST API"
    }
  }
}

http {
  host = "0.0.0.0"
  host = ${?HOST}
  port = 5000
  port = ${?PORT}
}
```

```
backend {
  host = "0.0.0.0"
  port = 2551
  protocol = "akka.tcp"
  system = "backend"
  actor = "user/boxOffice"
}
```

前端需要新的后端配置，以便于连接到远程的 BoxOffice。当我们确信后端已经运行，在 REPL 控制台中，如果仅仅是为了发送消息，则获取远程 Actor 的 ActorSelection 是比较好的。在本例中，倾向于使用 ActorRef，因为单结点版本就是这样使用的。创建一个新的 Actor RemoteLookupProxy，它负责查找远程的 BoxOffice 并发送消息。FrontendMain 对象创建 RemoteLookupProxy 用于查找 BoxOffice，如清单6-10所示。

清单 6-10　查找远程的 BoxOffice

创建BoxOffice
的路径

```
def createPath():String = {
    val config = ConfigFactory.load("frontend").getConfig("backend")
    val host = config.getString("host")
    val port = config.getInt("port")
    val protocol = config.getString("protocol")
    val systemName = config.getString("system")
    val actorName = config.getString("actor")
    s"$protocol://$systemName@$host:$port/$actorName"
}

def createBoxOffice:ActorRef = {
    val path = createPath()
    system.actorOf(Props(new RemoteLookupProxy(path)),"lookupBoxOffice")
}
```

加载frontend.conf
配置，并获取后端
配置片段构建路径

返回查找BoxOffice的Actor。这个Actor用
远程BoxOffice的路径创建

FrontendMain 对象创建独立的 RemoteLookupProxy Actor 查找 boxOffice。在以前版本的 Akka 中，可以使用 actorFor 方法直接获取远程 Actor 的 ActorRef。这个方法已不推荐使用，因为当相关的 Actor 死亡后，返回的 ActorRef 的行为与本地 ActorRef 的行为不同。actorFor 返回的 ActorRef 可能指向一个新产生的远程实例，但在本地上下文中却不是这样。同时，远程的 Actor 不能像本地 Actor 一样监视其终止，这也是 actorFor 方法不推荐使用的一个原因。

这就是使用 RemoteLookupProxy 的原因：

- 后端 Actor 系统可能还未启动，或者已经崩溃，或者可能已经重新启动。
- boxOffice Actor 本身可能已经崩溃或重启。
- 理想情况下，在启动前端之前启动后端结点，因此前端启动后即可以进行查找。

RemoteLookupProxy Actor 将会处理这些情况。图 6-5 显示了 RemoteLookupProxy 在 RestApi 和 BoxOffice 之间的地位。它透明地为 RestApi 转发消息。

RemoteLookupProxy Actor 是一个状态机，只可能有两种状态：识别或激活状态。它使用 become 方法切换它的接收方法是识别还是激活状态。RemoteLookupProxy 试图获取 BoxOffice 的 ActorRef，在识别状态下没有 ActorRef 时获取一个有效的 ActorRef，或者在激活状态下，把消息转发给有效的 ActorRef。如果 RemoteLookupProxy 在一段时间之后没有收到消息，检测到 BoxOffice 已经终止，则会重新获取有效的 ActorRef。对于这种情况，将使用

DeathWatch，但从 API 使用的角度，它与通常的监控/监视 Actor 一样，如清单 6-11 所示。

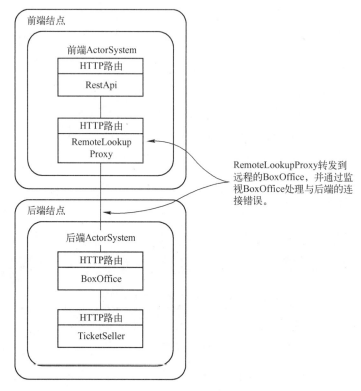

图 6-5　RemoteLookupProxy Actor

清单 6-11　远程查找

```
import scala.concurrent.duration._

class RemoteLookupProxy(path:String) extends Actor with ActorLogging {
  context.setReceiveTimeout(3 seconds)
  sendIdentifyRequest()

  def sendIdentifyRequest():Unit = {
    val selection = context.actorSelection(path)
    selection ! Identify(path)
  }

  def receive = identify

  def identify:Receive = {
    case ActorIdentity(`path`,Some(actor)) =>
      context.setReceiveTimeout(Duration.Undefined)
      log.info("switching to active state")
      context.become(active(actor))
      context.watch(actor)

    case ActorIdentity(`path`,None) =>
      log.error(s"Remote actor with path$path is not available.")

    case ReceiveTimeout =>
```

如果3s内没有收到消息，则发送ReceiveTimeout消息

立即启动Actor的请求识别

通过路径选择Actor

向actorSelection发送识别消息

初始Actor为识别接收状态

Actor已经被识别，并返回它的ActorRef

切换到激活接收状态

如果Actor没有收到消息，则没必要发送ReceiveTimeout消息，因为它现在是激活状态

监视远程Actor的终止

Actor还不可用，后端不可达或未启动

```
        sendIdentifyRequest()                        ◄── 如果未收到的消息。
                                                         则持续识别远程
    case msg:Any =>                                      的Actor
      log.error(s"Ignoring message$msg,not ready yet.") ◄── 识别接收状态下不
  }                                                         发送任何消息

def active(actor:ActorRef):Receive = {
    case Terminated(actorRef) =>                      ◄── 如果远程Actor终止,
      log.info("Actor$actorRef terminated.")              则RemoteLookupProxy
      context.become(identify)                            应切换到识别接收状态
      log.info("switching to identify state")
      context.setReceiveTimeout(3 seconds)
      sendIdentifyRequest()                          ◄── 远程Actor处于激活状态时,
                                                         转发其他所有的消息
    case msg:Any => actor forward msg
  }
```

激活接收
状态

第 4 章介绍的监控 API，对于本地和远程 Actor 都是一样的。只要监视 ActorRef 就可保证 Actor 在其引用的 Actor 终止时收到通知，而不论其引用的是本地还是远程的 Actor。Akka 使用复杂的协议静态地探测一个结点是否可达。使用发送给 ActorSelection 的 Identify 消息返回 BoxOffice 的 ActorRef。后端 ActorSystem 的远程模块以 ActorIdentity 消息进行响应，它包含一个 correlationId 和一个可选的远程 Actor 的 ActorRef。在 ActorIdentity 的模式匹配中，用反引号把变量 path 括起来。这意味着 ActorIdentify 的 correlationId 必须与 path 的值相等。如果忘记了反引号，则定义了新的变量 path，它的值是消息中 correlationId 的值。

要把 GoTicks. com app 从单个结点迁移到前端和后端模式上，所要做的修改已经完成。除了能够远程之外，前端和后端必须能够独立启动，而且前端要查找 BoxOffice，在它可用时与之通信，不可用时进行某些处理。

最后一件事情就是实际运行 FrontendMain 和 BackendMain。这里将启动两个终端，用 sbt run 命令运行项目中的 Main 类。在终端上应得到如下的输出：

```
[info] ...
[info] ... (sbt messages)
[info] ...

Multiple main classes detected,select one to run:

[1]com.goticks.SingleNodeMain
[2]com.goticks.FrontendMain
[3]com.goticks.BackendMain

Enter number:
```

在一个终端上运行 FrontMain，而在另一终端上运行 BackendMain。在运行 BackendMain 的终端上终止 sbt 进程并重启，观察发生的现象。可以像以前一样，通过相同的 httpie 命令测试 App 能否正常工作。例如，http PUT localhost：5000/events event＝RHCP nrOfTickets：＝10 创建一个有 10 张票的活动，用 http GET localhost：5000/ticket/RHCP 命令购买一张票。如果尝试杀掉后端进程再重启，在控制台上可以发现 RemoteLookupProxy 类从激活状态切换到识别状态，然后又切换回来，还会发现 Akka 报告远程连接其他结点的错误。如果你对记录这些远程生命周期的活动不感兴趣，则可以在远程配置中添加下面的代码关闭日志功能：

```
remote {
```

103

```
    log-remote-lifecycle-events=off
}
```

默认情况下记录远程生命周期的活动。这样可以在启动远程模块时，很容易地找到问题。例如，把 Actor 路径语法错误降到最低。可以使用 Actor 系统的 eventStream 订阅远程生命周期的事件，这将在第 10 章介绍通道时详细说明。因为可以像本地 Actor 一样监视远程 Actor，所以没有必要因为连接管理的原因对这些事件进行额外处理。

下面再回顾一下所做的改变：

- 添加了 FrontendMain 对象，用于查找后端的 BoxOffice。
- FrontendMain 对象在 RestApi 和 BoxOffice 之间安插了 RemoteLookupProxy。它把收到的消息转发给 BoxOffice。它识别 BoxOffice 的 ActorRef 并远程监控它。

6.2.4 远程部署

远程部署可以通过程序方式实现，也可以通过配置方式实现。这里从首选方法开始：配置。首选这个是因为无须重新构建 App 就可以改变集群的设置。标准的 SingleNodeMain 对象创建 boxOffice 作为顶层 Actor：

```
val boxOffice=system.actorOf(Props[BoxOffice],"boxOffice")
```

如果忽略监护 Actor user，该 Actor 的本地路径是/boxOffice。当使用配置的远程部署时，我们要做的是告诉前端 Actor 系统，在用/boxOffice 路径创建 Actor 时，不应是本地的而应是远程的。RemoteActorRefProvider 的配置如清单 6-12 所示。

清单 6-12　RemoteActorRefProvider 的配置

```
actor {
  provider = "akka.remote.RemoteActorRefProvider"

  deployment {                                    使用这个路径的Actor
    /boxOffice {                                  将远程配置
      remote = "akka.tcp://backend@0.0.0.0:2552"
    }                          Actor应该部署的远程地址。IP地址或主机名称
  }                            必须与后端Actor系统监听的接口完全相同
}
```

远程部署也可以编程实现。在大多数情况下，最好使用部署系统（使用属性文件）远程部署 Actor。但在某些情况下，例如，通过 CNAMES（它本身可配置）引用不同的结点，可能需要编码完成。完全的动态远程部署，最好采用 akka-cluster 模块，因为它专门用于支持动态成员关系。编程实现远程部署的例子如清单 6-13 所示。

清单 6-13　编程远程部署

```
val uri = "akka.tcp://backend@0.0.0.0:2552"
val backendAddress = AddressFromURIString(uri)      通过URI创建后端地址

val props = Props[BoxOffice].withDeploy(
  Deploy(scope = RemoteScope(backendAddress))       使用远程部署作用域创
)                                                   建Props

context.actorOf(props,"boxOffice")
```

前面的代码创建 BoxOffice 并把它部署到远程的后端。Props 配置对象为部署指定了一个远程作用域。

有一点非常重要，那就是远程部署不需要 Akka 以某种方式自动地把 BoxOffice 的类文件部署到远程 Actor 系统中。为了使远程部署正常工作，BoxOffice 的代码需要驻留在远程 Actor 系统中，并且远程的 Actor 系统已经运行。如果远程的后端 Actor 系统崩溃并重启，则 Actor-Ref 不能自动指向新的远程 Actor 实例。因为 Actor 需要远程部署，所以不能和在 BackendMain 中一样，由后端 Actor 系统启动它。由于这个原因，需要做一些修改。先从启动后端（BackendRemoteDeployMain）和前端（FrontendRemoteDeployMain）的新 Main 类开始，如清单 6-14 所示。

清单 6-14　启动后端和前端的 Main 对象

```
//the main class to start the backend node.
object BackendRemoteDeployMain extends App {
  val config = ConfigFactory.load("backend")          ← 不再创建 boxOffice
  val system = ActorSystem("backend",config)            Actor
}

object FrontendRemoteDeployMain extends App          ← 启动前端结点的 Main 类
    with Startup {
  val config = ConfigFactory.load("frontend-remote-deploy")
  implicit val system = ActorSystem("frontend",config)
  val api = new RestApi() {
    implicit val requestTimeout = configuredRequestTimeout(config)
    implicit def executionContext = system.dispatcher
    def createBoxOffice:ActorRef =
      system.actorOf(                                ← 使用配置自动
      BoxOffice.props,                                  创建 boxOffice
      BoxOffice.name
    )
  }
  startup(api.routes)
}
```

当你和前面一样在两个终端上运行这些 Main 类，并用 httpie 创建一些事件时，将会在前端 Actor 系统的控制台上看到以下消息：

```
//very long message,formatted in a couple of lines to fit.
INFO [frontend-remote]:Received new eventEvent(RHCP,10),sending to
Actor[akka.tcp://backend@ 0.0.0.0:2552/remote/akka.tcp/
    frontend@ 0.0.0.0:2551/user/boxOffice#-1230704641]
```

这就说明前端 Actor 系统已经发送消息到远程部署的 boxOffice 了。Actor 路径和你期望的不同。它跟踪 Actor 部署在什么地方。后端 Actor 系统的远程监听线程使用这个信息与前端系统进行通信。

现在我们做的已经正常工作了，但这种方法还存在一个问题。当前端试图部署远程的 Actor 时，后端系统还没有启动，远程部署将会失败，但不是很明显，因为 ActorRef 已经创建。即使后端系统稍后启动，这个 ActorRef 也不能工作。这是正确的行为，因为它不是同一个 Actor 实例 ——区别于我们先前看到的失败的情况，其中只有 Actor 本身被重新启动，在这种情况下，ActorRef 仍然指向重新创建的 Actor。

在远程结点崩溃或远程 boxOffice Actor 崩溃时，需要做进一步的修改。我们必须像以前一样监视 boxOfficeActorRef，当它发生崩溃时进行处理。因为 RestApi 有一个 val 引用 boxOffice，所以需要像 RemoteLookupProxy Actor 那样在中间重新放置一个 Actor。这种中间的 Actor 称为 RemoteBoxOfficeForwarder。

配置也需要做稍许修改，由于中间多了 RemoteBoxOfficeForwarder，因此 boxOffice 现在的路径是/forwarder/boxOffice，而不是配置中的/boxOffice。

清单 6-15 显示了 RemoteBoxOfficeForwarder 监视远程部署的 Actor。

清单 6-15 远程 Actor 的监视机制

```scala
object RemoteBoxOfficeForwarder {
  def props(implicit timeout:Timeout) = {
    Props(new RemoteBoxOfficeForwarder)
  }
  def name = "forwarder"
}

class RemoteBoxOfficeForwarder(implicit timeout:Timeout)
    extends Actor with ActorLogging {
  context.setReceiveTimeout(3 seconds)           远程部署并监视
                                                  BoxOffice
  deployAndWatch()

  def deployAndWatch():Unit = {
    val actor = context.actorOf(BoxOffice.props,BoxOffice.name)
    context.watch(actor)
    log.info("switching to maybe active state")
    context.become(maybeActive(actor))            一旦Actor被部署，就切
    context.setReceiveTimeout(Duration.Undefined) 换到"可能激活"状态。
  }                                               如果不使用查找，则无法
                                                  确定该Actor是否已经部署
  def receive = deploying

  def deploying:Receive = {
    case ReceiveTimeout =>
      deployAndWatch()
    case msg:Any =>
      log.error(s"Ignoring message$msg,remote actor is not ready yet.")
  }

  def maybeActive(actor:ActorRef):Receive = {
    case Terminated(actorRef) =>
      log.info("Actor$actorRef terminated.")      部署的BoxOffice被终止，
      log.info("switching to deploying state")     因此需要重新部署
      context.become(deploying)
      context.setReceiveTimeout(3 seconds)
      deployAndWatch()

    case msg:Any => actor forward msg
  }
}
```

前面代码中的 RemoteBoxOfficeForwarder 看起来与上一节中的 RemoteLookupProxy 类非常相似，在这里它也是一个状态机。在这个例子中，它只有两种状态：deploying 或 maybeActvie。没有进行 Actor 的选择查找，则不能确定远程 Actor 已经部署。

前端的 Main 类需要调整来创建 RemoteBoxOfficeForwarder：

```
object FrontendRemoteDeployWatchMain extends App
    with Startup {
  val config = ConfigFactory.load("frontend - remote - deploy")
  implicit val system = ActorSystem("frontend",config)

  val api = new RestApi() {
    val log = Logging(system.eventStream,"frontend - remote - watch")
    implicit val requestTimeout = configuredRequestTimeout(config)
    implicit def executionContext = system.dispatcher
    def createBoxOffice:ActorRef = {         ◄─────┐ 创建一个转发器监视和
      system.actorOf(                               部署远程的BoxOffice
        RemoteBoxOfficeForwarder.props,
        RemoteBoxOfficeForwarder.name
      )
    }
  }

  startup(api.routes)
}
```

这里已经创建了包含这些改变的 FrontendRemoteDeployWatchMain 类。

在两个 sbt console 终端运行 FrontendRemoteDeployWatchMain 和 BackendRemoteDeployMain，演示如何监视远程部署的 Actor，以及在后端进程被终止并重新启动，或者前端在后端之前启动时如何进行重新部署。

当 App 运行的结点重新出现并持续工作时，App 将自动重新部署一个 Actor。

在查找和部署的例子中，结点可以以任意的顺序启动。远程部署的例子仅通过修改配置就可以实现。

6.2.5　多 JVM 测试

测试远程 Actor 将更复杂，现在我们的应用是分布式的了，因为 Actor 依赖的其他 Actor 运行在不同的结点上。我们希望进行一种测试，它可以启动不同的结点，并使用这些结点进行测试。使用远程 Actor 的测试样例如图 6-6 所示。

这里需要两个不同的 JVM：一个用于前端和测试代码，另一个是部署 BoxOffice 的服务器。更重要的是，这次测试需要两个 JVM 的配合。部署前端结点需要 BoxOffice 的远程引用，仅当 BoxOffice 启动后才可以启动。Sbt 多 JVM 插件会处理这两方面的事情。

Sbt 多 JVM 插件可以进行多 JVM 测试。这个插件需要在 project/plugins.sbt 文件中向 sbt 进行注册：

```
resolvers+=Classpaths.typesafeResolver
addSbtPlugin("com.eed3si9n" % "sbt-assembly" % "0.13.0")
addSbtPlugin("com.typesafe.sbt" % "sbt-start-script" % "0.10.0")
addSbtPlugin("com.typesafe.sbt" % "sbt-multi-jvm" % "0.3.11")
```

这里还需要添加另一个 sbt 构建文件使用它。这个多 JVM 插件只支持 Scala DSL 版本的 sbt 工程文件，因此需要在 chapter-remoting/project 目录中添加 GoTicksBuild.scala 文件。Sbt 自动将 build.sbt 文件和下面的文件合并，这意味着这些依赖没有必要在清单 6-16 中重复。

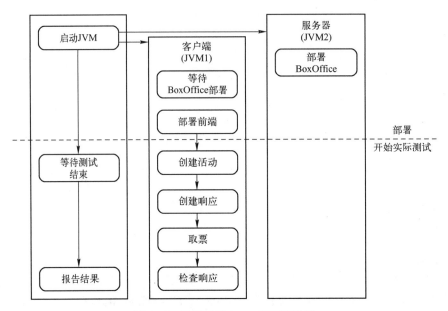

图 6-6　使用远程 Actor 的测试样例

清单 6-16　多 JVM 配置

```
import sbt._
import Keys._
import com.typesafe.sbt.SbtMultiJvm
import com.typesafe.sbt.SbtMultiJvm.MultiJvmKeys.{ MultiJvm }

object GoTicksBuild extends Build {
lazy val buildSettings = Defaults.defaultSettings ++
                         multiJvmSettings ++
                         Seq(
                         crossPaths := false
                         )
lazy val goticks = Project(
  id = "goticks",
  base = file("."),
  settings = buildSettings ++ Project.defaultSettings
)configs(MultiJvm)

lazy val multiJvmSettings = SbtMultiJvm.multiJvmSettings ++
  Seq(
    compile in MultiJvm <<=
      (compile in MultiJvm) triggeredBy (compile in Test),
  parallelExecution in Test := false,
  executeTests in Test <<=
  ((executeTests in Test),(executeTests in MultiJvm)) map {
    case ((_,testResults),(_,multiJvmResults)) =>
    val results = testResults ++ multiJvmResults
    (Tests.overall(results.values),results)
  }
  )
}
```

确保测试是默认测试编译的一部分

关闭并行执行

确保多JVM测试作为默认测试目标的一部分执行

前面的代码主要是配置了多 JVM 插件，并确保多 JVM 测试是执行的平常的单元测试。

《SBT 实战（*SBT in Action*）》（www. manning. com/suereth2/）详细解释了 sbt 的细节。

默认情况下，所有的测试代码需要添加到 src/multi-jvm/scala 文件夹中。现在可以开始测试 GoTicks. com app 的前端和后端了。首先，需要定义一个 MultiNodeConfig，描述测试结点的角色。创建对象类 ClientServerConfig，定义多结点配置的客户端服务器（前端和后端）配置。清单 6-17 显示了这个新的对象类。

清单 6-17　描述测试结点的角色
```
object ClientServerConfig extends MultiNodeConfig {
  val frontend = role("frontend")    ←—— 前端角色
  val backend = role("backend")      ←—— 后端角色
}
```

角色用于识别单元测试的结点，并运行每个结点的特定测试代码。在编写测试之前，需要编写一些基础代码，以把测试连接到 scalatest，如清单 6-18 所示。

清单 6-18　STMultiNodeSpec 连接到 scalatest
```
import akka.remote.testkit.MultiNodeSpecCallbacks
import org.scalatest.{BeforeAndAfterAll,WordSpec}
import org.scalatest.matchers.MustMatchers
```
获取需要的测试 trait ├→
```
trait STMultiNodeSpec extends MultiNodeSpecCallbacks    ←—— 通过继承测试工具的类方法获取回调
    with WordSpec with MustMatchers with BeforeAndAfterAll {

  override def beforeAll() = multiNodeSpecBeforeAll()    ←—— 使用 before 和 after 构造测试

  override def afterAll() = multiNodeSpecAfterAll()
}
```

这个 trait 用于启动和关闭多结点测试，对所有的多结点测试都适用。它结合单元测试规范，定义实际的测试。在我们的例子中，创建了一个称作 ClientServerSpec 的测试，后面详细介绍。它的代码很多，因此分开来讲。我们需要做的第一件事情是创建一个 Multi-NodeSpec，结合刚刚定义的 STMultiNodeSpec。两个版本的 ClientServerSpec 需要运行在两个独立的 JVM 上。清单 6-19 显示了这两个 ClientServerSpec 是如何定义的。

清单 6-19　多结点测试的 Spec 类

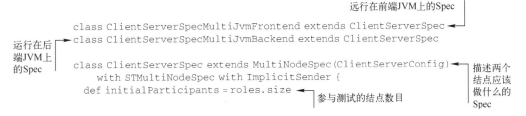

ClientServerSpec 使用 STMultiNodeSpec，而且还是一个 ImplicitSender trait。ImplicitSender-trait 设定 testActor 作为所有消息的默认发送者，这样就可以直接调用 expectMsg 和其他的断言方法，而没必要每次都要指定 testActor 发送消息。清单 6-20 中的代码显示了如何获取后端结点的地址。

清单 6-20 获取后端结点的地址

导入配置，
便于访问 ───▶
后端角色

```
import ClientServerConfig._
val backendNode = node(backend)
```

◀─── node(role)方法在测试过程中，返回后端角色的地址。
这里的表达式创建一个ActorPath。node方法必须从
main测试线程调用，这也是测试中，它为什么要赋
值给backendNode的原因

在默认情况下，后端和前端角色结点运行在随机的端口上。测试中 TestRemoteBoxOf-ficeCreator 代替了 RemoteBoxOfficeCreator，因为 RemoteBoxOfficeCreator 从配置文件 frontend.conf 中的主机、端口和 Actor 名称创建路径。在测试中，要使用后端角色结点的地址，并查找该结点上的 boxOffice 引用。前面的代码实现了这一点。清单 6-21 显示了分布式结构的测试。

清单 6-21 测试分布式结构

启动所
有结点 ───▶

```
"A Client Server configured app" must {
  "wait for all nodes to enter a barrier" in {
    enterBarrier("startup")
  }

  "be able to create an event and sell a ticket" in {  ◀── 测试前端和后端结点
    runOn(backend) {                                        在后端JVM上
      system.actorOf(BoxOffice.props(Timeout(1 second)),"boxOffice")  运行这段代码
      enterBarrier("deployed")
    }                                              通过名称创建boxOffice，以便
    runOn(frontend) {                              RemoteLookupProxy类可以找到它
      enterBarrier("deployed")
      val path = node(backend) / "user" / "boxOffice"    在前端JVM上运行
      val actorSelection = system.actorSelection(path)    这段代码
      actorSelection.tell(Identify(path),testActor)
      val actorRef = expectMsgPF() {               获取远程boxOffice的
        case ActorIdentity('path',Some(ref)) => ref   actorSelection
      }
      import BoxOffice._                          等待boxOffice可用。
      actorRef ! CreateEvent("RHCP",20000)        RemoteLookupProxy类
      expectMsg(EventCreated(Event("RHCP",20000)))  执行获取boxOffice
      actorRef ! GetTickets("RHCP",1)             ActorRef的过程
      expectMsg(Tickets("RHCP",Vector(Ticket(1))))
    }

    enterBarrier("finished")  ◀── 表明测试已结束
  }
}
```

后端已部
署的信号 ───▶

向actor-
Selection
发送识别
消息 ───▶

和平常一样用
TestKit获取期
望的消息 ───▶

这里的内容很多。单元测试可以分成 3 部分。第一，它要调用 enterBarrier（"startup"）等待所有结点启动，这要在所有结点上执行。第二，单元测试要指定哪些代码运行在前端结点上，哪些代码运行在后端结点上。前端结点等待后端结点部署完成的信号，并执行测试。最后，单元测试使用 enterBarrier（"finished"）等待所有结点运行结束。

后端结点只启动 boxOffice 结点，以便于前端结点使用它。如果使用真实的 RestApi，则需要添加 HTTP 请求，所以直接请求 BoxOffice。

做完这些以后，就可以最终测试前端和后端结点的交互了。可以使用第 3 章中相同的方法接收期望的消息。在 sbt 中执行 multi-jvm：test 命令运行这个多 JVM 测试。

图 6-7 显示了多 JVM 测试流程。各个协作者之间的合作以及各自的运行时间，多 JVM 测试工具使得它们非常自动化。如果自己编写代码实现这样的功能，则工作量会很大。

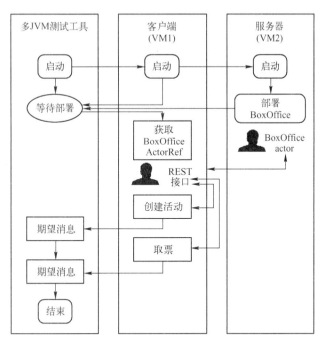

图 6-7　多 JVM 测试流程

chapter-remoting 项目还有一个单结点版本的应用程序的单元测试，除了一些基础设施设置外，测试基本上是一样的。这个多 JVM 测试的例子只是显示了如何把最初构建的单结点 App 进行调整，最终运行到两个结点上。单结点和客户端服务器设置之间的巨大差异是如何找到对远程系统的 Actor 引用的，是查找还是远程部署？在 Rest Api 和 Box Office 之间进行远程查找为我们提供了一些灵活性，并能够在崩溃中生存。它给出了一个需要在单元测试中解决的问题：如何等待远程的 boxOffice ActorRef 可用？答案就是 actorSelection 和识别消息机制。

前面的测试显示了 GoTicks. com app 如何在分布式环境中进行单元测试。在这个例子中，它运行在同一机器的两个 JVM 上。在第 13 章你将看到 multi-node-testkit 可用于在多个服务器上进行单元测试。

6.3　总结

我们不能简单地按一下开关，就使应用能够运行在分布式环境（使用远程）中。这是因为分布式需要网络环境，而本地应用往往会完全忽略这一点。在本章要做的就是应付这些新情况。和预期的一样，Akka 使其变得简单。

尽管不得不做出一些改变，但是依然发现了许多不变因素：

- 无论 Actor 是本地的还是远程的，ActorRef 的行为都是一样的。
- 分布式系统的死亡监视 API 与本地系统的监视 API 完全相同。

- 尽管协作者现在被网络分开，但通过简单的转发（在 RemoteLookupProxy 和 RemoteB-oxOfficeForwarder 中），可使 RestApi 和 BoxOffice 透明地进行交互。

本章介绍了以下新知识：

- REPL 提供了一些简单的交互性方法，使应用可以运行在选择的拓扑结构上。
- multi-node-testkit 模块使得测试分布式 Actor 变得非常容易，而不论是用 akka-remote 还是 akka-cluster 构建的，甚至是两者联合构建的也一样。Akka 在为分布式环境提供适当的单元测试工具方面非常独特。

当后端结点不可用时，我们故意没有处理 RemoteLookupProxy 和 RemoteBoxOfficeForwarder 丢失消息的情况。

第7章
配置、日志和部署

本章导读
- 使用配置库。
- 记录程序级的事件和调试信息。
- 打包和部署 Akka 应用程序。

截至目前，我们集中于创建 Actor 和使用 Actor 系统。为了创建一个可以实际运行的系统，在使用部署之前，还要有几件事情要做。首先，将详细介绍 Akka 的配置；然后介绍日志，包含使用自己的日志框架，最后，介绍一个部署的例子。

7.1 配置

Akka 使用 Typesafe 配置库，它运行一套先进的功能。典型的功能是：以不同的方式定义属性，然后在代码中使用（配置工作之一是使用代码之外的变量赋予运行时的灵活性）。它还有一套复杂的机制，在多个配置文件产生冲突时，处理多个配置文件的合并工作。一个配置系统的很重要的需求是，提供一种机制针对不同的环境（如开发、测试和产品），而不需要破坏软件包。

7.1.1 尝试 Akka 配置

和其他的 Akka 库一样，Typesafe 配置库耗费了巨大的精力减少需要的依赖，它不依赖其他的库。这里先简单介绍如何使用配置库。

配置库的属性使用层次结构。图 7-1 显示了一个应用程序的可能配置，使用自说明层次结构定义了 4 个属性。把所有的属性集中于 MyAppl 结点，而且也对数据库属性进行了分组。

ConfigFactory 用于获取配置。经常在应用的 Main 类中进行调用。配置库还具备指定配置文件的能力，下一节将详细介绍配置文件的细节，现在从默认配置文件开始。

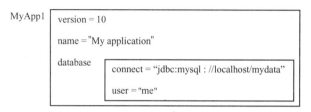

图 7-1　配置实例

获取配置如清单 7-1 所示。

清单 7-1　获取配置

```
val config=ConfigFactory.load()
```

当使用默认配置时，配置库将尝试查找配置文件。因为配置库支持多种配置格式，所以按以下顺序查找文件：

- application. properties——该文件以 Java 属性文件的格式保存配置属性。
- application. json——该文件以 JSON 格式包含配置属性。
- application. conf——该文件应该包含 HOCON 格式的配置属性。这种格式基于 JSON，但更易读。有关 HOCON 或 Typesafe 配置库的更详细信息参见 https:// github. com/ typesafehub/config。

可以同时使用这些不同的配置文件。在清单 7-2 中使用了 application. conf 文件。

清单 7-2　application. conf

```
MyAppl {
  version =10
  description = "My application"          嵌套是简单地使用
  database {                              {}完成的
    connect = "jdbc:mysql://localhost/mydata"
    user = "me"
  }
}
```

对于简单的应用，这个文件通常就足够了。格式看起来有点像 JSON。它的主要优点是可读性更好，而且易于观察属性的分组情况。JDBC 配置是一个很好的例子，在大多数应用中都会用到，而且最好组织在一起。在依赖注入的情况下，你也会像这样组织条目，以控制属性注入对象中（如 DataSource）。这是一个更简单的办法，现在已经定义好了配置属性，下面来看看如何使用这些属性。

不同类型的值有不同的方法，句号(.)用作属性路径的分隔符，如清单 7-3 所示。不仅支持基本类型，还支持获取这些类型的列表。

清单 7-3　获取属性

```
val applicationVersion =config.getInt("MyAppl.version")
val databaseConnectString =config.getString("MyAppl.database.connect")
```

可以从前一个清单中，使用
数据库{}中的连接字符串

有时，一个对象不需要那么多配置。如果只有一个创建数据库连接的 DBaseConnection 类呢？这个类只需要连接字符串和用户属性。如果把整个配置传递给 DBaseConnection 类，则它需要知道属性的全部路径。当在其他的应用中重用 DBaseConnection 时，就会出现问题。路径以 MyAppl 开头，而其他的应用可能配置不同的根路径。因此，属性的路径发生了变化。这个问题可以使用获取配置子树的功能加以解决，如清单 7-4 所示。

清单 7-4　获取配置子树

```
                                          首先，根据名字获取子树，用在
                                          特定程序的代码中
val databaseCfg = configuration.getConfig("MyAppl.database")
val databaseConnectString = databaseCfg.getString("connect")
                                          然后，以相对于子树根的路径引用
                                          属性，用在DBaseConnection中
```

使用这种方法，而不是配置，把 databaseCfg 配给 DBaseConnection，现在 DBaseConnection 不需要属性的完整路径，而只需要最后一部分——属性的名字。这意味着可以重用 DBaseConnection 而不会发生路径问题。

如果一个属性在配置中多次使用，则也可以使用替代（见清单 7-5），如数据库连接字符串中的主机名。

清单 7-5　替代

```
hostname = "localhost"              简单变量定义，不需要指定
MyAppl {                            类型（虽然有引号）
  version = 10
  description = "My application"
  database {
    connect = "jdbc:mysql://${hostname}/mydata"    熟悉的${}替代语法
    user = "me"
  }
}
```

配置文件变量通常用于应用程序的名字或版本号，因为在文件的多处重复使用它们是件危险的事情。在替代中也可以使用系统属性或环境变量，如清单 7-6 所示。

清单 7-6　系统属性或环境变量替代

```
hostname = ${?HOST_NAME}            问号? 表明从环境
MyAppl {                            变量中取值
  version = 10
  description = "My application"
  database {
    connect = "jdbc:mysql://${hostname}/mydata"
    user = "me"
  }
}
```

使用这些属性的问题是，你根本不知道这些属性是否退出。为了解决这个问题，可以重新定义一个属性推翻原来的定义。如果指定的属性 HOST_NAME 没有值，那么系统属性或环境变量定义的替换就会消失。清单 7-7 显示了如何解决这个问题。

清单7-7　以默认值替代系统属性或环境变量

```
hostname = "localhost"              ←———— 先用普通方式定义
hostname =${?HOST_NAME}             ←———
MyApp1 {                                  如果存在环境变量，则覆
  version =10                             盖：否则仍用刚定义的值
  description = "My application"
  database {
    connect = "jdbc:mysql://${hostname}/mydata"
    user = "me"
  }
}
```

这里的内容很容易看明白。默认值在配置中是很重要的，因为你想要让用户尽量不参与配置。另外，还有一种通常的情况是，App 运行不需要配置，直到部署到产品环境中，开发应用只需要默认值就可以了。

7.1.2　使用默认值

通常情况下，假定开发者引用 localhost 连接到他们本地的数据库实例，是比较安全的。一旦有人要看一下产品演示，我们就会马上让 App 工作在一个数据库实例上，这个数据库实例有不同的名字，可以运行在不同的机器上。最懒的办法是复制一份完整的配置文件，并重新命名，然后在 App 中添加一条逻辑"在这个环境中使用这个文件，在那个环境中使用那个"。这样做的问题是，现在我们的配置文件被分在两个地方。更有意义的是，在新的目标环境下仅需要覆盖两到三个配置变量的值。默认机制可以使我们很容易的做到这一点。配置库包含后备机制，将默认值放置到配置对象中，然后将其作为后备配置源移交到配置器，如图 7-2 所示。

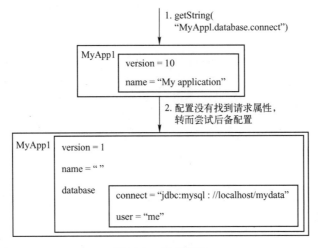

图7-2　后备配置

这种后备结构给了我们很大的灵活性。但它只提供了默认值，我们需要知道如何配置它们。它们配置在 reference.conf 文件中，并放置在 JAR 文件的根目录下。这种思想是每个库

都有自己的默认配置。配置库会查找所有的 reference. conf 文件，并把这些设置整合到配置后备结构中。这样，所有配置库所需的属性都有默认的值，并且原则是经常需要取值的将被保留。

每个文件都可以作为其他文件的后备文件，而且还支持覆盖系统属性，更高一级的配置包含这些。结构通常是一样的，因此默认和覆盖之间的关系也是一样的。图 7-3 显示了配置库使用文件以优先级方式构建完整的树。顶层的优先级最高，它可以覆盖层次较低的文件。

大多应用程序将使用这些文件类型中的一种。如果你想要提供一套程序的默认值，然后覆盖其中的一部分，就像我们的 JDBC 设置一样，也是可以的。根据这一指导原则，图 7-3 中较高的配置将覆盖较低的配置。

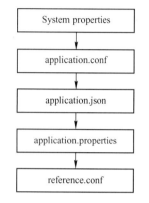

图 7-3　配置库使用文件以优先级方式构建完整的树

默认情况下，application. {conf, json, properties} 文件用于读取配置。有两种方法可以改变配置文件的名字。第一种方法是使用 ConfigFactory 的重载载入函数。当加载配置时，应该提供主文件名，如清单 7-8 所示。

清单 7-8　改变配置文件

```
val config = ConfigFactory.load("myapp")　◄── 请求工厂加载新名字的文件
```

这种情况下，不会试图加载 application. {conf，json，properties}，而是加载 myapp. {conf，json，properties}。

另一种方法是使用 Java 的系统属性文件。在某些情况下，这是最简单的一种方法，因为可以简单地创建一个 Bash 文件并设置一个属性，App 将会接管并在启动时使用它（比把 JAR 或 WAR 中的文件解压到 Monkey 中要好很多）。以下列出了 3 个系统属性可用于控制读取哪个配置文件：

- config. resource 指定资源文件的名字，不是主文件名。例如，application. conf 而不是 application。
- config. file 指定文件系统的路径。再次重申，应该包含扩展名。
- config. url 指定 URL。

当使用没有参数的加载方法时，系统属性用于指定配置文件的名字。设置系统属性和添加 -D 选项一样容易。例如，当使用配置文件 config/myapp. conf 时，这样使用 -D 选项：-Dconfig. file = " config/myapp. conf"。当使用这些属性时，默认不再搜索 .conf、.json 和 .properties 这些文件。

7.1.3　Akka 配置

前面已经学习了对于应用程序的属性如何使用配置库，但当要改变 Akka 的配置项时，该怎么办呢？ Akka 是怎样使用这个配置库的？可能有多个 ActorSystem 拥有自己的配置。当

117

创建时，没有出现配置文件，Actor 系统将使用默认值创建配置，如清单 7-9 所示。

清单 7-9　默认配置

```
val system = ActorSystem("mySystem")  ←  内部使用ConfigFactory.load()为config参数创建
                                          默认配置，因为这里忽略了config参数
```

也可以在创建 ActorSystem 时提供配置（这也是一种有用的方式）。清单 7-10 展示了这一做法。

清单 7-10　使用指定的配置

```
val configuration = ConfigFactory.load("myapp")  ←  提供名字加载配置
val systemA = ActorSystem("mysystem",configuration)  ←  把配置传递给ActorSystem
                                                         的构造函数
```

这个配置在应用程序的内部，可以在 ActorSystem 的设置中找到。可以在每个 Actor 中访问。在清单 7-11 中获取 MyAppl. name 这一属性。

清单 7-11　从运行的 App 中访问配置

```
                                          ┌ 一旦ActorSystem构建完成，就可
val mySystem = ActorSystem("myAppl")      │ 以通过使用这个路径获取配置
val config = mySystem.settings.config  ←
val applicationDescription = config.getString("MyAppl.name")  ←
                                                  获取属性
```

7.1.4　多系统

根据不同的需求，可能需要不同的配置，如在一个实例（机器）上运行多个子系统。Akka 对此提供了多种支持。下面先从使用多个 JVM 开始，但它们运行在相同的环境中，使用相同的配置文件。已经介绍过第一种选择：使用系统属性。当启动一个新进程时，不同的配置文件被使用。但通常情况下，对于所有的子系统配置都是相同的，只有一小部分不同。这个问题可用包含选项解决，下面来看一个例子。

假定有清单 7-12 所示的 baseConfig 文件。

清单 7-12　baseConfig. conf

```
MyAppl {
  version = 10
  description = "My application"
}
```

对于这个例子，以这个简单的根配置开始，它有一个共享属性和一个不同的属性。版本号对于子系统来说可能是相同的，但对每个子系统可能有不同的名字和描述，如清单 7-13 所示。

清单 7-13　subAppl. conf

```
                                   ┌ 简单地指明要包含的配置
                                   │ 文件（无扩展名）
include "baseConfig"  ←
MyAppl {
  description = "Sub Application"  ←  提供新的描述
}
```

因为包含在其他配置的前面，所以配置中 description 的值被覆盖，就好像它在单独的文件中一样。这样，就有了一个基本配置，并且只有每个子系统的特定配置文件有所差异。

如果子系统运行在同一 JVM 上会怎样呢？这样就不能使用系统属性读取其他的配置文件了，可以用应用名称加载配置，也可以使用 include 方法把所有相同的配置组合在一起。唯一的缺点可能是配置文件的数目问题。如果这一点非常重要，还有一个解决方案，那就是利用后备机制整合配置树的能力。

下面把两个配置文件合并在一起，如清单 7-14 所示。

清单 7-14　combined. conf

```
MyAppl {
  version =10
  description = "My application"
}
  subApplA {
  MyAppl {
    description = "Sub application"
  }
}
```

通过提升这个，得到共享属性（版本号）和覆盖的描述

这里使用的技巧是，把 subApplA 中的配置子树拿出来，放置到配置链的前端。这称为配置提升（lifting a configuration），因为配置路径变短了。提升部分配置如图 7-4 所示。

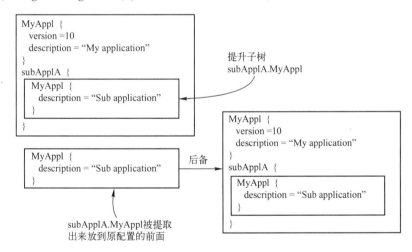

图 7-4　提升部分配置

当使用 config. getString（" MyAppl. description"）获取 MyAppl. description 属性时，得到"Sub application"，因为 description 配置的值在最高的层次上（subApplA. MyAppl. description）。当访问 MyAppl. version 时，得到 10，因为 version 配置的值没有定义在较高的配置上（在 subApplA. MyAppl 里面），因此使用平常的后备机制提供配置的值。清单 7-15 显示了如何加载既有提升又有后备的配置。注意，这里的后备配置是用程序连接起来的（不依赖于前面介绍的文件约定）。

清单 7-15　带有后备的提升的例子

```
val configuration = ConfigFactory.load("combined")           ← 选择子树
val subApplACfg = configuration.getConfig("subApplA")          subApplA

val config = subApplACfg.withFallback(configuration)         ← 作为后备添加
                                                                配置
```

配置是软件交付的关键部分，虽然它总是与容易满足的需要开始出现，但不断出现的需求会使问题变得复杂，通常应用软件的配置层也会变得繁乱复杂。Typesafe 配置库提供了几个强有力的工具阻止这种情况的发生。

- 基于惯例（可覆盖）的默认配置。
- 复杂的默认配置可使你需要的配置降至最低。
- 不同的语法选择：传统方式、Java 方式、JSON 方式和 HOCON 方式。

7.2　日志

每个应用程序都需要把消息写入日志（Logging）文件。因为每个人都有自己擅长使用的日志库，Akka 工具箱有一个日志适配器支持各种日志框架，并使对其他的日志库依赖最低。和配置一样，日志记录有两个方面：对于应用程序级的日志如何进行记录，以及如何控制 Akka 向日志中存放什么（这是调试的关键部分）。

7.2.1　Akka 中的日志记录

和在 Java 和 Scala 中编码一样，需要在每个要记录日志消息的 Actor 中创建一个日志实例，如清单 7-16 所示。

清单 7-16　创建日志适配器

```
class MyActor extends Actor {
  val log = Logging(context.system,this)
  ...
}
```

第一个值得注意的是需要使用 ActorSystem。这样做可以使日志记录从框架中分离。日志适配器使用系统的 eventStream 把日志消息发送给 eventHandler。eventStream 是 Akka 中的发布—订阅机制（稍后论述）。eventHandler 收到这些消息，并用选择的日志框架记录日志消息。这种方式使得所有的 Actor 都可以记录日志，但只有一个 Actor 依赖于日志框架的实现。eventHandler 的使用可以配置。另一个优点是，日志记录就意味着 I/O，通常情况下 I/O 是很慢的，特别是在并发环境下，这可能更糟，因为在另一线程完成日志记录之前，必须等待。使用 Akka 的日志，Actor 没必要等待日志的记录。清单 7-17 显示了创建默认日志对象所需的配置。

清单 7-17　配置 eventHandler

```
akka {
```

```
# Event handlers to register at boot time
# (Logging$DefaultLogger logs to STDOUT)
loggers = ["akka.event.Logging$DefaultLogger"]
# Options:ERROR,WARNING,INFO,DEBUG
loglevel = "DEBUG"
}
```

这个 eventHandler 没有使用日志框架，只是将收到的消息记录到 STDOUT（标准输出）。这个 eventHandler 在 Akka 工具箱中有以下两种实现：默认 STDOUT 日志，使用 SLF4J。这可以在 akka-slf4j. jar 中找到。要使用这个日志处理器，向 application. conf 添加如下配置，如清单 7-18 所示。

清单 7-18　使用 SLF4J eventHandler

```
akka {
  loggers = ["akka.event.slf4j.Slf4jLogger"]
  # Options:ERROR,WARNING,INFO,DEBUG
  loglevel = "DEBUG"
}
```

但当 STDOUT 和 SLF4J 都不够用时，可以创建自己的 eventHandler。需要创建一个 Actor 处理几个消息，如清单 7-19 所示。

清单 7-19　我的 eventHandler

```
import akka.event.Logging.InitializeLogger
import akka.event.Logging.LoggerInitialized
import akka.event.Logging.Error
import akka.event.Logging.Warning
import akka.event.Logging.Info
import akka.event.Logging.Debug

class MyEventListener extends Actor{
  def receive = {
  case InitializeLogger(_) =>
    sender ! LoggerInitialized
  case Error(cause,logSource,logClass,message) =>
    println( "ERROR " +message)
  case Warning(logSource,logClass,message) =>
    println( "WARN " +message)
  case Info(logSource,logClass,message) =>
    println( "INFO " +message)
  case Debug(logSource,logClass,message) =>
    println( "DEBUG " +message)
  }
}
```

收到这条消息，表明处理器初始化完成。当初始化完成时，发送LoggerInitialized给发送者

收到出错消息，是否记录该消息。当日志框架不支持时，在这里可以添加自己的逻辑过滤日志记录

收到警告消息

收到通知消息

收到调试消息

7.2.2　使用日志

下面看一下清单 7-16 中 Akka 日志实例的创建。我们只讨论了创建过程的第一部分（ActorSystem），还有第二个参数，如清单 7-20 所示。

清单 7-20　复习日志实例的创建

```
class MyActor extends Actor {
  val log = Logging(context.system,this)
```

```
...
}
```

Logging 的第二个参数用作该日志通道的源，这里是类的实例。源对象被转换成一个 String，表明日志消息的源。转换规则如下：

- 如果它是 Actor 或 ActorRef，则使用其路径。
- 如果是 String，则使用它。
- 如果是一个类，则使用它 simpleName 的近似值。

为方便起见，还可以使用 ActorLogging trait 把日志成员添加到 Actor 中。创建日志适配器，如清单 7-21 所示。

清单 7-21　创建日志适配器

```
class MyActor extends Actor with ActorLogging {
    ...
}
```

适配器也支持在消息中使用占位符。占位符可以避免对日志级别进行检查。如果用级联的方式创建消息，则每次都需要级联操作，即使消息级别排除消息记录在日志中。使用占位符，没必要检查日志级别（如 if（logger. isDebugEnabled( )）），只有消息适合当前的级别才会被创建。占位符是消息中的 ¦¦ 字符串，如清单 7-22 所示。

清单 7-22　使用占位符

```
log.debug("two parameters:{},{}","one","two")
```

7.2.3　Akka 的日志控制

当开发应用程序时，有时需要低层次的调试日志。Akka 可以在内部事件发生时或处理特定消息时进行日志记录。这些日志消息是针对开发人员的，对操作没什么意义。Akka 提供了一个简单的配置层，允许控制向日志中输出什么内容，一旦改变了这些设置，不论选择何种追加方式（控制台、文件等），都能看到结果。Akka 的日志配置文件如清单 7-23 所示。

清单 7-23　Akka 的日志配置文件

```
akka {
    #logging must be set to DEBUG to use any of the options below
    loglevel = DEBUG
    # Log level for the very basic logger activated duringActorSystem startup.
    #This logger prints the log messages to stdout (System.out).
    # Options:OFF,ERROR,WARNING,INFO,DEBUG
    stdout - loglevel = "WARNING"
    # Log the complete configuration at INFO level when the actor
    #system is started. This is useful when you are uncertain of
    #what configuration is used.
    log - config - on - start = on
    debug {
        #logging of all user - level messages that are processed by
        # Actors that useakka.event.LoggingReceive enable function of
```

```
#LoggingReceive,which is to log any received message at
# DEBUG level
receive = on
#enable DEBUG logging of all AutoReceiveMessages
# (Kill,PoisonPill and the like)
autoreceive = on
#enable DEBUG logging of actor lifecycle changes
# (restarts,deathsetc)
lifecycle = on
#enable DEBUG logging of all LoggingFSMs for events,
#transitions and timers
fsm = on
# enable DEBUG logging of subscription (subscribe/unsubscribe)
# changes on theeventStream
event-stream = on
}
remote {
  #If this is "on",Akka will log all outbound messages at
  # DEBUG level,if off then they are not logged
  log-sent-messages = on
  #If this is "on," Akka will log all inbound messages at
  # DEBUG level,if off then they are not logged
  log-received-messages = on
}
}
```

记录Actor收到的消息。需要在处理消息时，使用akka.event.LoggingReceive

清单 7-24 显示了如何使用在 ActorLoggingReceive 记录 Actor 收到的所有的用户级消息。

清单 7-24 使用 LoggingReceive

```
class MyActor extends Actor with ActorLogging {
  def receive = LoggingReceive {
    case ... =>...
  }
}
```

添加LoggingReceive trait，以便于看到Actor消息的日志轨迹

当把 akka. debug. receive 属性设置为 on 时，Actor 收到的消息将被记入日志。

7.3 部署基于 Actor 的应用

创建一个独立的应用程序，需要使用 sbt-native-packager 插件来创建发布。我们从 HelloWorld Actor 开始，如清单 7-25 所示。这是一个简单的 Actor，它接收消息并回复一个问候消息。

清单 7-25 HelloWorld actor

```
class HelloWorld extends Actor with ActorLogging {
  def receive = {
    case msg:String =>
      val hello = "Hello % s".format(msg)
      sender() ! hello
      log.info("Sent response {}",hello)
  }
}
```

使用ActorLogging trait启用日志消息

下面需要一个调用 HelloWorld Actor 的调用者——HelloWorldCaller，如清单 7-26 所示。

清单 7-26　HelloWorldCaller

```
class HelloWorldCaller(timer:FiniteDuration,actor:ActorRef)
    extends Actor with ActorLogging {
  case class TimerTick(msg:String)
    override def preStart() {
      super.preStart()
      implicit val ec = context.dispatcher
      context.system.scheduler.schedule(
      timer,
      timer,
      self,
      new TimerTick("everybody"))
    }

    def receive = {
      case msg:String => log.info("received {}",msg)
      case tick:TimerTick => actor ! tick.msg
    }
}
```

调度器首次启动的时间间隔

使用Akka调度器向自己发送消息

触发调度器的时间间隔

消息发送到的ActorRef

要发送的消息

这个 Actor 使用内置的调度器周期性的产生消息。调度器用于重复地发送创建好的 TimerTick。每次收到 TimerTick 时，消息被发送给构造函数中 Actor 的引用（这里是 HelloWorld Actor）。HelloWorld Actor 的任何 String 消息都被记入日志。

为了创建我们的应用，需要构造引导时的 Actor 系统。BootHello 如清单 7-27 所示。

清单 7-27　BootHello

```
import akka.actor.{Props,ActorSystem}
import scala.concurrent.duration._

object BootHello extends App{
  val system = ActorSystem("hellokernel")
  val actor = system.actorOf(Props[HelloWorld])
  val config = system.settings.config
  val timer = config.getInt("helloWorld.timer")
  system.actorOf(Props(
    new HelloWorldCaller(
      timer millis,
    actor)))
}
```

继承App trait，以便于在应用程序启动时调用

创建ActorSystem

创建HelloWorld Actor

获取配置中的定时器间隔

创建调用者 Actor

创建一个整形时间间隔。因为导入了 scala.concurrent.duration._，所以这是可用的

传递HelloWorld Actor的引用给调用者

现在已经构建了自己的系统，需要某些资源使用它正确地运行。这里将使用配置定义计时器的默认值，如清单 7-28 所示。

清单 7-28　reference. conf

```
helloWorld{
  timer = 5000
}
```

这里的默认值为 5000 ms。确保这个 reference. conf 文件在 JAR 文件的 main/resources 目录下。接下来需要建立日志，这是通过 application. conf 实现的，如清单 7-29 所示。

清单 7-29　application. conf

```
akka{
```

```
loggers = ["akka.event.slf4j.Slf4jLogger"]
# Options:ERROR,WARNING,INFO,DEBUG
loglevel = "DEBUG"
}
```

至此，已经有了所有的代码和资源，现在需要创建发布了。在本例中，使用 sbt-native-packager 插件创建这个完整的发布。因为使用 sbt-native-packager，并且想在分布中包含这一配置，所以必须把 application. conf 和 logback. xml 放置在<项目目录>/src/universal/conf 目录中。

下一步是在<项目目录>/project 目录下放置 plugins. sbt 文件包含 sbt-native-packager，如清单 7-30 所示。

清单 7-30 project/plugins. sbt

```
addSbtPlugin("com.typesafe.sbt"% "sbt-native-packager"% "1.0.0")
```

我们需要的最后一步是项目的 sbt 构建文件，如清单 7-31 所示。

清单 7-31 build. sbt

```
name: = "deploy"

version: = "0.1 - SNAPSHOT"

organization: = "manning"

scalaVersion: = "2.11.8"

enablePlugins(JavaAppPackaging)          ← 定义独立的应用

scriptClasspath + = "../conf"            ← 把conf目录添加到类路径，
                                            否则两个文件（application.
                                            conf和logback.xml文件）
                                            都找不到

定义应用 → libraryDependencies ++ = {
的依赖        val akkaVersion = "2.4.9"
             Seq(
               "com.typesafe.akka"%% "akka - actor"% akkaVersion,
               "com.typesafe.akka"%% "akka - slf4j"% akkaVersion,
               "ch.qos.logback"% "logback - classic"% "1.0.13",
               "com.typesafe.akka"%% "akka - testkit"% akkaVersion % "test",
               "org.scalatest"%% "scalatest"% "2.2.6"% "test"
             )
           }
```

现在已经在 sbt 中定义好了项目，可以创建应用的发布了。清单 7-32 展示了如何启动 sbt 并运行 dist 命令。

清单 7-32 创建发布

```
sbt
[info] Loading global plugins from home \.sbt \0.13 \plugins
[info] Loading project definition from
    \github \akka - in - action \chapter - conf - deploy \project
[info] Set current project to deploy(in build           一旦sbt完成加载，
    file:/github/akka - in - action/chapter - conf - deploy/)  输入stage并按
 > stage                                                  ← 〈Enter〉键
```

sbt 在 target/universal. stage 目录下创建一个发布。这个目录含有以下 3 个子目录。

125

- bin——包含启动脚本：一个用于 Windows，另一个用于 UNIX。
- lib——包含应用依赖的所有的 JAR 文件。
- conf——包含应用的所有配置文件。

现在已经有了一个发布，剩下的就是运行应用程序了。因为我们把应用称作 deploy，所有 stage 命令创建了两个启动文件：一个用于 Window 平台，另一个用于类 UNIX 系统。运行应用如清单 7-33 所示。

清单 7-33　运行应用

```
deploy.bat
./deploy
```

观察日志文件，可以看到每隔 5 s，helloWorld Actor 正在接收消息，调用者接收它的消息。当然，这个应用没有什么实际应用价值，但它证明了，使用这些简单的约定，就可以很容易地创建应用程序的完整发布。

7.4　总结

Akka 的方法提供了最新的工具，并且强调易于实现。这些工具使得我们的首个应用运行起来非常容易。但更重要的是，可以将这种简单性推广到更复杂的领域。

- 简单配置覆盖的文件约定。
- 智能默认：app 可以提供大部分所需要的。
- 注入配置的粒度控制。
- 通过适配器和单个依赖点的最先进的日志记录。
- 轻量级应用程序打包。
- 既可以打包又可以运行应用的构建工具。

第 8 章

Actor 的结构模式

本章导读
- 顺序处理的管道和过滤器。
- 并行任务的分发和收集。
- 接收者列表：分发组件。
- 聚合器：收集组件。
- 路由表：动态管道和过滤器。

基于 Actor 编程，对于需要多个协作者同时工作，每一部分需要并行完成时，应该如何对代码进行建模。协作意味着某些处理的概念，虽然可以进行并行处理，但也有这种可能，某些特定的步骤必须在前趋步骤完成之后才可以进行。通过实现一些经典的企业集成模式（Enterprise Integration Patterns，EIP），展示如何利用 Akka 的内在并发性，完成这些设计。

先从简单的管道和过滤器模式开始。这是大多数消息传递系统的默认模式，也是一种最直接的模式。经典的版本是顺序执行的，这里将把它调整成适合并行的、基于消息的架构。分发-收集模式（scatter-gather pattern）提供了一种任务并行化的方法。Actor 对于这些模式的实现不但非常紧凑和高效，而且还屏蔽了很多迅速渗透到消息模式的细节（和大多数做法一样）。

路由表模式是一种动态的管道和过滤器模式，用于在消息处理的开始就可以建立几个任务之间的路由的情况。

8.1 管道和过滤器

管道连接（piping）是指一个处理过程或线程将其结果传递给另一处理器继续进行处理。大多数人都知道 UNIX 的一些管道，这也是管道的发源地。拼接在一起的组件集合通常被称为管道（pipeline），大多数人的经验是它的每一步都没有并行的顺序发生。

8.1.1 企业集成模式：管道和过滤器

在许多系统中，一个简单事件会触发一系列任务。例如，相机抓拍超速行驶的功能。它负责拍照和速度测量。但在送到控制中心之前，需要做一些检查。如果照片中没有牌照，系统将无法进行进一步处理，它将被丢弃。在本例中，会忽略低于最高法定速度的消息（照片）。这就意味着只有包含超速牌照的消息才会到达中心处理器。在这里应用管道和过滤器模式：约束条件是过滤器，相互连接是管道（见图 8-1）。

图 8-1　管道和过滤器的例子

每个过滤器包含以下 3 个部分：输入管道用于接收消息，消息处理器和输出管道用于发布处理好的消息，如图 8-2 所示。

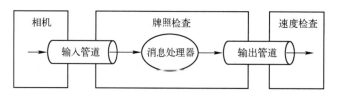

图 8-2　过滤器的 3 个组成部分

两个管道各有一部分划出了过滤器之外，因为牌照检查过滤器的输出管道也是速度检查过滤器的输入管道。一个很重要的约束是每个过滤器必须接收和发送同样的消息，因为一个过滤器的输出管道可能是另一过滤器的输入管道。这意味着所有过滤器需要有相同的接口。这包括输入和输出管道。这样添加新的处理，改变处理顺序或删除处理就非常容易。因为过滤器具有相同的接口而且相互独立，所以什么都不用改变，除非添加附加管道。

8.1.2 Akka 中的管道和过滤器

过滤器是消息系统中的处理单元，因此当在 Akka 中应用管道和过滤器模式时，可以使用 Actor 作为过滤器。消息处理是在幕后进行的，只需要连接几个 Actor，管道就生成好了。在 Akka 中实现这种模式看起来很容易。实现管道和过滤器模式有两个关键需求：所有的过滤器有相同的接口，并且所有的 Actor 都是独立的。这就意味着不同的 Actor 收到的消息应该是相同的，因为消息是过滤器接口的一部分，如图 8-3 所示。如果使用不同的消息，那么下一个 Actor 的接口将会不同，违反统一性要求，将无法任意地使用过滤器。

如果管道的输入和输出必须是相同的，那么两个 Actor 必须接收和发送相同的消息。

图 8-3　不同 Actor 发送的消息

下面创建一个 Photo 消息和两个过滤器：LicenseFilter 和 SpeedFilter，如清单 8-1 所示。

清单 8-1　两个过滤器的管道

```
case class Photo(license:String,speed:Int)          ←—— 需要过滤
                                                         的消息
class SpeedFilter(minSpeed:Int,pipe:ActorRef) extends Actor{
  def receive = {
    case msg:Photo =>
      if(msg.speed >minSpeed)          ←—— 过滤所有低于
        pipe!msg                             限速的照片
  }
}

class LicenseFilter(pipe:ActorRef) extends Actor{
  def receive = {
    case msg:Photo =>
      if(!msg.license.isEmpty)          ←—— 过滤所有空
        pipe!msg                              牌照的照片
  }
}
```

这些 Actor 过滤器没什么特殊的。在 2.1.2 节和其他例子中使用了单向消息的 Actor。因为这两个 Actor 处理和发送相同的消息类型，可以为它们创建一个管道，允许一个作为另一个的结果，这意味着使用过滤器的顺序是无关紧要的。管道和过滤器测试如清单 8-2 所示。

清单 8-2　管道和过滤器测试

```
val endProbe =TestProbe()
val speedFilterRef =system.actorOf(          ←—— 构建管道
  Props(new SpeedFilter(50,endProbe.ref)))
val licenseFilterRef =system.actorOf(
  Props(new LicenseFilter(speedFilterRef)))
val msg =new Photo("123xyz",60)          ←—— 测试应该通过
licenseFilterRef!msg                             的消息
endProbe.expectMsg(msg)

licenseFilterRef!new Photo("",60)          ←—— 测试无牌照
endProbe.expectNoMsg(1 second)                     的消息

licenseFilterRef!new Photo("123xyz",49)          ←—— 测试低速度
endProbe.expectNoMsg(1 second)                          的消息
```

牌照检查过滤器使用了很多资源。它需要定位车牌上的字母和数字，这是 CPU 密集型的。当把相机放在繁忙的路段，发现过滤链跟不上照片到达的速度。通过观察发现，90%的消息是牌照过滤器批准的，50%的消息是由速度过滤器批准的。

在图 8-4 中，牌照过滤器每秒需要处理 20 条消息。为了提高效率，最好重新安排过滤器的顺序。因为大部分消息被速度过滤器过滤，所以牌照过滤器的负担就会明显减轻。

如图 8-5 所示，当我们调换过滤器的顺序，牌照过滤器每秒处理 10 个牌照，重新排序将过滤器的负载减半。因为接口相同且处理独立，所以可以很容易地改变 Actor 的次序，而无须改变功能和代码。如果没有管道和过滤器模式，则必须改变这两个组件才能继续工作。使用这个模式，唯一需要改变的是在启动时构建 Actor 处理链，这很容易通过配置实现。改变过滤器的顺序如清单 8-3 所示。

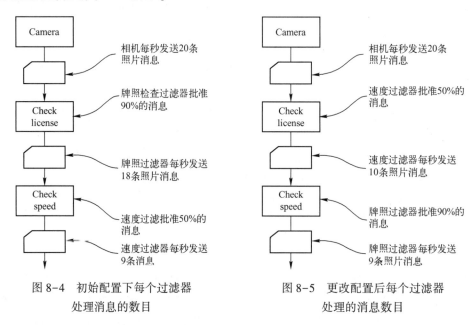

图 8-4　初始配置下每个过滤器处理消息的数目

图 8-5　更改配置后每个过滤器处理的消息数目

清单 8-3　改变过滤器的顺序

```
val endProbe = TestProbe()
val licenseFilterRef = system.actorOf(          ← 调整管道的
  Props(new LicenseFilter(endProbe.ref)))           构建顺序
val speedFilterRef = system.actorOf(
  Props(new SpeedFilter(50,licenseFilterRef)))

val msg = new Photo("123xyz",60)
speedFilterRef!msg
endProbe.expectMsg(msg)

speedFilterRef!new Photo("",60)
endProbe.expectNoMsg(1 second)

speedFilterRef!new Photo("123xyz",49)
endProbe.expectNoMsg(1 second)
```

无论使用什么样的顺序，管道的功能都是相同的。这种灵活性正是这一模式的强大之处。在例子中使用真实的过滤器，这一模式可以扩展，处理管线不限于过滤器。只要处理过程接收并产生相同类型的消息，而且独立于其他处理过程，就可以使用这种模式。下一节将介绍分而治之的模式，它需要并发，Akka 也使得它非常容易。人们把工作单元分发到多个处理 Actor，然后把结果收集到一个集合中，在这种模式下，消费者只是发送一个请求，并得到单个响应。

8.2　企业集成模式：分发–收集模式

下面来看一下分发–收集模式（scatter-gather pattern）及其实现。Akka 内在的异步分配任务的能力，满足了这种模式的大部分需求。处理任务（前一个例子中的过滤器）是收集工作的一部分，接收者列表是分发组件。使用 Aggregator（由 Akka 提供）作为收集部件。

8.2.1　适用性

分发–收集模式可用在两种不同的场合。第一种情况是，任务的功能是相同的，但只有一个传递给收集组件作为结果。第二种场合是，工作被分开并行处理，每个处理器提供自己的结果，然后由收集器组合到一个结果集中。

1. 竞争任务

让我们从下面的问题开始。客户购买一个产品，假定在 Web 商店购书，但商店仓库中没有请求的书籍，因此需要从供货商那里购买。但有 3 家不同的供货商，要选择进价最便宜的。我们的系统需要检查是否有货以及产品价格。对于每个供货商都要执行上述任务，但只选择价格最低的供货商。图 8-6 展示了竞争任务的分发–收集模式。

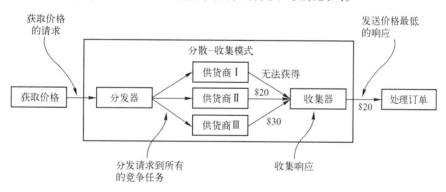

图 8-6　竞争任务的分发–收集模式

客户消息被分配成 3 个处理，每个处理检查可用性和产品的价格。收集过程收集所有结果，并只发送价格最低的消息（在这个例子中为$20）。处理任务集中于一件事——获取产品的价格，可以有不同的处理方式，因为有多个供货商。用模式的语言来说，这是竞争任务（competing tasks）。收集组件中的选择并不总是基于消息的内容。也有可能是你只需要一种解决方案，这里的竞争是决定哪个是最快的。当性能非常重要时，使用不同的排序算法对列表并行排序。如果在 Akka 完成这一任务，可以让一个 Actor 使用冒泡排序，一个使用快排序，还有一个可能使用堆排序。所有的任务结果是相同的排序好的列表，但根据未排序的列表情况，它们其中之一将是最快的。在这个例子中，收集器将选择最先收到的消息，并通知其他 Actor 停止。这也是使用分发-收集模式解决竞争任务的例子。

2. 并行协作处理

当任务中有子任务时，也可以使用分发-收集模式。让我们回到相机的例子中。当处理照片时，需要从照片取得不同的消息并添加到照片消息中，如照片的拍摄时间和交通工具的速度。两种活动是相互独立的并能够并行执行。当两个任务完成时，必须将结果组合在一起形成一条包含时间和速度的消息。图 8-7 显示了如何对这个问题应用分发-收集模式。

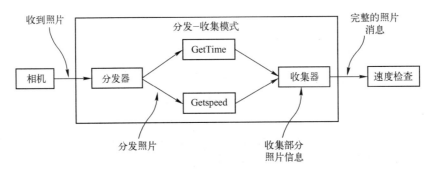

图 8-7　分发-收集模式用于任务并发

这个模式从把一个消息分发给多个任务 GetTime 和 GetSpeed 开始。两个任务的结果应该被组合成一条单个的消息用于其他任务。

8.2.2　Akka 处理并行任务

下面看一下如何用 Akka 的 Actor 在第二种情况下实现分发-收集模式，还使用照片的例子。这个模式中的每个组件都用一个 Actor 实现。在这个例子中，使用一种类型的消息，用于所有的任务。每个任务处理完成时，可以向相同类型的消息中添加数据。不能总是满足所有任务都应该独立的要求。这只是意味着两个任务的次序不能更换，但其他的添加、移除和移动任务的优点仍然可以运用。

这里先定义了要使用的消息。这个消息被该例子中的所有组件接收和发送。

```
case class PhotoMessage(id:String,
                        photo:String,
                        creationTime:Option[Date]=None,
                        speed:Option[Int]=None)
```

对于我们的示例消息，只是模拟交通摄像头和图像识别工具。注意，消息包含一个 ID，用于 Aggregator 把消息与不同的流程联系起来。其他的属性是创建时间和速度，初始值为空，由 GetSpeed 和 GetTime 任务填充。下一步是实现这两个处理任务，GetTime 和 GetSpeed，如图 8-8 所示。

两个 Actor 有相同的结构，不同的是从图像中提取的消息。这些 Actor 执行实际的工作，但需要一个 Actor 实现分发的功能，分发要处理的图像。下一节将使用接收者列表分发任务，然后使用聚合器模式组合结果。

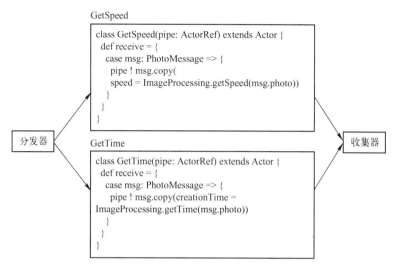

图 8-8 两个处理任务：GetTime 和 GetSpeed

8.2.3 使用接收者列表实现分发组件

当一条 PhotoMessage 进入分发-收集模式时，分发组件需要把消息发送到处理器（前一节中的 GetTime 和 GetSpeed）。使用最简单的分发器实现方式，那就是 EIP 接收者列表。

接收者列表是一个简单的模式，因为它是一个组件，它的功能是把收到的消息发送给多个其他的组件。图 8-9 显示了收到的消息被发送到 GetTime 和 GetSpeed 任务。

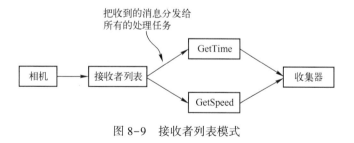

图 8-9 接收者列表模式

必须对每个消息执行相同的两次提取，接收者列表是静态的，并且消息总是发送到 Get-Time 和 GetSpeed 任务。其他的实现需要调用动态的接收者列表，接收者根据消息的内容和列表的状态决定。

图 8-10 显示了接收者列表最简单的实现。每收到一条消息，就发送给它的成员。用 Akka 的 testProbe 来实现 RecipientList，如清单 8-4 所示。

清单 8-4 接收者列表测试

```
val endProbe1 = TestProbe()
val endProbe2 = TestProbe()
val endProbe3 = TestProbe()
val list = Seq(endProbe1.ref,endProbe2.ref,endProbe3.ref)   创建接收者
val actorRef = system.actorOf(                              列表
  Props(new RecipientList(list)))
val msg = "message"
actorRef!msg                        发送消息
endProbe1.expectMsg(msg)
endProbe2.expectMsg(msg)            所有的接收者都
endProbe3.expectMsg(msg)            必须接收消息
```

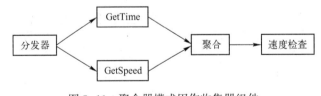

图 8-10 RecipientList

当发送消息到 RecipientList Actor 时，所有的 probe 都会接收到该消息。

8.2.4 使用聚合器模式实现收集组件

接收者列表把一条消息分解成两条到 GetSpeed 和 GetTime 的消息流。两条流程执行整体处理的一部分。当取得时间和速度之后，这些消息将被连接成单一的结果。这是在收集组件中完成的。图 8-11 显示了这种聚合器模式用作收集组件，就像 RecipientList 作为分发组件一样。

聚合器模式用于将多个消息组合成一个。当处理任务彼此竞争时，这可以是选择过程，或者仅仅像在这里一样将几个消息组合成一个。聚合器的特征之一是消息必须以某种方式保存，并且当收到所有消息时，聚合器才可以处理它们。为了简单起见，只是实现把两个 PhotoMessage 合成一个的 Aggregator，如清单 8-5 所示。

图 8-11 聚合器模式用作收集器组件

清单 8-5 Aggregator

```
class Aggregator(timeout:Duration,pipe:ActorRef) extends Actor{
  val messages = new ListBuffer[PhotoMessage]          存储尚未处理
  def receive = {                                      的消息
    case rcvMsg:PhotoMessage => {
      messages.find(_.id == rcvMsg.id) match{
      case Some(alreadyRcvMsg) => {                     这是第二个（共两个）
        val newCombinedMsg = new PhotoMessage(          消息，可以组合它们了
          rcvMsg.id,
```

```
            rcvMsg.photo,
            rcvMsg.creationTime.orElse(alreadyRcvMsg.creationTime),
            rcvMsg.speed.orElse(alreadyRcvMsg.speed))
        pipe!newCombinedMsg
        //cleanup message
        messages -=alreadyRcvMsg                        ←──── 从列表中移除处理
      }                                                        过的消息
      case None =>messages +=rcvMsg
    }                                                   ←──── 收到第一条消息，所以
  }                                                            要保存它以备处理
}
```

当收到一条消息时，判断它是第一条消息还是第二条。如果是第一条消息，就保存在 message 缓冲区中。如果为第二条消息，就可以处理消息了。聚合器把这两条消息组合成一条，并把结果发送进行下一步处理，如清单 8-6 所示。

清单 8-6　聚合器测试

```
            photoStr,
            Some(new Date()),
            None)
        actorRef!msg1                                   ←──── 发送第一条消息

        val msg2 = PhotoMessage("id1",
          photoStr,
          None,
          Some(60))
        actorRef!msg2                                   ←──── 发送第二条消息

        val combinedMsg = PhotoMessage("id1",
          photoStr,
          msg1.creationTime,
          msg2.speed)

        endProbe.expectMsg(combinedMsg)   ←──── 期望组合后的消息
```

Aggregator 如期工作了。向它发送两条消息，当消息准备好之后，创建一条组合消息并发送。因为我们的 Actor 有状态，所以需要保持状态的一致。如果一个任务失败了会怎么样？当发生这种情况时，第一条消息永远保存在缓冲区中，没人知道这条消息将会发生什么。随着并发的不断发生，我们的缓冲区将不断的变大，最终可能消耗大量的内存，导致灾难性的后果。有很多方法可以解决这个问题，在本例中，我们将使用超时。我们希望两个处理任务的执行时间差不多，因此两条消息收到的时间应该差不多。处理时间可能因为资源的可用性有所不同。如果第二条消息不能在规定的时间内到达，则认为它已经丢失。下一个要做的决定是，聚合器如何处理丢失的消息。在这个例子中，消息丢失不是灾难性的，因此，可以用一条未完成的消息继续（后面的处理）。在我们的实现中，聚合器总是发送一条消息，即使它没有收到其中的一条（消息）。

为了实现超时，我们将使用调度器，如清单 8-7 所示。在收到第一条消息时，调度 TimeoutMessage（提供 self 作为接收者）。当收到 TimeoutMessage 消息时，会检查 message 缓冲区，看消息是否仍然在缓冲区中，只有当第二条消息不能按时到达时，才会发生这种情况。在这种情况下，只有一条消息被发送。如果缓冲区中没有消息，则意味着组合消息已经被发送。

清单 8-7 实现超时

```scala
case class TimeoutMessage(msg:PhotoMessage)
def receive={
  case rcvMsg:PhotoMessage=>{
    messages.find(_.id==rcvMsg.id) match{
    case Some(alreadyRcvMsg)=>{
        val newCombinedMsg=new PhotoMessage(
          rcvMsg.id,
              rcvMsg.photo,
              rcvMsg.creationTime.orElse(alreadyRcvMsg.creationTime),
              rcvMsg.speed.orElse(alreadyRcvMsg.speed))
            pipe!newCombinedMsg
            //cleanup message
            messages -=alreadyRcvMsg
          }
        case None=>{
          messages +=rcvMsg
          context.system.scheduler.scheduleOnce(      ◀── 超时调度
            timeout,
            self,
            new TimeoutMessage(rcvMsg))
        }
      }
    }

    case TimeoutMessage(rcvMsg)=>{                     ◀── 超时终止
      messages.find(_.id==rcvMsg.id) match{
        case Some(alreadyRcvMsg)=>{
          pipe!alreadyRcvMsg              ◀── 无法收到第二条消息时，
          messages -=alreadyRcvMsg            发送第一条消息
        }
        case None=> //message is already processed   ◀── 两条消息都已处理完毕，
      }                                                   因此什么也不需要做了
    }
}
```

此时已经实现了超时处理。下面来看一下，当 Aggregator 在允许的时间内未收到两条消息时，是否会收到一条消息：

```scala
val endProbe = TestProbe()
val actorRef = system.actorOf(
  Props(new Aggregator(1 second,endProbe.ref)))
val photoStr = ImageProcessing.createPhotoString(    ◀── 创建消息
  new Date(),60)
val msg1 = PhotoMessage("id1",
  photoStr,
  Some(new Date()),
  None)                          ◀── 只发送一条
actorRef!msg1                        消息
endProbe.expectMsg(msg1)                  ◀── 等待超时并
                                             接收消息
```

当只发送一条消息时，超时被触发；我们检测到缺失了一条消息，并把第一条消息作为组合消息发送。

但这并不是可能出现的唯一问题。在 4.2 节讲述 Actor 的生命周期时，当有可能重新启动时，使用状态时必须十分小心。Aggregator 因某种原因失败时，我们将丢失它已经接收的所有信息，因为 Aggregator 已经重启了。该如何解决这个问题呢？在 Actor 重启之前，preRestart 方法会被调用。这个方法可用于保存我们的状态。对于这个 Aggregator，可以使用最简单的解决方案：在重新启动之前给自己发送消息。因为我们不依赖收到消息的顺序，所以即使出现失败的情况也无所谓。从缓冲区重新发送消息，当新的 Actor 实例启动时，消息已经重新存储。完整的 Aggregator 如清单 8-8 所示。

清单 8-8　Aggregator

```
class Aggregator(timeout:FiniteDuration,pipe:ActorRef)
  extends Actor{

  val messages = new ListBuffer[PhotoMessage]
  implicit val ec = context.system.dispatcher
  override def preRestart(reason:Throwable,message:Option[Any]){
    super.preRestart(reason,message)
    messages.foreach(self!_)          把所有接收到的消息
    messages.clear()                  发送到自己的邮箱
  }

  def receive = {
    case rcvMsg:PhotoMessage => {
      messages.find(_.id == rcvMsg.id) match{
        case Some(alreadyRcvMsg) => {
          val newCombinedMsg = new PhotoMessage(
            rcvMsg.id,
            rcvMsg.photo,
            rcvMsg.creationTime.orElse(alreadyRcvMsg.creationTime),
            rcvMsg.speed.orElse(alreadyRcvMsg.speed))
          pipe!newCombinedMsg
          //cleanup message
          messages -= alreadyRcvMsg
        }
        case None => {
          messages += rcvMsg
          context.system.scheduler.scheduleOnce(
            timeout,
            self,
            new TimeoutMessage(rcvMsg))
        }
      }
    }
    case TimeoutMessage(rcvMsg) => {
      messages.find(_.id == rcvMsg.id) match{
        case Some(alreadyRcvMsg) => {
          pipe!alreadyRcvMsg
          messages -= alreadyRcvMsg
        }
        case None => //message is already processed
      }
    }
    case ex:Exception => throw ex          为了测试的目的
    }                                      而添加
  }
}
```

为了测试的目的，添加了触发重新启动的异常的能力。当收到两次相同类型的消息时，超时机制将如何工作呢？因为在消息被处理时，我们什么也没有做，在两次启动超时时，这不是一个问题。因为它是一个超时，我们不想定时器被重置。在这个例子中，必要的时候只有第一次超时起作用，因此这个简单的机制可以正常工作。

我们的改变解决问题了吗？下面来测试一下，在发送第一条消息，未发送第二条消息之前，重新启动 Aggregator。通过发送 IllegalStateException 触发重启，该异常将被 Aggregator 抛出，如清单 8-9 所示。

清单 8-9　Aggregator 漏掉一条消息

```
val endProbe = TestProbe()
val actorRef = system.actorOf(
  Props(new Aggregator(1 second,endProbe.ref)))
val photoStr = ImageProcessing.createPhotoString(new Date(),60)
val msg1 = PhotoMessage("id1",
  photoStr,
  Some(new Date()),
  None)
actorRef!msg1                    ◀—— 发送第一条消息

actorRef!new IllegalStateException("restart")    ◀—— 重新启动Aggregator

val msg2 = PhotoMessage("id1",
  photoStr,
  None,
  Some(60))
actorRef!msg2                    ◀—— 发送第二条消息

val combinedMsg = PhotoMessage("id1",
  photoStr,
  msg1.creationTime,
  msg2.speed)

endProbe.expectMsg(combinedMsg)
```

测试通过了，显示 Aggregator 即使在重新启动后仍然能够组合消息。在消息传递中，持续性是指在服务中断期间保持消息的能力。我们通过把应该保存的消息重新发送给自己的方式，简单地实现了 Aggregator，而且通过单元测试验证了它可以正常工作。

8.2.5　组合组件实现分发-收集模式

随着每个组件测试完成，可以完整地实现这个模式了。注意，各个组成部分是用单元测试独立完成的，我们进入最后的装配阶段，确信每个协作者都可以成功地完成自己的工作。分发-收集模式的实现如清单 8-10 所示。

清单 8-10　分发-收集模式的实现

```
val endProbe = TestProbe()
val aggregateRef = system.actorOf(
  Props(new Aggregator(1 second,endProbe.ref)))    ◀—— 创建Aggregator
val speedRef = system.actorOf(
  Props(new GetSpeed(aggregateRef)))    ◀—— 创建GetSpeed Actor,
                                            并连接到Aggregator
val timeRef = system.actorOf(
  Props(new GetTime(aggregateRef)))
val actorRef = system.actorOf(
  Props(new RecipientList(Seq(speedRef,timeRef))))    ◀—— 创建GetTime和GetSpeed
                                                          Actor的接收者列表
val photoDate = new Date()
val photoSpeed = 60
val msg = PhotoMessage("id1",
  ImageProcessing.createPhotoString(photoDate,photoSpeed))
```

创建GetTime Actor，并连接到Aggregator

```
actorRef!msg                                          ←───── 向接收者列表
                                                             发送消息
val combinedMsg = PhotoMessage(msg.id,
    msg.photo,
    Some(photoDate),
    Some(photoSpeed))

endProbe.expectMsg(combinedMsg)  ←───── 接收组合好的消息
```

在这个例子中，向第一个 ActorRecipientList 发送一条消息。这个 Actor 创建两个可以并行处理的消息流。所有结果都发送到 Aggregator，当两条消息都收到时，一条简单的消息被送到下一步：probe。这就是分发-收集模式的工作过程。

分发-收集模式也可以和管道过滤器模式连用。连用方式有两种。第一种是把整个分发-收集模式作为管道的一部分。这意味着完整的分发-收集模式实现一个过滤器。在过滤器管道中，分发组件接收相同的消息作为其他过滤器组件，收集组件只发送这些接口消息。

在图 8-12 中看到的过滤器管道，其中的一个过滤器是用分发-收集模式实现的。这样做的结果是更灵活的解决方案，我们可以改变过滤器的次序，添加和移除过滤器而不破坏剩余的处理逻辑。

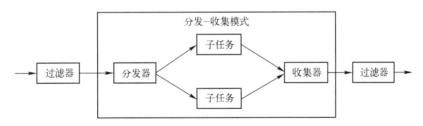

图 8-12　把分发-收集模式作为过滤器

另一种可能是管道作为分发流程的一部分。这意味着消息在收集之前是沿管道发送的。

在图 8-13 中可以看到，分发-收集模式导致消息分散到两个流中。其中一个流是管道，而另一个是简单的处理任务（与前一个例子相比）。随着系统的不断变大，组合模式是很方便的，它可以使各个组件有更强的灵活性和重用性。

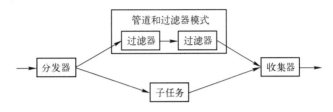

图 8-13　在分发-收集模式中使用管道和过滤器模式

8.3　企业集成模式：路由表模式

路由表模式（Routing slip）可被看作管道和过滤器模式的动态版本。为了说明这种模式的优点，采用稍微复杂一些的例子。假定有一个汽车工厂和默认的黑色轿车。当订购新车时，客户可以选择不同的选项，如导航、驻车感应器或灰色，每辆车可以根据客户进行定制。当订购默认的汽车时，需要喷成黑色，其他的所有步骤将被略过。但客户选择所全配时，除黑色喷漆，其他所有的步骤不能省略。为了解决这个问题，可以使用路由表模式。此路由表是要添加到消息中必须执行的任务的路线图。routeSlip 被包含在每条消息中。当一个任务通过 routeSlip 完成处理时，可以找到下一个任务并把消息传递给它。解释这个概念的常用比喻是嵌入路由表的信封：它有一个需要在文档上签字的列表。当信封从一个人到达另一个人时，每个人执行需要的检查，然后在信封上加盖时间，再传递给下一个人。

图 8-14 显示了两种可能的客户请求。一个例子是客户订购标配轿车，另一个例子是选择全配轿车。SlipRouter 需要决定执行哪些步骤，并发送消息到第一个步骤。

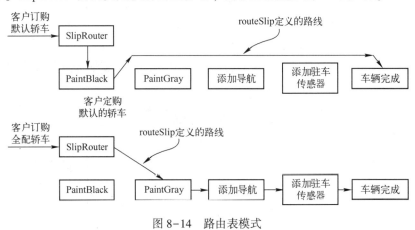

图 8-14　路由表模式

在图 8-14 中的标配例子中，SlipRouter 决定只有 PaintBlack 需要执行，并创建只有这一步的路由表和最终目标。当 PaintBlack 任务完成时，它发送消息给下一步，在这个例子中是最终目标，而路过所有其他的步骤。在第二个例子中，因为选择了所有的配置，所以路由表包含了除 PaintBlack 之外的所有步骤。每当一个任务完成时，它发送一条消息并路由到列表中的下一步。为了实现这一点，每个处理任务必须实现相同的接口，因为路由是动态确定的。有可能路过一些任务或改变任务的次序，如果使用不同的消息，任务就可能不知道如何处理收到的消息。唯一的不同是管道和过滤器模式是静态的流水线：它对所有的消息都是固定的。路由表模式是动态的，可以为不同的消息创建不同的流水线，可以把它看作动态的管道和过滤器模式。对于每一条消息，SlipRouter 创建特定于消息的流水线。

当使用这种模式时，所有步骤的接口都是相同的，并且任务是独立的，这是非常重要的，就像管道和过滤器模式中的过滤器一样。让我们从定义任务的接口消息开始：

```
object CarOptions extends Enumeration{
  val CAR_COLOR_GRAY,NAVIGATION,PARKING_SENSORS=Value
}
case class Order(options:Seq[CarOptions.Value])
                case class Car(color:String="",
                hasNavigation:Boolean=false,
                hasParkingSensors:Boolean=false)
```

对于可能的选择，我们需要一个顺序（这是用于创建 routeSlip 的消息）和一个 Car（它是 SlipRouter 传送的消息）。现在需要这样一个功能，对于每个任务通过路由表把消息传递到下一任务。和往常一样，我们需要一个消息类，还需要构建一个 trait，添加向下一个接收者（基于它包含的路由表）发送消息的能力，如清单 8-11 所示。

清单 8-11 路由消息

```
case class RouteSlipMessage(routeSlip:Seq[ActorRef],     ◄── 在任务之间发送
  message:AnyRef)                                              的实际消息

trait RouteSlip{
  def sendMessageToNextTask(routeSlip:Seq[ActorRef],
  message:AnyRef):Unit = {
    val nextTask = routeSlip.head      ◄── 获取下一个任务
    val newSlip = routeSlip.tail
    if(newSlip.isEmpty){               ┌─ 最后一步发送实际消息，
      nextTask!message                 └─ 不需要路由表
    }else{
      nextTask!RouteSlipMessage(       ┌─ 向下一任务发送消息并
        routeSlip = newSlip,           └─ 更新路由表
        message = message)
    }
  }
}
```

每个任务都需要这个功能。当任务完成和有新的 Car 消息时，必须使用 sendMessage-ToNextTask 方法查找下一个任务。现在可以实现自己的任务了，如清单 8-12 所示。

清单 8-12 任务的例子

```
class PaintCar(color:String) extends Actor with RouteSlip{   ◄── 喷漆任务
  def receive = {
    case RouteSlipMessage(routeSlip,car:Car) => {
      sendMessageToNextTask(routeSlip,
        car.copy(color = color))
    }
  }
}

class AddNavigation() extends Actor with RouteSlip{          ◄── 添加导航任务
  def receive = {
    case RouteSlipMessage(routeSlip,car:Car) => {
      sendMessageToNextTask(routeSlip,
        car.copy(hasNavigation = true))
    }
  }
}

class AddParkingSensors() extends Actor with RouteSlip{      ◄── 添加驻车传感器任务
  def receive = {
    case RouteSlipMessage(routeSlip,car:Car) => {
      sendMessageToNextTask(routeSlip,
        car.copy(hasParkingSensors = true))
    }
  }
}
```

这些任务更新 Car 的一个域，然后使用 sendMessageToNextTask 方法把 Car 发送到下一个

任务。现在需要实现的是 SlipRouter，它也是一个普通的 Actor，接收订单并使用订单中的选项构建路由表，如清单 8-13 所示。

清单 8-13　SlipRouter

```
class SlipRouter(endStep:ActorRef) extends Actor with RouteSlip{
  val paintBlack = context.actorOf(
    Props(new PaintCar("black")),"paintBlack")
  val paintGray = context.actorOf(
    Props(new PaintCar("gray")),"paintGray")          创建处理任务
  val addNavigation = context.actorOf(
    Props[AddNavigation],"navigation")
  val addParkingSensor = context.actorOf(
    Props[AddParkingSensors],"parkingSensors")

  def receive = {
    case order:Order => {
      val routeSlip = createRouteSlip(order.options)    创建路由表
      sendMessageToNextTask(routeSlip,new Car)          向第一个任务发送消息
    }                                                    和routeSlip
  }

  private def createRouteSlip(options:Seq[CarOptions.Value]):
    Seq[ActorRef] = {
    val routeSlip = new ListBuffer[ActorRef]
    // car needs a color
    if(!options.contains(CarOptions.CAR_COLOR_GRAY)){
      routeSlip += paintBlack
    }                                                    对于每个需要处理的选项，向
    options.foreach{                                     routeSlip添加任务的ActorRef
      case CarOptions.CAR_COLOR_GRAY => routeSlip += paintGray
      case CarOptions.NAVIGATION => routeSlip += addNavigation
      case CarOptions.PARKING_SENSORS => routeSlip += addParkingSensor
      case other => // do nothing
    }
    routeSlip += endStep
    routeSlip
  }
}
```

路由表包含所有需要执行的任务的 Actor 引用。当不需要灰色时，轿车被喷成黑色。最后一个引用是最后一步，需要在创建路由时指明。让我们从默认的轿车开始，看一下它是如何工作的，如清单 8-14 所示。

清单 8-14　创建默认的轿车

```
val probe = TestProbe()                      创建routeSlip和
val router = system.actorOf(                 所有的处理步骤
  Props(new SlipRouter(probe.ref)),"SlipRouter")

val minimalOrder = new Order(Seq())
router!minimalOrder
val defaultCar = new Car(
  color = "black",
  hasNavigation = false,                     发送默认轿车的请求
  hasParkingSensors = false)
probe.expectMsg(defaultCar)                  接收默认轿车
```

当发送没有任何选配的订单时，用 PaintCar ActorRef、black 和 probe 引用构建路由表。包含 RouteSlip 和 Car 消息的 RouteSlipMessage 发送给第一个任务 PaintCar。当这个步骤完成时，消息被发送到 probe。当使用全配订单时，Car 被送到所有的任务，最终接收时，Car 就包含了所有的选项，如清单 8-15 所示。

清单 8-15　创建全配轿车

```
val fullOrder = new Order(Seq(
  CarOptions.CAR_COLOR_GRAY,
  CarOptions.NAVIGATION,
  CarOptions.PARKING_SENSORS))
router!fullOrder                           ◀── 发送全配订单
val carWithAllOptions = new Car(
  color = "gray",
  hasNavigation = true,
  hasParkingSensors = true)
probe.expectMsg(carWithAllOptions)         ◀── 接收全配轿车
```

8.4　总结

本章使用一些常见的企业集成模式来解决 Akka 中的灵活协作解决方案的设计。通过模式组合，可以创建复杂的系统。下面是一些要点：

- 处理扩展要求把工作在并行协作者中进行分配。
- 模式为你提供了标准扩展方法的起点。
- Actor 编程模式允许集中于代码的设计，而无需消息处理和调度的实现细节。
- 模式用于构建模块，这些模块可组合构建更大的系统组件。

第9章
路由消息

本章导读
- 企业集成路由模式的运用。
- 使用 Akka 的 Router 进行扩展。
- 用 become/unbecome 构建基于状态的 Router。

在前一章，已经看到了使用企业集成模式作为连接 Actor 解决问题的一种方式。所有的这些方法都需要以相同的方式处理送来的消息。但许多情况下，需要处理不同的消息。当向上扩展或向外扩展时，Router 是必须的。例如，当向上扩展时，需要相同任务的多个实例，Router 决定使用哪个实例处理收到的消息。本章先介绍企业路由模式，然后介绍使用路由控制消息流的 3 个原因（性能、接收消息的内容和 Router 的状态），最后介绍对于这些模式如何创建路由处理。

如果由于性能或扩展性的原因，需要采用路由方案，则应该使用 Akka 内置的路由器，因为它们是优化过的。如果关注点是消息的内容或状态，则推荐使用常规的 Actor。

9.1 企业集成路由模式

在深入介绍每个特定的实现之前，先从整体上介绍这一模式——何时使用以及如何使用。当进行实现时，先从路由不同消息的常见模式开始，这些模式需要通过一系列步骤。下面看一下前面介绍的交通测速的例子。这一次，将消息发送到清理任务或下一步骤，具体取决于相关车辆的速度。当速度低于规定的最高时速时，消息将被发送到清理阶段（而不是丢弃它）。当速度高于限制时，它就违章了，消息需要进行常规处理。为了解决这个问题，需要使用路由模式。如图 9-1 所示，Router（路由器）可以把消息发送到不同的工作流。

构建决定将消息发送到哪里的逻辑，有许多不同的原因。在应用程序中控制消息流有以下 3 个原因：

- 性能——任务需要很多的处理时间，但消息可以并行处理。因此消息需要在不同的实例上进行分配。在速度检测的例子中，对于每个司机的评价可以并行进行，因为所有的逻辑处理驻留在单个的捕获实例中。

- 接收消息的内容——消息有一个属性（在我们的例子中是 License（牌照）），根据它的值，消息应该进入不同的处理流程。

- Router 的状态——例如，当相机处于待机状态时，所有消息都必须进入清理任务，否则应正常处理。

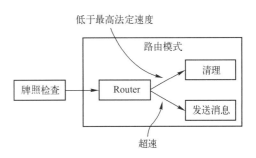

图 9-1　发送不同消息到不同处理流程的路由逻辑

在所有情况下（无论什么原因或使用什么样的逻辑），处理逻辑需要决定应向哪个任务发送消息。Router 可以选择的任务在 Akka 中称为 routee。

9.2　使用 Akka Router 实现负载平衡

使用 Router 的其中一个原因是，在处理很多消息时，在不同的 Actor 之间进行负载均衡，以提高系统性能。这可以是本地的 Actor（向上扩展）或远程服务器上的 Actor（向外扩展）。用于扩展的部分核心 Akka 参数，易于实现路由。

在相机的例子中，识别步骤占用的处理时间较长。使用 Router 使这个任务并行化。

在图 9-2 中，可以看到 Router 可以把消息发送到某个 GetLicense 实例。当收到消息时，Router 从可用的处理中选出一个并把消息发送给它。当收到下一消息时，Router 使用另一过程处理它。为了实现这样一个 Router，这里使用 Akka 内置的路由功能。在 Akka 中，对包含逻辑的路由和 Actor 充当的路由之间做了区分。路由逻辑决定选择哪个 routee，可以在 Actor 中进行选择。路由 Actor 是一个自包含的 Actor，它加载路由逻辑并从配置中加载其他设置，还能够自己管理 routee。

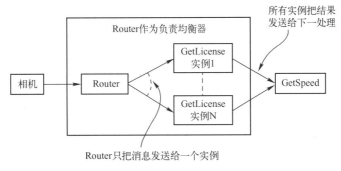

图 9-2　Router 作为负载均衡器

内置的 Router 有以下两类：

- Router 池（Pool）——这些 Router 管理 routee。它们负责创建 routee，并在 routee 结束时把它们从列表中移除。当所有的 routee 创建和分派方式相同时，可以使用 routee 池，并且不需要对 routee 进行特殊的恢复。

- Router 群组（Group）——这类 Router 不管理 routee。Routee 由系统创建，Router 群组使用 Actor 选择查找 routee，不负责 routee 的监察。所有 routee 的管理必须在系统其他的地方实现。当需要以特殊的方式控制 routee 的生命周期或更好地控制 routee 实例的创建（在哪个实例上创建）时，可以使用 Router 群组。

Router 之间最显著的差异是，Router 池是最简单的，因为它提供了管理功能（routee 的生命周期），但代价是没有足够的容量定义 routee 自己需要的逻辑。

图 9-3 展示了 routee 的 Actor 层次结构与 Router 池和 Router 群组的区别。Routee 是 Router 的子类型，当使用 Router 群组时，routee 可以作为任何其他 Actor（在这个例子中是 RouteeCreator）的子类型。Routee 没必要有相同的父类。它们只需要启动并运行。

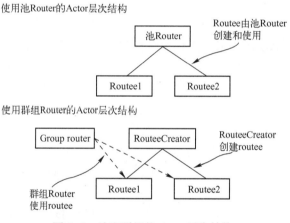

图 9-3　池和群组的 Actor 层次结构

Akka 有几个内建的 Router，见表 9-1。表 9-1 显示了 Router 的逻辑和使用这些逻辑的 Router 池和群组。

表 9-1　Akka 中可用的 Router 列表

逻　　辑	池	群　　组	说　　明
RoundRobin-RoutingLogic	RoundRobin-Pool	RoundRobinGroup	此逻辑把先收到的消息发送给第一个 routee，再收到的消息发送给第二个 routee，依次类推。当所有 routee 都收到消息，第一个 routee 再接收下一个，然后继续
RandomRouting-Logic	RandomPool	RandomGroup	这个逻辑把每个收到的消息发送给随机选定的 routee
SmallestMailbox-RoutingLogic	SmallestMail-boxPool	无	Router 检查所有 routee 的邮箱，选择邮箱最小的 routee。群组版本的不可用，因为它内部使用选择 Actor 的功能，用这些引用不能获取邮箱的大小

（续）

逻　辑	池	群　组	说　明
无	BalancingPool	无	这个 Router 把消息分发给空闲的 routee。这是它的内部实现，与其他 Router 不同。对于所有的 routee 使用一个邮箱。该 Router 使用 routee 的特殊分发器实现这一逻辑。这也是只有池 Router 可用的原因
BroadcastRou-ting-Logic	BroadcastPool	BroadcastGroup	把收到的消息发送到所有的 routee。这与企业集成模式中定义的 Router 不同，它只是实现了接收者列表
ScatterGather-FirstComplete-dRoutingLogic	ScatterGather-FirstCompleted-Pool	ScatterGather-First-Completed-Group	这个 Router 把消息发送到所有的 routee，并把第一个响应发送给原发送者。从技术上讲，这是一个使用竞争任务的分发-收集模式，也就是选择最佳的结果，在本例中是最快的响应
ConsistentHas-hing-RoutingLogic	Consistent-HashingPool	Consistent-Hashing-Group	该 Router 使用消息的一致性散列选择 routee。这用于把不同的消息路由到同一 routee，但到底是哪个 routee 并没有关系

9.2.1　Akka Router 池

先从介绍 Router 池开始。当使用 Actor 池时，没必要创建或管理 routee，这是由 Router 池实现的。当所有的路由以相同的方式创建和分发，并且对于所有的 routee 都不需要特殊地恢复时，可以使用 Router 池。因此对于"简单的" routee，Router 池是一个不错的选择。

1. 创建 Router 池

使用 Router 池是很简单的，对于所有不同的 Router 池都是一样的。池的使用有两种不同的方式：使用配置或在代码中配置。这里从配置方式开始，因为这允许改变 Router 使用的逻辑，这在代码中配置 Router 是做不到的。在 GetLicense Actor 中使用 BalancingPool。

必须在代码中创建 Router。Router 也是可以发送消息的 ActorRef。使用配置文件创建 Router 如清单 9-1 所示。

清单 9-1　使用配置文件创建 Router

```
val router = system.actorOf(              ◀── 使用配置定义Router
  FromConfig.props(Props(new GetLicense(endProbe.ref))),   ◀── Router如何创建routee
  "poolRouter"
)              ◀── Router的名字
```

这就是创建特定配置 Router 的代码，但还没有结束，我们需要配置自己的 Router，如清单 9-2 所示。

清单 9-2　配置 Router

```
akka.actor.deployment{
  /poolRouter{                        ◀── Router的全名
    router = balancing - pool          ◀── Router使用的逻辑
    nr - of - instances = 5            ◀── 池中routee的数目
  }
}
```

配置 Router 这三行就够了。第一行是 Router 的名字，必须与代码中使用的名字相同。在这个例子中，使用 system. actorOf 在顶层 Actor 路径中创建了自己的 Router，因此名字是/

poolRouter。如果在另一 Actor 中创建 Router（如名为 getLicenseBalancer 的 Actor），那么配置中的 Router 名字应该是/getLicenseBalancer/poolRouter。这是非常重要的，否则，Akka 框架找不到 Router 的配置。

下一行定义了必须使用的逻辑，在本例中是 balancing-pool Actor。最后一行定义了池中可以创建多少个 routee（5 个）。

这就是我们想使用 GetLicense Actor 池，而不是一个 GetLicense Actor 时要做的。唯一的区别是，使用 Actor 池的代码中需要插入 FromConfig. props( )，其他都是一样的。发送消息到其中一个 GetLicense routee，是通过向创建 Router 时返回的 ActorRef 发送消息实现的：

```
router!Photo("123xyz",60)
```

这个 Router 决定哪个 routee 得到消息进行处理。在本节的开头，提到有两种方式定义 Router。第二种方式灵活性稍差些，但为了完整性需要，我们还是介绍一下。还可以在代码中创建相同的 Router 池，如清单 9-3 所示。

清单 9-3　在代码中创建 BalancingPool

```
val router = system.actorOf(
  BalancingPool(5).props(Props(new GetLicense(endProbe.ref))),   ← 创建包含5个routee的
  "poolRouter"                                                     BalancingPool
)
```

唯一的不同是，用 BalancingPool（5）替换了 FromConfig，在代码中直接定义了池和 routee 的数目。这和前面在配置中定义的完全一样。

当向 Router 发送消息时，消息正常地送到 routee。但有的消息在 Router 中进行处理。本节涉及的消息大部分都是此类消息。但我们从 Kill 和 PoisonPill 消息开始。这些消息不会发送到 routee，但会被 Router 处理。收到这两个消息的 Router 将会终止，如果使用 Actor 池，由于父子关系，所有的 routee 也会被终止。

已经看到当向 Router 发送一条消息时，只有一个 routee 收到该消息，对于大多数 Router 是这样的。但也有可能把一条消息发送给 Router 的所有 routee。对于这种情况，可以使用另一类特殊的消息：Broadcast 消息。当把这个消息发送给 Router 时，Router 就会把这个消息的内容发送给所有的 routee。Broadcast 消息在池和群组 Router 上都可以使用。

注意 Broadcast 消息唯一不能工作的是 BalancingPool。问题是所有的 routee 只有一个相同的邮箱。下面看一个包含 5 个实例的 BalancingPool 的例子。当 Router 要广播消息时，它就会试图把消息发送给 5 个 routee。因为事实上只有一个邮箱，所以 5 条消息都放在了相同的邮箱里。根据不同的负载情况，消息被分发给这些 routee，这使得最先的 5 个请求获得下一条消息。只有当负载相等时，才能正常工作。但如果某个 routee 处理消息的时间比广播消息时间长，在繁忙的 routee 完成之前，另一个 routee 将会处理多个广播消息。甚至有可能一个 routee 得到所有的广播消息，而其他 4 个却没得到一个。因此不能将 Broadcast 与 BalancingPool 一起使用。

2. 远程 routee

在前一部分中，创建的 routee 都是本地的 Actor，但前面提到过，可以在多个服务器之

间使用 Router。实例化远程服务器上的路由，需要把 Router 配置用 RemoteRouterConfig 封装起来，并提供远程地址，如清单 9-4 所示。

清单 9-4　把配置封装在 RemoteRouterConfig 中

```
val addresses=Seq(
  Address("akka.tcp","GetLicenseSystem","192.1.1.20",1234),
  AddressFromURIString("akka.tcp://GetLicenseSystem@ 192.1.1.21:1234"))

val routerRemote1=system.actorOf(
  RemoteRouterConfig(FromConfig(),addresses).props(
  Props(new GetLicense(endProbe.ref))),"poolRouter-config")

val routerRemote2=system.actorOf(
  RemoteRouterConfig(RoundRobinPool(5),addresses).props(
  Props(new GetLicense(endProbe.ref))),"poolRouter-code")
```

这里显示了两个构建地址的例子：直接使用 Address 类或通过 URI 构建 Address，还展示了这两种方法创建 RouterConfig。被创建的 Router 池将在不同的远程服务器上创建它的 routee。这些 routee 在给定的远程地址之间以轮询（round-robin）的方式进行部署。这种方式使得这些 routee 均匀地分布在远程服务器上。

使用 Router 很容易向外扩展。你所要做的只不过是使用 RemoteRouterConfig。还有一个简单的封装类 ClusterRouterPool 可以在远程服务器上创建 routee。当在集群（在第 14 章详细介绍集群的问题）上使用时，可使用这个封装类。

至此，已经使用了静态 routee 数目的 Router，但当消息负载变化很大时，需要改变 routee 的数目，以保证系统的平衡。这样可以使用池的缩放。

3. 动态调整池（Dynamically Resizable Pool）

当负载变化很大时，需要改变 routee 的数目。当 routee 数目太少时，将会增加延迟，因为消息需要等待 routee 的完成。当 routee 数目太多时，资源浪费太多。在这些情况下，如果能够动态（根据负载）调整池的大小就非常好了。这可以通过池的缩放功能实现。

可以通过配置 resizer 符合你的要求。可以设置 routee 数目的上下边界。当需要增加或减少池的大小时，Akka 就会这样做。所有这些在池定义时可以进行配置。

清单 9-5　resizer 配置

```
akka.actor.deployment{
  /poolRouter{
    router = round-robin-pool
    resizer{
      enabled = on              ──→ 打开resizer功能
      lower-bound = 1           ──→ Router中routee数目的最小值
      upper-bound = 10          ──→ Router中routee数目的最大值
      pressure-threshold = 1    ──→ 定义压力阈道
      rampup-rate = 0.25        ──→ 定义routee的增加速度
      backoff-threshold = 0.3   ──→ 定义减少阈值
      backoff-rate = 0.1        ──→ routee的减少速度
      messages-per-resize = 10  ──→ 定义大小调整频率
    }
  }
}
```

第一步是打开功能开关。接下来可以定义 routee 的最大值和最小值。这是使用 lower-bound 和 upper-bound 属性实现的。

下一个属性用于定义池扩展的时机以及 routee 的数量。

从增加配置的部分开始。当 Router 池压力（负载）较大时，需要增加 routee 的数量。什么时候池的压力大呢？答案是所有当前的 routee 压力都较大时，每个 routee 的压力阈值是由 pressure-threshold 定义的。这个属性的值定义了 routee 压力较大时，routee 邮箱中消息的数目。例如，当该值设置为 1，表示 routee 的邮箱中至少有一条消息时，就达到它的压力阈值；当设置为 3，routee 的邮箱中至少有 3 条消息时，才达到它的压力阈值。特殊的情况是 0，这意味着当 routee 正在处理消息时，就达到了压力阈值。

下面考虑 5 个实例的池 Router，并且压力阈值设置为 0。当该 Router 得到消息时，把它们转发到前 4 个 routee。这时 4 个 routee 是忙碌的，一个是空闲的。图 9-4 所示的第一种情况是收到第五条消息时，什么也没发生，因为在分配消息到 routee 之前检查就结束了。现在还有一个 routee 空闲，这意味着池 Router 还没达到压力阈值。

但当 Router 再收到其他消息时，所有的 routee 都在忙于处理消息（图 9-4 所示的第二种情况）。这意味着池已经达到压力阈值，需要添加新的 routee 了。大小调整并不是同步完成的，因为创建一个新的 routee 所需要的时间比等待 routee 完成上一条消息处理所需的时间要长。在负载平衡的系统中，前一条消息可能已处理结束。这就意味着第六条消息不是路由给新创建的 routee，而是路由给早已存在的 routee，但下一条消息有可能发送给新创建的 routee。

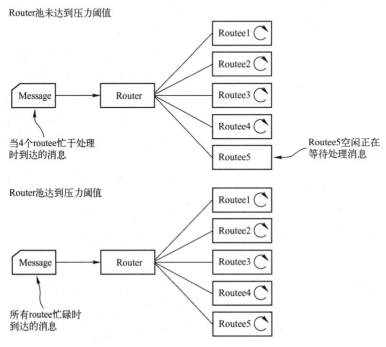

图 9-4　到达压力阈值的 Router 池

当池到达压力阈值时,它会添加新的 routee。rampup-rate 属性定义添加 routee 的个数。这个值是总数的百分数。例如,当有 5 个 routee,rampup-rate 0.25 时,池的大小以 25% 的速度增长 (向上取整),因此池的大小增加 2 个 routee (5 ×0.25 = 1.25,向上取整为 2),结果是 7 个 routee。

现在已经知道如何增加池的大小,还可以减小它的大小。backoff-threshold 是定义 Router 池何时减小的属性。只有忙碌 routee 的百分数低于 backoff-threshold 值时,才会触发减小。当有 10 个 routee 时,忙碌的 routee 低于 30% 时触发减小,这就意味着只要有两个 routee (或者更少的) 是忙碌的,池中 routee 的数目就会减小。

减少的 routee 数目由 backoff-rate 属性定义,与 rampup-rate 的工作原理相似。在这个例子中,有 10 个 routee,backoff-rate 的值为 0.1,每次减少一个 routee (10 × 0.1 = 1)。

最后一个属性 messages-per-resize,将定义 Router 进行下一次缩放之前必须收到的消息数目。这是为了防止出现,对于每条消息 Router 持续增加或减少的情况。这只有在负载位于两个值之间时才会发生:对于池的大小而言负载太大,而增大后负载又太小,这就导致每次都要调整池的大小。或者消息成批的出现,这个属性用于延迟大小调整,直到下一批消息到达。

4. 监督

需要强调的另一功能是监督。因为 Router 创建 routee,所以它也是 Actor 的监视器。当使用默认的 Router 时,它也会把自己升级为自己的监视器。这将导致不可预料的结果。当一个 routee 失败时,Router 将升级为它的监视器。这个监视器可能要 Actor 重启,而不是重启这个 routee,监视器重新启动 Router。Router 的重启将导致所有的 routee 重新启动,而不只是失败的那个。结果好像是 Router 使用的是 AllForOneStrategy 策略。为了解决这个问题,当创建 Router 时,可以指定它使用的策略。

要设置这一点,需要做的是创建策略并将其与 Router 相关联,如清单 9-6 所示。

清单 9-6 创建策略并将其与 Router 相关联
```
val myStrategy = SupervisorStrategy.defaultStrategy  ◄── 创建监视器策略
val router = system.actorOf(
RoundRobinPool(5,supervisorStrategy = myStrategy).props(Props[TestSuper]),
   "roundrobinRouter"
)
```
使用监视器策略

当一个 routee 失败时,只需要这个失败的 routee 重新启动,其他的 routee 继续进行处理。可以使用例子中的默认监视器,也可以自己创建新策略,或者使用 Router 父 Actor 的策略。这种方式使给定的 Router 中所有的 routee 具有相同的行为,因为它们同样是 Router 父类型的孩子。

当发生错误时,有可能终止一个孩子的执行。但一个 routee 终止时,Router 池不会产生一个新的 routee,而只是把它从池中移除。当所有的 routee 都终止时,Router 也就终止了。只有当使用 resizer 时,Router 不会终止,而是保持最小数目的 Router。

在本节已经看到 Router 池是很灵活的,尤其是使用配置实例化 Router 时。可以改变 routee 的数目甚至是路由逻辑。当有多个服务器时,还可以在不同的服务器上实例化 routee。

但有些时候 Router 池过于严格了，可能需要更多的灵活性，对 routee 的创建与管理进行更多的干预。这可以用 Router 群组来实现。

9.2.2　Akka Router 群组

使用 Router 群组，需要自己实例化 routee。下面将介绍如何使用另一组路由消息动态地改变 routee。

1. 创建群组

创建群组与创建池的方法几乎是一样的。唯一的不同是，创建池要指定 routee 实例的数目，而创建群组需要一个 routee 路径列表。对于所有的 GetLicense 需要一个父 Actor。GetLicenseCreator 负责创建所有的 GetLicense Actor。这个 Actor（GetLicenseCreator）将被用于，当一个 routee 终止时创建一个新的 routee，如清单 9-7 所示。

清单 9-7　GetLicenseCreator 创建 routee

```
class GetLicenseCreator(nrActors:Int) extends Actor{

  override def preStart(){
    super.preStart()
    (0 until nrActors).map{nr =>
        context.actorOf(Props[GetLicense],"GetLicense"+nr)          创建
        system.actorOf(Props(new GetLicenseCreator(2)),"Creator")   routee
    }
  }
  …
}

system.actorOf(Props(new GetLicenseCreator(2)),"Creator")     创建routee
                                                               创建者
```

和 Router 池一样，创建 Router 群组有以下两种方法：一种是使用配置，另一种是在代码中进行配置。使用群组配置 Router 如清单 9-8 所示。

清单 9-8　使用群组配置 Router

```
       akka.actor.deployment{
        /groupRouter{              ←── Router的全名
Router使用  router = round - robin - group
的群组      routees.paths = [
          "/user/Creator/GetLicense0",   使用routee的Actor路径
          "/user/Creator/GetLicense1"]
        }
       }
       val router = system.actorOf(FromConfig.props(),"groupRouter")   创建一个
                                                                        Router群组
```

正如你看到的，与池的配置几乎没有不同，只是 nr-ofinstances 属性被 routees. paths 替代。创建群组比创建池还要简单，因为没必要指明 routee 是如何创建的。因为群组要使用 Actor 路径，所以添加远程的 Actor 也不需要做任何改变。只是添加远程 Actor 的完整路径：

```
akka.actor.deployment{
  /groupRouter{
    router = round-robin-group
    routees.paths = [
```

```
    "akka.tcp://AkkaSystemName@ 10.0.0.1:2552/user/Creator/GetLicense0",
    "akka.tcp://AkkaSystemName@ 10.0.0.2:2552/user/Creator/GetLicense0"]
  }
}
```

通过代码创建群组也很容易，只需要提供一个 routee 的列表即可，如清单 9-9 所示。

清单 9-9　代码创建 Router 群组

```
val paths = List("/user/Creator/GetLicense0",
  "/user/Creator/GetLicense1")
val router = system.actorOf(
  RoundRobinGroup(paths).props(),"groupRouter")
```

到目前为止，可以和使用 Router 池一样使用 Router 群组。但有一个差别：当在池中某个 routee 终止时，Router 检测到这种终止，并把该 routee 从池中移除。Router 群组不支持这个处理。当某个 routee 终止时，Router 群组仍然向其发送消息。这是因为 Router 不管理这些 routee，而且在将来的某个时候 Actor 可能又可用了。

下面改进一下 GetLicenseCreator，在其中一个孩子终止时，创建一个新的 Actor，如清单 9-10 所示。这里将使用第 4 章介绍的监视功能（watch functionality）。

清单 9-10　当 routee 终止时创建新的 Actor

```
            class GetLicenseCreator(nrActors:Int) extends Actor{
              override def preStart(){
                super.preStart()
                (0 until nrActors).map(nr => {
                  val child = context.actorOf(
                    Props(new GetLicense(nextStep)),"GetLicense" + nr)
                  context.watch(child)
                })
              }
              def receive = {
                case Terminated(child) => {
                  val newChild = context.actorOf(
                    Props(new GetLicense(nextStep)),child.path.name)
                  context.watch(newChild)
                }
              }
            }
```

在创建的 routee 上使用监视

当某个 routee 终止时，重新创建一个

当使用这个新的 GetLicenseCreator 时，Router 群组可以一直使用 Actor 的引用而无须任何修改或处理。先创建 routee，然后创建群组，直接发送 PoisonPill 消息给所有的 routee。

清单 9-11　测试 GetLicenseCreator 管理 routee

```
            val endProbe = TestProbe()

            val creator = system.actorOf(
              Props(new GetLicenseCreator2(2,endProbe.ref)),"Creator")
            val paths = List(
              "/user/Creator/GetLicense0",
              "/user/Creator/GetLicense1")
            val router = system.actorOf(
              RoundRobinGroup(paths).props(),"groupRouter")
```

创建所有的 routee

创建 Router

在 routee 被终止后，新创建的 routee 将会接管继续处理到来的消息。Thread.sleep 是最懒惰的方式保证 GetLicenseCreator 重新创建出新的 routee。在事件流中发布一个事件，一旦所有的 routee 重建完成，就在测试中订阅这一事件，这样做是比较好的；或者向 GetLicense-Creator 添加一些消息，检查重建 routee 的数目；或者使用下一节定义的 GetRoutees 消息。

2. 动态调整 Router 群组的大小

已经介绍了 Router 处理的消息。现在介绍 3 个其他的管理群组 routee 的消息，它们可从给定的 Router 中获取、添加或移除 routee：

- GetRoutees——获取当前所有的 routee，可以发送这个消息给一个 Router，它将返回一个 Routees 消息包含所有的 routee。
- AddRoutee（routee：Routee）——发送这个消息将向 Router 添加指定的 routee。这个消息包含一个 RouteeTrait 包含新的 routee。
- RemoveRoutee（routee：Routee）——发送这个消息将删除指定的 routee。

使用这些消息有一些陷阱。这些消息和响应使用 Routee trait，它只有一个 send 方法。这个方法允许直接向 routee 发送消息。如果没有把 Routee 转换成一个实现类，就不支持其他的功能。

不把 Routee 转换成实际的实现，使用 GetRoutees 消息就不会获得预期的信息。唯一的实际用途是获取 routee 的数量或绕过 Router。当想给特定的 routee 发送特定的消息时，这可以很方便。这个消息的最后一个用法是，在 Router 消息之后发送 GetRoutees 消息，确认 Router 管理的消息已经处理。随后收到一个 Routees 响应，意味着在 GetRoutees 消息之前发送的 Router 消息已经处理。如果收到回复（Routee 消息），就知道以前的消息也处理了。

添加和删除消息需要一个 Routee。当想向 Router 添加 Actor 时，需要把 ActorRef 或路径转换成 Routee。

在 Akka 中 Routee trait 有以下 3 种实现：

- ActorRefRoutee（ref：ActorRef）。
- ActorSelectionRoutee（selection：ActorSelection）。
- SeveralRoutees（routees：immutable.IndexedSeq[Routee]）。

在上面的 3 个选项间进行选择，排除最后一个 ServeralRoutees，因为它从 Routee 列表中创建一个 Routee。如果使用第一个选项 ActorRefRoutee，Router 将为新创建的 routee 创建一个监控。这看起来没什么问题，但当 Router 收到 Terminated 消息时，它就会抛出 akka.actor.

DeathPactException 异常，这将会终止这个 Router。使用第二个选项 ActorSelectionRoutee，能够从终止的 routee 中恢复。

当删除一个 routee 时，必须使用和添加 Routee 时相同的实例类型，否则这个 routee 不能被删除。这也是为什么在删除 routee 时要使用 ActorSelectionRoutee 的原因。

假定仍然需要调整群组大小的功能，以清单 9-11 作为最终的解决方案。创建一个 DynamicRouteeSizer，它将管理群组中所有的 routee 和它们的数量。通过发送 PreferredSize 消息改变群组的大小，如清单 9-12 所示。

清单 9-12 改变群组 routee 大小的例子

```scala
class DynamicRouteeSizer(nrActors:Int,
                         props:Props,
                         router:ActorRef) extends Actor{
  var nrChildren = nrActors
  var childInstanceNr = 0

  //restart children
  override def preStart(){                        // 当启动时，创建初始
    super.preStart()                               // 需求数量的routee
    (0 until nrChildren).map(nr => createRoutee())
  }

  def createRoutee(){
    childInstanceNr += 1
    val child = context.actorOf(props,"routee" + childInstanceNr)
    val selection = context.actorSelection(child.path)
    router!AddRoutee(ActorSelectionRoutee(selection))   // 当创建新的子routee之后，
    context.watch(child)                                 // 通过ActorSelectionRoutee
  }                                                       // 添加到Router

  def receive = {                                 // 改变routee
    case PreferredSize(size) => {                  // 的数量
      if(size < nrChildren){
        //remove
        context.children.take(nrChildren - size).foreach(ref => {
          val selection = context.actorSelection(ref.path)
          router!RemoveRoutee(ActorSelectionRoutee(selection))  // 删除Router中
        })                                                       // 过多的routee
        router!GetRoutees
      }else{                                       // 创建新的
        (nrChildren until size).map(nr => createRoutee())  // routee
      }
      nrChildren = size
    }
                                                   // 检查能否终止所有的子routee，
                                                   // 或者终止后是否需要重建它们
    case routees:Routees => {
      //translate Routees intoa actorPath
      import collection.JavaConversions._
      var active = routees.getRoutees.map{         // 把routee列表
        case x:ActorRefRoutee => x.ref.path.toString        // 转换成Actor
        case x:ActorSelectionRoutee => x.selection.pathString  // 路径列表
      }
      //process the routee list
      for(routee < - context.children){
        val index = active.indexOf(routee.path.toStringWithoutAddress)
```

155

```
        if(index > = 0){
          active.remove(index)
        }else{
          //Child isn't used anymore by router
          routee!PoisonPill
        }
      }
      //active contains the terminated routees
      for(terminated < - active){
        val name = terminated.substring(terminated.lastIndexOf("/") +1)
        val child = context.actorOf(props,name)
        context.watch(child)
      }
    }
    case Terminated(child) = > router!GetRoutees
  }
}
```

从Router中移除孩子，现在
可以终止这个孩子了

意外重启终止
所有孩子

孩子已经终止，通过请求
Router的routee检查它是
否是有计划地终止

先收到 PreferredSize 消息。当收到此消息时，有两种选择：routee 太少或太多。当 routee 太少时，可以容易地修正它，创建更多的子 Actor 并添加到 Router 中。当 routee 太多时，需要把多的 Router 移除并终止它们。我们必须这样做，为的是防止出现发送消息给已经终止的 Actor。这意味着我们丢失了消息。因此，紧接着 GetRoutees 消息发送 RemoveRoutee 消息。当收到回复 routee 时，就知道不会再向移除的 routee 发送消息，可以终止子 Actor 了。我们使用 PoisonPill，因为想要在它终止之前处理发送给它的消息。

下面介绍一个子 Actor 终止时应采取的行动。当收到终止消息时，也有两种可能。第一种情况是我们正忙于缩小规模，这种情况下什么也不需要做。第二种情况，一个正在执行任务的 routee 意外终止。这种情况需要重新创建这个 routee。用相同的名字重新创建而不是把这个 routee 删除再重新创建一个，因为移除一个 routee 有可能导致 Router 被终止，当删除的 routee 是 Router 的最后一个活跃的孩子时，就会出现这种情况。为了决定需要做什么，发送 GetRoutees 消息，并根据响应决定采取的措施。

最后一部分需要讨论的是，如果收到 Routees 回复，会发生什么。利用这个消息决定是否能够安全地终止一个孩子，是否需要重启一个孩子。为了做到这一点，需要 routee 的 Actor 路径，这在 Routee 接口中是得不到的。为了解决这个问题，可以使用实现类 ActorSelectionRoutee 和 ActorRefRoutee。后面这个类可能不用于 Router 中，只是为了保险起见才添加的。现在有了一个 Actor 路径的列表，可以检查需要停止还是重启它们了。

为了使用这个筛选器，可以简单地创建 Router 和筛选器 Actor：

```
val router = system.actorOf(RoundRobinGroup(List()).props(),"router")
val props = Props(new GetLicense(endProbe.ref))
val creator = system.actorOf(
  Props(new DynamicRouteeSizer(2,props,router)),
  "DynamicRouteeSizer"
)
```

9.2.3　ConsistentHashing Router

Router 是一种向上扩展甚至向外扩展的方式，但向不同的 routee 发送消息可能存在问题。当在 Actor 中实现了状态时会怎么样呢，它依赖于收到的消息吗？例如，8.2.4 节的分发-收集模式的 Aggregator。当你有包含 10 个 Aggregator 的 Router 时，每一个把两条相关的消息组合成一条，很有可能第一条消息发送给了 routee1，第二条消息发送给了 routee2。当发生这种情况时，两个 Aggregator 都不能进行消息连接。为了解决这个问题，引入了 ConsistentHashing Router。

这个 Router 将会把相似的消息发送给相同的 routee。当收到第二条消息时，Router 会把这条消息路由给接收第一条消息的 routee。这样 Aggregator 就可以连接两条消息了。为了能够这样工作，Router 必须识别什么情况下两条消息是相似的。ConsistentHashing Router 产生一个消息的哈希码，并与它的某个 routee 相对应。把一条消息映射到某个 routee，需要的步骤如图 9-5 所示。

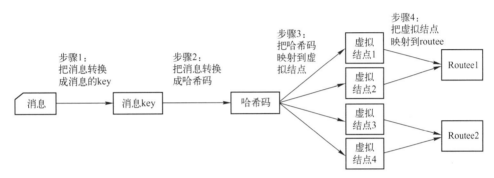

图 9-5　ConsistentHashing Router 选择 routee 的步骤

第一步把消息转换成消息 key 对象。相似的消息有相同的 key，如消息的 ID。Key 的类型没有关系，唯一的限制就是这个对象对于相似的消息总是相同的。这个消息 key 对于每种类型的消息都是不同的，需要以某种方式实现。Router 支持以下 3 种方式把消息转换成消息 key：

- Router 中指定的偏函数（partial function）：特定于 Router 的选择。
- 消息实现 akka. routing. ConsistentHashingRouter. ConsistentHashable：特定于所使用消息的选择。
- 消息封装在 akka. routing. ConsistentHashingRouter. ConsistentHashableEnvelope 中：特定于发送者的选择，发送者知道使用哪个 key。

最后一种选择不推荐使用，因为这使得发送者与 routee 紧耦合。发送者需要知道下一个 ActorRef 引用的是 ConsistentHashingRouter，而且知道如何分发消息。另外两种选择都是松耦合的。稍后我们将介绍如何使用这三种方法。

第二步把消息转换成哈希码。这个哈希码用来选择虚拟结点（第三步），第四步是把虚拟结点映射到 routee。在使用 ConsistentHashingRouter 时，routee 服务的虚拟结点的数量需要配置。在我们的例子中，每个 routee 有两个虚拟结点。

下面看一个根据 ID 连接两条消息的例子，如清单 9-13 所示。对于这个收集的例子，已经剥离了所有的容错恢复代码。

清单 9-13　连接两条消息变成一条

```
trait GatherMessage{
  val id:String
  val values:Seq[String]
}

case class GatherMessageNormalImpl(id:String,values:Seq[String])
  extends GatherMessage

class SimpleGather(nextStep:ActorRef) extends Actor{
  var messages=Map[String,GatherMessage]()
  def receive={
    case msg:GatherMessage=>{
      messages.get(msg.id) match{
        case Some(previous)=>{
          //join
          nextStep!GatherMessageNormalImpl(
          msg.id,
          previous.values++msg.values)
          messages-=msg.id
        }
        case None=>messages+=msg.id->msg
      }
    }
  }
}
```

这个 SimpleGather Actor 将把相同 ID 的两条消息连接成一条消息。使用 trait 作为消息类型，以便使用不同的消息实现。下面看一下指定消息 key 的 3 种方式。

1. 给 Router 提供哈希映射的偏函数

在创建 Router 时，提供一个偏函数（partial function）来选择消息 key，如清单 9-14 所示。

清单 9-14　在创建 Router 时，提供一个偏函数（partial function）来选择消息 key

```
        def hashMapping:ConsistentHashMapping={         ←── 定义偏哈希函数
          case msg:GatherMessage=>msg.id
        }
        val router=system.actorOf(
          ConsistentHashingPool(10,                     ←── 设置每个routee的虚拟结点数量
设置映 ┌──  virtualNodesFactor=10,
射函数 └──  hashMapping=hashMapping
          ).props(Props(new SimpleGather(endProbe.ref))),
          name="routerMapping"
        )
```

这就是使用 ConsistentHashingRouter 时要做的。创建一个偏函数（partial function）从接收到的消息中选择一个消息 key。当发送两条 ID 相同的消息时，Router 保证两条消息被发送到相同的 routee。下面测试一下：

```
router!GatherMessageNormalImpl("1",Seq("msg1"))
router!GatherMessageNormalImpl("1",Seq("msg2"))
endProbe.expectMsg(GatherMessageNormalImpl("1",Seq("msg1","msg2")))
```

当 Router 对于分发消息有特殊需求时，可使用此方法。例如，当系统中有多个 Router

接收相同类型的消息时，但你却要发送另外的消息 key。假定一个 Router 基于 ID 连接消息，而另一个 Router 根据第一个值对消息计数，需要把第一个值作为消息的 key。如果对于给定的消息，消息 key 总是相同的，则在消息内部实现转换比较有意义。

2. 消息包含哈希映射

通过继承 ConsistentHashable trait，可以在消息内部完成消息到 key 的转换：

```
case class GatherMessageWithHash(id:String,values:Seq[String])
   extends GatherMessage with ConsistentHashable{
 override def consistentHashKey:Any=id
}
```

当使用这个消息时，不需要提供映射函数，因为使用了消息内部的映射函数：

```
val router=system.actorOf(
  ConsistentHashingPool(10,virtualNodesFactor=10)
    .props(Props(new SimpleGather(endProbe.ref))),
  name="routerMessage"
)

router!GatherMessageWithHash("1",Seq("msg1"))
router!GatherMessageWithHash("1",Seq("msg2"))
endProbe.expectMsg(GatherMessageNormalImpl("1",Seq("msg1","msg2")))
```

当消息 key 对于给定的消息总是相同时，这是比较好的解决方案。下面看一下最后一种方式：使用 ConsistentHashableEnvelope。

3. 发送者包含哈希映射

最后一种方法是使用 ConsistentHashableEnvelope 提供消息的 key。

```
val router=system.actorOf(
  ConsistentHashingPool(10,virtualNodesFactor=10)
    .props(Props(new SimpleGather(endProbe.ref))),
  name="routerMessage"
)

router!ConsistentHashableEnvelope(
  message=GatherMessageNormalImpl("1",Seq("msg1")),hashKey="1")
router!ConsistentHashableEnvelope(
  message=GatherMessageNormalImpl("1",Seq("msg2")),hashKey="1")
endProbe.expectMsg(GatherMessageNormalImpl("1",Seq("msg1","msg2")))
```

我们向 Rouer 发送 ConsistentHashableEnvelope，而不是我们的消息，ConsistentHashable-Envelope 包含实际的消息和作为消息 key 的 hashKey。但和前面提到的一样，这个方案要求所有的发送者知道使用的是 ConsistentHashingRouter，而且还要知道使用的消息 key 是什么。使用这个方法的例子是，一个发送者发送的所有消息都由一个 routee 处理：你可以使用这种方法，且使用 senderId 作为 hashKey。但这并不意味着每个 routee 都处理来自一个发送者的消息。有可能多个发送者的消息由一个 routee 进行处理。

我们介绍了 3 种不同的方式把消息转换成消息的 key，但有可能在一个 Router 中使用这 3 种方案。

9.3 用 Actor 实现路由模式

实现路由模式并不总需要 Akka 的 Router。当 routee 的处理基于消息或某些状态时，用普通的 Actor 实现更容易，因为这样可以利用 Actor 的所有优点。当创建自定义的 Akka Router 时，可能要解决并发问题。

本节将介绍使用普通的 Actor 实现某些路由模式。我们将从基于消息的 Router 开始。

9.3.1 基于内容的路由

系统中最常用的路由模式基于消息本身。在9.1节，介绍了一个基于消息的 Router 的例子。当速度低于限制速度时，司机并没有违法，这样的消息没必要继续处理，但清理步骤还是必须要做的。当速度高于限速时就已经违法，处理应该推进到下一步：消息发送任务。

图 9-6 显示了基于内容选择流程的情况。在这个例子中，基于速度选择路由，也可以进行基于消息类型或任何其他基于消息本身的检测。

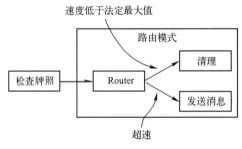

图 9-6　基于速度的路由

9.3.2 基于状态的路由

基于状态的路由基于 Router 的状态改变路由行为。最简单的情况是只有两种状态的开关 Router：开和关。当处于开状态时，所有的消息被发送到正常流程，当处于关状态时，所有消息被发送给清理流程。为了实现这个例子，不使用 Akka 的 Router，因为在 Router 中有状态，而 Akka 的 Router 状态默认情况下不是线程安全的，使用普通的 Actor。可以用类的属性实现状态，但在 Actor 的生命周期中它可能改变行为，所以使用 become/unbecome 功能实现状态表示机制。

这里使用 become 根据状态改变 Actor 的行为。在例子中有两个状态 on（开）和 off（关）。当 Actor 处于 on 状态时，所有消息被路由到正常的流程；当 Actor 处于 off 状态时，所有消息将进入清理流程。为了完成这一功能，要创建两个消息处理的函数。当要切换到另一状态时，将简单地使用 Actor 上下文中的 become 方法替换接收函数。清单 9-15 使用两个消息 RouteStateOn 和 RouteStateOff 来改变状态和行为。

清单 9-15　基于状态的 Router

```
case class RouteStateOn()
case class RouteStateOff()

class SwitchRouter(normalFlow:ActorRef,cleanUp:ActorRef)
   extends Actor with ActorLogging{
  def on:Receive = {
   case RouteStateOn =>
   log.warning("Received on while already in on state")
   case RouteStateOff =>context.become(off)
    case msg:AnyRef => {
     normalFlow!msg
    }
  }
  def off:Receive = {
   case RouteStateOn =>context.become(on)
   case RouteStateOff =>
   log.warning("Received off while already in off state")
   case msg:AnyRef => {
    cleanUp!msg
   }
  }
  def receive = off
}
```

状态为on时的 Receive方法

切换到 off状态

当状态为on时，发送消息到正常流程

状态为off时的 Receive方法

切换到 on状态

当状态为off时，把消息发送到清理流程

Actor起始状态为off

从 off 状态开始，因为这是 Actor 使用的初始功能。当 Actor 收到消息时，把它路由到清理 Actor。当发送 RouteStateOn 消息到 Router 时，become 方法被调用，并把接收函数替换为 on 的实现。所有后续的消息都会路由到正常流程的 Actor，如清单 9-16 所示。

清单 9-16　测试状态 routerRedirect Actor

```
val normalFlowProbe = TestProbe()
val cleanupProbe = TestProbe()
val router = system.actorOf(
Props(new SwitchRouter(
normalFlow = normalFlowProbe.ref,
cleanUp = cleanupProbe.ref)))

val msg = "message"
router!msg

cleanupProbe.expectMsg(msg)
normalFlowProbe.expectNoMsg(1 second)

router!RouteStateOn                    状态切换成on

router!msg

cleanupProbe.expectNoMsg(1 second)
normalFlowProbe.expectMsg(msg)

router!RouteStateOff                   状态切换成off

router!msg

cleanupProbe.expectMsg(msg)
normalFlowProbe.expectNoMsg(1 second)
```

在上面的例子中使用了 become 方法，还有一个 unbecome 方法。调用这个方法使新的接收函数被删除，并换回原来的接收函数。下面用 unbecome 方法重写上面 Router 的例子，如清单 9-17 所示。

清单 9-17　使用 unbecome 的基于状态的 Router

```
class SwitchRouter2(normalFlow:ActorRef,cleanUp:ActorRef)
  extends Actor with ActorLogging{
 def on:Receive = {
  case RouteStateOn =>
  log.warning("Received on while already in on state")
  case RouteStateOff => context.unbecome()          使用unbecome，
  case msg:AnyRef =>normalFlow!msg                   而不是become
 }
 def off:Receive = {
  case RouteStateOn => context.become(on)
  case RouteStateOff =>
  log.warning("Received off while already in off state")
  case msg:AnyRef =>cleanUp!msg
 }
 def receive = {
  case msg:AnyRef =>off(msg)
 }
}
```

当使用 become 功能时有一个警告：重启后 Actor 的行为也回到初始状态。become 和 unbecome 功能在处理消息期间改变行为非常方便。

9.3.3　Router 的实现

到目前为止，已经讲述了不同的 Router，以及如何实现它们。所有的例子都实现了清理路由模式，在这种 Router 中什么也不做，只是把消息传递给适当的接收者。当使用这些模式进行设计时，这是正常的初步做法。当实现处理任务和 Router 组件时，把路由归入单个 Actor 进行处理是比较有意义的，如图 9-7 所示。当处理结果影响下一步工作时，更有明显的意义。

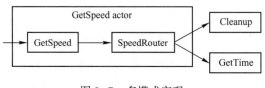

图 9-7　多模式实现

在相机的例子中，有一个 GetSpeed 处理负责测速。当它失败或速度很小时，消息必须发给清理任务；否则，消息应发送到正常处理流程，在我们的例子中是 GetTime 任务。为了设计这个需要两种模式：一个处理任务，一个路由模式。

当实现这些模式时，有可能在一个 Actor 中实现 GetSpeed 和 SpeedRouter 组件。Actor 启动处理任务，并根据处理结果，把消息发送给 GetTime 或者 Cleanup 任务。决定这些组件在一个还是两个 Actor 中实现取决于重用的程度。当 GetSpeed 需要独立使用时，就不能把两步集成到一个 Actor 中。当处理的 Actor 有责任决定如何进一步处理消息时，集成这两个组件更容易一些。另一个要点是，对于 GetSpeed 组件把正常流程和错误处理流程分离是比较好的。

9.4 总结

本章介绍了如何把消息路由到不同的任务。Akka 的 Router 是扩展应用的重要机制，并且非常灵活，特别是使用配置时。还学习了以下内容：

- Akka 的 Router 分为两类：Router 群组和 Router 池。Router 池负责创建并终止其中的 routee，但使用群组时必须自己负责管理。
- Akka 的 Router 可以很容易地使用远程 Actor 作为 routee。
- 通过 become/unbecome 机制实现基于状态的 Router，可以在生命周期中通过替换 receive 方法改变它的行为。当使用这种方法时，必须对重启十分小心，因为当 Actor 重启时，接收消息也恢复成最初的实现。
- 可根据效率、接收消息的内容或 Router 的状态决定将消息发送到哪里。

第 10 章
消息通道

本章导读

- 使用点对点通道直接进行消息传递。
- 使用发布-订阅通道灵活地传递消息。
- EventBus 发布与订阅。
- 使用死信通道读取未传递的消息。
- 使用保证交付通道实现高层次的保证投递。
- 用 ReliableProxy 实现保证投递。

本章将详细介绍用于 Actor 之间发送消息的消息通道（message channel）。先从两种类型的通道开始：点对点（point-to-point）通道和发布-订阅（publish-subscribe）通道。到现在为止，我们使用的都是点对点通道，但有时也需要更灵活的方法向接收者发送消息。在10.1.2 节中，将介绍向多个接收者发送消息的方法，发送者无须知道哪个接收者需要这条消息。接收者由通道管理并且在程序操作期间可以改变。对于这些通道常用的术语是 EventQueue（事件队列）或 EventBus（事件总线）。Akka 有一个 EventStream（事件流）实现了发布-订阅通道。当这个实现不够用时，Akka 有一系列 trait 帮助实现自定义发布订阅通道。

本章将介绍两种特殊的通道。第一个是死信通道（dead-letter channel），包含不能投递的信息，有时也称为死信队列（deadmessage queue）。第二个是保证投递通道（guaranteed-delivery channel）。如果消息投递时没有一定的保证，就很难创建可靠的系统。通常情况下并不需要完全可靠的投递。Akka 没有完全可靠的投递，这里会介绍 Akka 支持的可靠级别，对于局部和远程 Actor 消息传递来说有所不同。

10.1　通道类型

本章从介绍两种类型的通道开始。第一种是点对点通道（point-to-point channel）：它连接一个点（发送者）和另一个点（接收者）。大多数情况下这就足够了，但有时需要发送一条消息到多个接收者。在这种情况下需要多个通道，或者使用第二种类型的通道：发布-订阅通道（publish-subscribe channel）。发布-订阅通道有一个优点，那就是接收者的数目可以在程序操作时动态改变。为了支持这种类型的通道，Akka 实现了 EventBus（事件总线）。

10.1.1　点对点通道

点对点（point-to-point）通道发送消息到一个接收者。在前面所有的例子中，都是使用的这种通道，因此在这里只是复习一下这一重要内容，从而说明两种类型通道的差异。

在前面的例子中，发送者知道下一步处理是什么，并可以决定使用哪种通道发送消息给下一步骤。有时只有一种通道，就像 8.1 节的管道和过滤器例子一样。在这些例子中，发送者有一个 ActorRef，在消息处理完成时把消息发送给它（ActorRef）。但在其他情况下，如 8.2.3 节的 RecipientList，Actor 有多个通道并决定使用哪个通道发送消息。在这种方式下，Actor 之间的连接本质上是静态的。

这个通道的另一个特点是，当发送多条消息时，这些消息的次序无法改变。点到点通道只把消息投递给一个接收者，如图 10-1 所示。

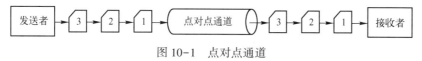

图 10-1　点对点通道

点对点通道可能有多个接收者，但通道确保只有一个接收者收到消息。9.2.1 节的轮询路由（round-robin router）的例子中，一个通道就有多个接收者。这些消息的处理可以并行地由不同的接收者进行，但只有一个接收者消费给定的消息，如图 10-2 所示。

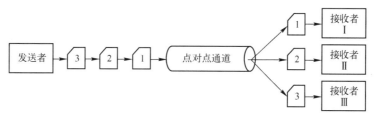

图 10-2　多接收者点对点通道

通道有多个接收者，但每个消息只能投递给其中的一个。这种类型的通道只能用在发送者和接收者的连接本质上更倾向于静态的情况。发送者知道哪个通道可以到达接收者。

这种类型的通道是 Akka 中最常用的，因为 Akka 的 ActorRef 就是一个点对点通道的实现。所有发送的消息投递到一个 Actor，并且发送给 ActorRef 的消息次序不能改变。

10.1.2　发布-订阅通道

点对点通道把每条消息只投递到一个接收者。在这种情况下，发送者知道消息发送到什么地方。但有些时候发送者并不知道谁对这条消息感兴趣。这就是点对点通道和发布-订阅通道的最大区别。通道不是发送者负责跟踪消息的接收者。通道也可以把相同的消息发送到多个接收者。

假定有一个 Web 商店的应用。应用程序的第一步是接收订单。这一步之后，系统需要进行下一步处理，向客户配送订单（如一本书）。接收步骤发送一条消息给配送（步骤）。为了保证商品目录最新，也需要订单消息。现在接收订单需要把消息发送给系统中的两个部分，如图 10-3 所示。

图 10-3　Web 商店处理订单消息

作为奖励，当客户订购一本书时赠送一个礼物。这里扩展了系统，增加一个礼物赠送模块，同样需要订单消息。每次添加新的功能，需要改变第一步向更多的接收者发送消息。为了解决这一问题，可以使用发布-订阅通道。这种通道可以发送相同的消息到多个接收者，而不需要发送者了解接收者。图 10-4 显示了发布的消息被送到配送和商品目录子系统。

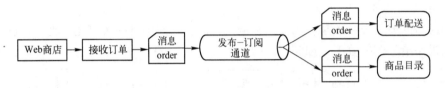

图 10-4　使用发布-订阅通道分发订单消息

当需要添加礼物赠送功能时，从通道订阅消息而无须改变接收订单的任务。此类通道的另一个优点是，接收者的数目在处理期间可以改变而不是静态的。例如，我们并不总是赠送礼物，只是在搞活动时才赠送。当使用这个通道时，可以只在活动期间添加礼物赠送模块，而没有赠送活动时删除礼物赠送模块，如图 10-5 所示。

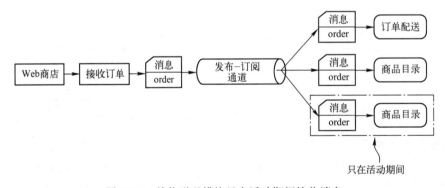

图 10-5　礼物赠送模块只在活动期间接收消息

当接收者对发布者的消息感兴趣时，它自己从通道订阅（消息）。当发布者通过通道发送消息时，确保所有订阅者都能收到消息。当礼物赠送模块不再需要订单消息时，它从通道取消订阅。这意味着通道方法有两种用法：一种用法在发送端：必须能够发送消息，另一用法在接收端：接收者可以从通道进行订阅和取消订阅，如图 10-6 所示。

因为接收者可以从通道订阅，所以这种方案非常灵活。发布者无须知道有多少个接收者。甚至可能一个接收者也没有，因为订阅者的数目可以在系统操作期间发生变化。

166

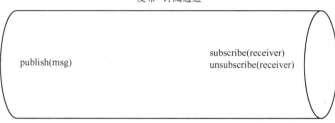

图 10-6　发布-订阅通道的用法

1. Akka 的 EventStream（事件流类）

Akka 支持发布-订阅通道。使用发布-订阅通道的最简单方式是使用 EventStream。每个 ActorSystem 都有一个，因此任何 Actor 都可（通过 context. system. eventStream）获得。Event-Stream 可以看作多个发布-订阅通道的管理者，因此 Actor 可以订阅特定的消息类型，当有人发布这种类型的消息时，Actor 就会收到消息。Actor 不需要做任何改变就可以从 EventStream 接收消息。

```
class DeliverOrder()extends Actor{
    def receive={
        case msg:Order =>... // Process message
    }
}
```

这里比较特殊的是消息的发送方式，Actor 本身甚至无须订阅。在代码中可以从任何地方订阅，只要你有 Actor 引用和 EventStream 引用发起订阅即可。图 10-7 显示了 Akka 中的订阅接口。为了使一个 Actor 订阅 Order（订单）消息，需要调用 EventStream 的 subscribe 方法。

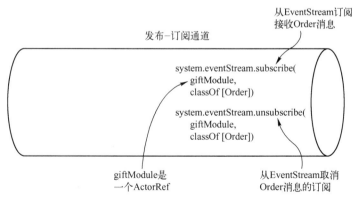

图 10-7　EventStream 的订阅接口

当 Actor 不再感兴趣，如礼品活动终止，可使用 unsubscribe 方法。在例子中，取消 Gift-Module，调用方法后 Actor 再也不会收到发布的任何 Order 消息。

当订阅 GiftModule 模块接收 Order 消息时，这就是全部要做的。在调用 subscribe 方法后，GiftModule 将收到发布到 EventStream 的所有 Order 消息。这个方法可以被需要 Order 消息的不同 Actor 调用。当一个 Actor 需要多种消息类型时，subscribe 方法可由不同类型的消息多次调用。

向 EventStream 发布消息也很容易，只需要调用 publish 方法即可，如图 10-8 所示。调用后，msg 消息被发送到所有订阅的 Actor 进行处理。这就是发布-订阅通道的完整实现。

发布-订阅通道

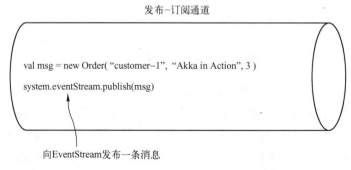

```
val msg = new Order( "customer-1", "Akka in Action", 3 )
system.eventStream.publish(msg)
```

向EventStream发布一条消息

图 10-8　EventStream 的发布接口

在 Akka 中可以订阅多种消息类型。例如，GiftModule 也需要订单取消的消息，因为这样就不需要赠送礼物了。在这种情况下，GiftModule 必须订阅 EventSteam 中的 Order 和 Cancel 消息。但调用 Order 消息的 unsubscribe 方法时，取消消息的订阅仍然有效，仍然可以收到这类消息。

```
system.eventStream.unsubscribe(giftModule)
```

当停止 GiftModule 模块时，需要取消所有的订阅。用一个调用就可以实现了：

```
system.eventStream.unsubscribe(giftModule)
```

调用后 GiftModule，再也不会订阅任何类型的消息。发布-订阅通道的 publish、subscribe 和 unsubscribe Akka 接口是非常简单的。清单 10-1 显示了如何测试 EventStream 是否收到了 Order 消息。

清单 10-1　EventStream 的操作

```
val DeliverOrder = TestProbe()        创建接收者Actor
val giftModule = TestProbe()

system.eventStream.subscribe(
  DeliverOrder.ref,                    订阅接收者Actor以
  classOf[Order])                      接收Order消息
system.eventStream.subscribe(
  giftModule.ref,
  classOf[Order])

val msg = new Order("me","Akka in Action",3)   发布一个订单
system.eventStream.publish(msg)

DeliverOrder.expectMsg(msg)           消息被两个Actor接收
giftModule.expectMsg(msg)
```

```
system.eventStream.unsubscribe(giftModule.ref)  ◄──── 取消GiftModule订阅

system.eventStream.publish(msg)                   │ GiftModule不会
DeliverOrder.expectMsg(msg)                       │ 再收到消息
giftModule.expectNoMsg(3 seconds)          ◄──────┘
```

使用 TestProbe 作为消息的接收者。两个接收者都被订阅以获取 Order 消息。向 EventStream 发布一条消息后，两个接收者都收到了这条消息。取消订阅 GiftModule 后，只有 DeliverOrder 收到这条消息了，和我们期待的一样。

因为 EventStream 对于所有的 Actor 都可用，所以对于整个局部系统发出的消息需要一个或多个 Actor 收集的情况，这也是一个很好的解决方案。一个很好的例子就是日志处理。日志在整个系统产生，需要在一个点收集并写入日志文件。ActorLogging 内部就是使用 EventStream 收集来自整个系统的日志。

2. 自定义 EventBus（事件总线接口）

假定只有订购一本以上的图书时才赠送礼物。实现这一功能时，GiftModule 只需要订购数量大于 1 的消息。使用 EventStream 时，无法完成这样的过滤。因为 EventStream 工作于消息的类类型之上，可以在 GiftModule 内部实现过滤，但假定这样需要使用不允许使用的资源。在这种情况下，需要创建自己的发布–订阅通道，而且 Akka 也支持这样做。

Akka 定义了一个通用的接口：EventBus，可以实现这个接口创建一个发布–订阅通道。EventBus 是通用的，因此它可用于发布–订阅通道的所有实现。在通用格式中，有以下 3 个实体：

- Event（事件）——这是在总线上发布的所有事件的类型。在 EventStream 中，AnyRef 用作事件类型，这意味着任何引用类型都可以作为事件。
- Subscriber（订阅者）——允许在事件总线上注册的订阅者类型。在 Akka 的 EventStream 中，订阅者是 ActorRef。
- Classifier（分类器）——用于定义事件分派选择订阅者的分类器。在 Akka EventStream 中，分类器是消息的类类型。

如果改变这些实体的定义，就可以实现任何发布–订阅通道。这个接口有 3 个实体的占位符、不同的发布和订阅方法，这些在 EventStream 中也是可用的。清单 10-2 显示了 EventBus 接口的全部定义。

清单 10-2　EventBus 接口

```
package akka.event
trait EventBus{
  type Event
  type Classifier
  type Subscriber

  /**
  *把订阅者注册到特定的分类器
  *@ return 如果成功,则返回 true;否则返回 false(因为已经注册到这个分类器,或其他原因)
  */
  def subscribe(subscriber:Subscriber,to:Classifier):Boolean
```

```
/**
* 从特定的分类器注销订阅者
* @ return 如果成功,则返回 true;否则返回 false(因为未注册到该分类器,或其他原因)
* /
def unsubscribe(subscriber:Subscriber,from:Classifier):Boolean

/**
* 从所有可能订阅的分类器注销订阅者
* /
def unsubscribe(subscriber:Subscriber):Unit

/**
* 向该总线发布特定的事件
* /
def publish(event:Event):Unit
}
```

整个接口都必须实现，因为大多数实现都需要相同的功能，Akka 也提供了一套可组合的 trait 实现 EventBus 接口，可用于简单地实现自己的 EventBus。

下面为 GiftModule 实现自定义 EventBus，只接收多于一本书的 Order（订单）。通过 EventBus 可以发送和接收 Order（订单），因此 EventBus 中使用的 Event（事件）是 Order 类。要在 OrderMessageBus 中定义它，只需要简单地设置定义在 EventBus 中的事件类型：

```
class OrderMessageBus extends EventBus{
    type Event =Order
}
```

另一个需要定义的实体是 Classifier。在我们例子中，需要区别单本书订单和多本书订单。我们选择"是否多本书的订单"作为分类依据，并把 Boolean 作为分类器。因此，把 Classifier 定义为 Boolean 类型。和 Event 一样定义：

```
class OrderMessageBus extends EventBus{
    type Event =Order
    type Classifier =Boolean
}
```

现在跳过订阅者实体的定义，因为这里将以稍微不同的方式定义它。已经定义了 Classifier，需要跟踪每个 Classifier 的订阅者。在我们的例子中是跟踪"是否多本书的订单"是真还是假。Akka 有 3 个可组合的 trait，可以帮助跟踪这些订阅者。所有这些 trait 依然是通用的，因此它们可用于定义的任何实体。这是由引入新的抽象方法实现的：

- LookupClassification——这个 trait 使用最基本的分类。它为每个可能的分类器维护着一系列订阅者，并对每个事件取出一个分类器。它用 classify 方法提取分类器，需要由自定义的 EventBus 来实现它。
- SubchannelClassification——这个 trait 用于分类器的层次结构，而且希望订阅不只是发生在叶结点，还需要在高层的结点上实现订阅。这个 trait 用于 EventStream 的实现，因为类有层次结构，而且可用父类订阅子类。
- ScanningClassification——这个 trait 更复杂，可以在分类器有交叠时使用。这意味着一个 Event 可以是多个分类器的一部分。例如，书订的越多，赠送的礼物就越多。当订购多于一本时，可以获得书签；当订购多于 10 本时，还可以得到一张优惠券。因此当你订购 11 本时，订单即是"多于 1 本"分类器的一部分，也是"多于 10 本"分类器的一部分。发布这个订单时，"多于 1 本"的订阅者需要这条消息，同样"多于 10 本"的订阅者也需要这条消息。对于这种情况，可使用 ScanningClassification trait。

在我们的实现中将使用 LookupClassification。其他的两种分类与之类似。这些 trait 实现了 EventBus 接口的 subscribe 和 unsubscribe 方法。但它们也引入了新的抽象方法，需要在我们的类中加以实现。使用 LookupClassification trait 时，需要实现以下方法：

- classify（event：Event）：Classifier——用于从发来的事件中提取分类器。
- compareSubscribers（a：Subscriber，b：Subscriber）：Int——这个方法必须定义订阅者的排序规则，与 java. lang. Comparable 接口的 compare 方法类似。
- publish（event：Event，subscriber：Subscriber）——对于为事件分类器注册自身的所有订阅者，将为每个事件调用此方法。
- mapSize：Int——返回不同分类器的数目。用于内部数据结构的初始大小。

使用"是否多本书的订单"作为分类器。这有两个可能的值，因此用 2 作为 mapSize 的值：

```
import akka.event.{LookupClassification,EventBus}
class OrderMessageBus extends EventBus with LookupClassification{
    type Event = Order
    type Classifier = Boolean
    def mapSize = 2
    protected def classify(event:StateEventBus#Event) = {
        event.number >1
    }
}
```

设置mapSize 为2 ── def mapSize = 2

当number大于1时返回true，否则返回false，这用作分类器

前面提到过 LookupClassification 必须能够从事件中得到一个分类器。这是用 calssify 方法实现的。在我们的例子中，只是返回 event. number>1 的检查结果。现在要做的是定义订阅者，用 ActorEventBus trait 来实现。这可能是 Akka 的消息系统中使用最多的 trait，因为这个 trait 把订阅者定义为 ActorRef，而且它还实现了 LookupClassification 需要的 compareSubscribers 方法。在结束之前，只有一个 publish 方法需要实现。全部的实现代码如清单 10-3 所示。

清单 10-3　OrderMessageBus 的全部实现

```
import akka.event.ActorEventBus
import akka.event.{LookupClassification,EventBus}
class OrderMessageBus extends EventBus
      with LookupClassification
      with ActorEventBus{

    type Event = Order
    type Classifier = Boolean
    def mapSize = 2

    protected def classify(event:OrderMessageBus#Event) = {
        event.number >1
```

继承Akka的两个trait

定义实体

实现classify 方法

171

```
    }
    protected def publish(event:OrderMessageBus#Event,
    subscriber:OrderMessageBus#Subscriber):Unit = {
        subscriber ! event
    }
}
```

通过发送事件到订阅者实现publish方法

用于订阅和发布消息的 EventBus 现在已经完成了。清单 10-4 展示了如何使用这个 EventBus。

清单 10-4　OrderMessageBus 的使用

```
val bus = new OrderMessageBus

val singleBooks = TestProbe()
bus.subscribe(singleBooks.ref,false)

val multiBooks = TestProbe()
bus.subscribe(multiBooks.ref,true)

val msg = new Order("me","Akka in Action",1)
bus.publish(msg)
singleBooks.expectMsg(msg)
multiBooks.expectNoMsg(3 seconds)

val msg2 = new Order("me","Akka in Action",3)
bus.publish(msg2)
singleBooks.expectNoMsg(3 seconds)
multiBooks.expectMsg(msg2)
```

创建OrderMessageBus

把singleBooks订阅到单书分类器（false）

把multiBooks订阅到多书分类器（true）

发布单本书的订单

只有singleBooks接收到该消息

当发布多书订单时，只有multiBooks接收到消息

我们自定义的 EventBus 和 EventStream 一样工作，只是使用了不同的分类器。Akka 还有几个其他的 trait 可用，关于这些 trait 的更多细节，请参考 Akka 的文档。

Akka 支持发布-订阅通道。大多数情况下，EventStream 对于发布-订阅通道已经足够。当需要更特殊的通道时，可以通过实现 EventBus 接口自定义自己的通道。这是一个通用的接口，可以按自己的需要进行订制。为了支持自定义 EventBus，Akka 有几个 trait 可用于实现部分 EventBus 接口。

10.2　特殊通道

本节将介绍两种特殊的通道。第一个是死信通道。只有发送失败的消息才会发送到这种通道。监听该通道可以帮助发现系统中的问题。第二种通道是保证投递（guaranteed-delivery channel）通道，使得消息可以重复发送直到它们被确认。

10.2.1　死信

企业集成模式中称为死信通道（dead-letter channel）或死信队列（dead-letter queue）的，其实是一种包含所有不能被处理或投递消息的通道。这种通道也称为死消息队列（dead-message queue）。这是一个普通的通道，但却不能像普通通道那样发送任何消息。只有当消息出

现问题时（如不能投递），消息才会被放到此
通道中。如图 10-9 所示。

　　通过监视该通道，可以知道哪些消息没有
被处理并采取相应的措施。特别是在系统测试
时，这个队列对于找出为什么有些消息没有被
处理，是很有帮助的。当开发不允许遗漏任何
消息的系统时，这个队列可用于故障恢复之后
重新插入消息。

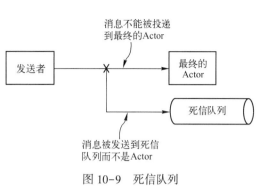

图 10-9　死信队列

　　Akka 使用 EventStream 实现死信队列，因
此只有对传递失败的消息感兴趣的 Actor 才会接收消息。当消息排队等待的邮箱对应的 Actor
终止时，或 Actor 停止后发送的消息，都会被送到 ActorSystem 的 EventStream 中。消息被封
装成 DeadLetter 对象。这个 Object 包含原始的消息、发送者和接收者。通过这种方式把死信
队列集成在 EventStream 中。为了获得这些死信消息，只需要把 Actor 订阅到 EventStream 的
DeadLetter 分类器。这与前一节描述的相同，只不过这里使用另一消息类型：DeadLetter：

```
val deadletterMonitor:ActorRef = ...    ◀── ...表示某些ActorRef

system.eventStream.subscribe(
    deadLetterMonitor,
    classOf[DeadLetter]
)
```

　　经过这样的 subscribe，deadLetterMonitor 将得到所有投递失败的消息。下面将创建一个
简单的 Echo Actor，它将收到的消息送回发送者。当 Actor 启动后，直接发送 PoisonPill 消
息，这将导致 Actor 的终止。清单 10-5 显示了当订阅到 DeadLetter 队列时收到的消息。

清单 10-5　捕获未能投递的消息

```
val deadLetterMonitor = TestProbe()

system.eventStream.subscribe(              ◀── 订阅DeadLetter通道
    deadLetterMonitor.ref,
    classOf[DeadLetter]
)
```

终止　　┌─ `val actor = system.actorOf(Props[EchoActor],"echo")`
Echo Actor └▶ `actor!PoisonPill`
```
val msg = new Order("me","Akka in Action",1)     ── 发送消息到已
actor!msg                                           终止的Actor

val dead = deadLetterMonitor.expectMsgType[DeadLetter] ◀── 在deadLetterMonitor中期望
dead.message must be(msg)                                得到一条DeadLetter消息
dead.sender must be(testActor)
dead.recipient must be(actor)
```

　　发送到已终止的 Actor 的消息不会被处理，并且该 Actor 的 ActorRef 不能再被使用。当
消息被发送到已终止的 Actor 时，这些消息将被送到 DeadLetter 队列。我们确实看到消息被
deadLetterMonitor 接收了。

　　DeadLetter 的另一用途是故障恢复，这是特定于 Actor 的决定。Actor 可以决定不处理收

到的消息，并且也不知道如何处理。在这种情况下，可以把消息发送到死信队列。ActorSystem 有一个指向 DeadLetter Actor 的引用。当有消息需要发送到死信队列时，可以把它发送给这个 Actor：

```
system.deadLetters ! msg
```

当消息被发送到 DeadLetter 时，它被封装成 DeadLetter 对象。但最初接收者变成了 DeadLetter Actor。在自动更正系统中，以这种方式发送消息到死信队列时，信息将丢失。例如，原发送者丢失，唯一的信息是发送消息到队列的 Actor。这就足够了，但当需要知道原来的发送者时，可以发送 DeadLetter 对象而不是原消息。当收到这种类型的消息时，会跳过封装并把消息原封不动地放到队列中。在清单 10-6 中，我们发送 DeadLetter 对象，并且看到消息没有被修改。

清单 10-6 发送 DeadLetter 消息

```
val deadLetterMonitor = TestProbe()
val actor = system.actorOf(Props[EchoActor],"echo")   ← 创建用作初始接收者
                                                        的Actor引用
system.eventStream.subscribe(
    deadLetterMonitor.ref,
    classOf[DeadLetter]
)

val msg = new Order("me","Akka in Action",1)
val dead = DeadLetter(msg,testActor,actor)   ← 创建DeadLetter消息并发
system.deadLetters ! dead                       送到DeadLetter Actor

deadLetterMonitor.expectMsg(dead)   ← DeadLetter消息在
                                      监视器中被接收
system.stop(actor)
```

如实例所示，DeadLetter 消息被毫无改变地接收。这使得以相同的方式处理不能处理的消息，或不能投递的消息成为可能。如何处理这些消息与要开发的系统有关。有时消息丢失无关紧要，但当创建高可靠系统时，可能需要像初始发送那样再次把消息发送给接收者。

10.2.2 保证投递

保证投递（Guaranteed delivery）通道是一种点对点的通道，可以保证消息投递到接收者。这意味着甚至发生所有错误也能完成投递。通道必须包含各种机制和检测措施来保证投递。例如，消息必须保存在磁盘上以防处理崩溃。当创建系统时是否总是需要保证投递通道？当无法保证消息投递时，如何才能创建可靠的系统？

事实上，保证投递通道的实现并不能保证在所有情况下都能投递成功。例如，发送消息的位置遭受火灾。在这种情况下，无法再进行消息发送，因为消息已经在火灾中丢失了。

进行系统开发时，需要知道通道提供了哪些保证，这些保证是否满足系统的需要。下面看一下 Akka 提供了哪些保证。

通用消息投递的规则是消息至多投递一次。这意味着 Akka 保证消息投递一次或者无法投递，也就意味着消息丢失。当需要构建可靠的系统时，这似乎不是一个好消息。为什么

Akka 不提供全面保证的投递呢？第一个原因是全面保证的投递涉及一些挑战，使它比较复杂，即使发送一条消息也需要很多额外的开销。这就导致即使不需要这种保证级别也会效率很低。第二个原因是没有人只需要可靠的消息。如果想知道请求是否成功处理，则可以通过接收业务级通知消息来实现。这不是 Akka 可以推断的，因为这是系统依赖的。最后一个 Akka 不提供全面保证投递的原因是，在需要时总是可以在基本保证的基础上添加更严格的保证措施。反过来则不行，在不改变内核的情况下，无法将严格的系统改变成不严格的系统。

Akka 并不能保证在任何情况下的投递，事实上任何系统都不能，但这是消息投递到本地和远程 Actor 的基本原则。

发送本地消息一般不会失败，因为它只相当于普通的方法调用。只有在 VM 错误时，如 StackOverflowError、OutOfMemoryError 错误，内存禁止访问时才会出现这种失败。在所有这些情况中，Actor 不可能以任何方式处理消息了。因此，发送消息到本地 Actor 的保证性是很高的。

当使用远程 Actor 时，丢失消息就成问题了。远程 Actor 最容易发生消息投递失败，特别是使用不可靠网络时更容易出现错误。如果有人拔掉了以太网电缆，或停电关闭了路由器，则消息将会丢失。为了解决这个问题，创建了 ReliableProxy。这使得使用远程 Actor 发送消息和发送本地消息一样可靠。唯一需要考虑的是，发送者和接收者的 JVM 错误都会对该通道的可靠性产生负面影响。

ReliableProxy 是如何工作的呢？当 ReliableProxy 启动时，它会在不同结点上的两个 ActorSystem 之间创建一个隧道。

如图 10-10 所示，这个隧道有一个入口 ReliableProxy 和一个出口 Egress。Egress 是 ReliableProxy 启动的一个 Actor，两个 Actor 都实现了检查和重发机制，以便跟踪哪些消息投递到了远程接收者。当投递失败时，ReliableProxy 将重新发送消息直到成功。当 Egress 收到一条消息，会检查是否已经接收过并把它发送给实现的接收者。但目标 Actor 已经终止时会怎么样呢？发生这种情况时，不可能再投递消息。当目标终止时，ReliableProxy 也会终止（以解决此问题）。系统的这种行为与直接使用引用的方式相同。在接收端，直接发送消息还是使用代理发送是不可见的。这意味着接收者回复发送者时，隧道就已经不可用了。当回复也必须是可靠时，在接收者和发送者之间必须建立另外一条隧道。

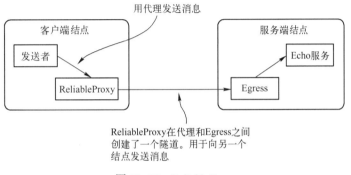

图 10-10　ReliableProxy

创建一个可靠代理是很简单的，需要的只是一个远程目标 Actor 的引用：

```
import akka.contrib.pattern.ReliableProxy

val pathToEcho = "akka.tcp://actorSystem@127.0.0.1:2553/user/echo"
val proxy = system.actorOf(
        Props(new ReliableProxy(pathToEcho,500.millis)),"proxy")
```

在这个例子中使用 echo 引用创建了一个代理，还添加了 500 ms 后 retryAfter 的值。消息发送失败时，500 ms 后尝试重发。这就是使用 ReliableProxy 全部必须要做的。为了显示结果，创建客户端和服务器端的两个结点的测试。在服务器结点上，创建 EchoActor 作为接收者，在客户端结点上运行实际的测试。和第 6 章一样，需要多结点配置 ReliableProxySample 测试类的 STMultiNodeSpec，如清单 10-7 所示。

清单 10-7　多节点说明和配置

```
import akka.remote.testkit.MultiNodeSpecCallbacks
import akka.remote.testkit.MultiNodeConfig
import akka.remote.testkit.MultiNodeSpec

trait STMultiNodeSpec
        extends MultiNodeSpecCallbacks
        with WordSpecLike
        with MustMatchers
        with BeforeAndAfterAll{
    override def beforeAll() = multiNodeSpecBeforeAll()
    override def afterAll() = multiNodeSpecAfterAll()
}

object ReliableProxySampleConfig extends MultiNodeConfig{     ◄── 定义客户
    val client = role("Client")                                   端结点
    val server = role("Server")              ◄── 定义服务器端结点
    testTransport(on = true)             ◄──
}                                            模拟传递失败

class ReliableProxySampleSpecMultiJvmNode1 extends ReliableProxySample
class ReliableProxySampleSpecMultiJvmNode2 extends ReliableProxySample
```

因为要证明即使网络中断一段时间消息也能够发送，所以需要打开 testTransport，需要在服务器结点上运行 EchoService：

```
system.actorOf(
    Props(new Actor{
        def receive = {
            case msg:AnyRef =>{
                sender ! msg
            }
        }
    }),
    "echo"
)
```

这个服务把收到的每条消息返回给发送者。运行后可以在客户端做实际测试。搭建全部测试环境如清单 10-8 所示。

清单 10-8　搭建 ReliableProxySample 的测试环境

```scala
import scala.concurrent.duration._
import concurrent.Await
import akka.contrib.pattern.ReliableProxy
import akka.remote.testconductor.Direction

class ReliableProxySample
        extends MultiNodeSpec(ReliableProxySampleConfig)
        with STMultiNodeSpec
        with ImplicitSender{

    import ReliableProxySampleConfig._

    def initialParticipants = roles.size

    "AMultiNodeSample"must{
        "wait for all nodes to enter a barrier"in{
            enterBarrier("startup")
        }
        "send to and receive from a remote node"in{
            runOn(client){
                enterBarrier("deployed")
                val pathToEcho = node(server) / "user" / "echo"     ← 创建echo
                val echo = system.actorSelection(pathToEcho)          服务的
                val proxy = system.actorOf(                           直接引用
                Props(new ReliableProxy(pathToEcho,500.millis)),"proxy")  ←
                ... Do the actual test
            }                                                        创建ReliableProxy
            runOn(server){                                           隧道
                system.actorOf(Props(new Actor{     ← 实现echo
                    def receive = {                     服务
                        case msg:AnyRef => {
                        sender !msg
                    }
                }
            }),"echo")
            enterBarrier("deployed")
            }
            enterBarrier("finished")
        }
    }
}
```

　　现在测试环境已经搭建好了，可以进行实际测试了。在清单 10-9 中，展示了发送的消息在结点间无通信时，只有通过代理才能得到处理。直接使用 Actor 引用时，消息丢失了。

清单 10-9　ReliableProxySample 的实现

```scala
                                        普通条件下
                                        测试代理
proxy !"message1"          ←
expectMsg("message1")
Await.ready(                                        切断两个结点
    testConductor.blackhole(client,server,Direction.Both),  ←  间的通信
    1 second
)

echo !"DirectMessage"      ←———————  使用两种引用发送消息
proxy !"ProxyMessage"
```

177

```
expectNoMsg(3 seconds)

Await.ready(
    testConductor.passThrough(client,server,Direction.Both),        恢复结点间
    1 second                                                         的通信
)

expectMsg("ProxyMessage")                ←—— 使用代理发送的消息被收到
echo !"DirectMessage2"
expectMsg("DirectMessage2 ")             直接发送到echo Actor的测试
                                         消息当通信恢复时被收到
```

使用 ReliableProxy 对于远程 Actor 可以提供更好的投递保证。只要系统中的结点没有致命的 JVM 运行时错误，网络最终能够恢复，消息就可以投递到目的 Actor 一次。

在本章已学习到 Akka 没有保证投递通道，但可给予一定级别的保证。对于本地的 Actor，只要没有致命的 VM 错误，就可以保证投递。对于远程的 Actor，至多保证投递一次。穿越 JVM 边界发送消息时，可以使用 ReliableProxy 提高可靠性。

这些投递保证对于大多数系统来说已经足够，但当系统需要更强的保证时，可以在 Akka 投递系统的基础上创建一种机制实现这些保证。这些机制 Akka 没有实现，因为这些通常与特定的系统相关，并且会带来一定的性能损失，这在大多数场合都是没必要的。

10.3　总结

本章介绍了两种类型的消息通道：点对点通道（它把消息传递给一个接收者）和发布-订阅通道（它把消息发送给多个接收者）。接收者可以把自己订阅到该通道，这可以使接收者是动态的，在任何时候订阅者都可以是变化的。Akka 有一个 EventStream，它是一个发布-订阅通道的默认实现，并使用消息的类类型作为分类器。EventStream 不能满足需要时，有几个 trait 可用于实现自己的发布-订阅通道。

Akka 有一个 DeadLetter 通道，它也使用 EventStream。这个通道包含所有不能投递到目标 Actor 的消息，可用于测试系统，处理丢失的消息。

在最后一部分中，介绍了 Akka 的保证投递，以及在本地 Actor 之间和远程 Actor 之间传递消息的差异。当需要更高级别的保证时，可以使用 ReliableProxy，但要注意：它只是单向的。当接收者向发送者送回消息时，ReliableProxy 无法使用。

本章介绍了如何在 Actor 之间发送消息。在创建自己的应用时，Actor 可能需要一定的状态。Actor 经常用于实现状态机，如使用第 9 章的 become/unbecome 机制。

第 11 章
有限状态机和代理

本章导读
- 实现有限状态机。
- 在有限状态机中使用定时器。
- 使用代理共享状态。

前面的章节中，已经提到了很多使用无状态组件开发系统的原因，从而避免各种问题，如错误后恢复状态。但在很多情况下，系统中存在一些组件需要某些状态提供所需的功能。在 Actor 中保存状态有以下两种。第一种是使用类的变量，在聚合器（aggregator）例子中介绍（8.2.4 节），这是最简单的方式。第二种方案是使用 become/unbecome 功能，在状态无关的路由器中介绍过（9.3.2 节）。这两种机制是更基础的状态实现方式。但在某些条件下，这些解决方案是不能满足需要的。

本章将介绍另外两种处理状态的方案。首先介绍如何使用有限状态机模型，根据 Actor 的状态设计动态行为。我们将在第二节中创建一个实例模型并实现它，在这个例子中，将介绍 Akka 对实现有限状态机的支持。第三节介绍了如何利用 Akka 的代理（agent）在线程之间共享状态。使用这些代理可以免除使用锁机制，因为代理的状态只能使用事件异步地改变，但可以同步读，而不会有太大的性能开销。

11.1 使用有限状态机

有限状态机（Finite-State Machine，FSM）也称为状态机（state machine），是一种通用的、与语言无关的建模技术。FSM 可以对许多问题建模，通常应用是通信协议、语言解析和业务应用问题。它们提倡的是状态隔离，Actor 主要是在原子操作中将事物从一个状态转换到另一个状态。Actor 一次接收一条消息，因此不需要锁。

11.1.1 有限状态机简介

状态机最简单的例子是一种设备，它的操作有几种状态，当一定的事件发生时从一个状态转换到另一个状态。洗衣机是解释 FSM 的经典例子：洗衣机需要一个初始化步骤，一旦机器接管，它就会通过一系列状态（注水、搅拌、排水和甩干）。洗衣机的这种转换是由程序触发的，根据用户的期望（轻/重负载，预洗情况等）每一步骤需要一定的时间。在同一时刻机器只有一种状态。前面提到的购买订单处理是一个类似的商业例子：有一套建立好的，买卖双方交换货物或服务的协议。通过商业文档的例子，可以看出 FSM 的每一个阶段有一个状态表示（订单、报价或报价请求）。通过这种方式对软件建模允许以原子的隔离的方式处理状态，这是 Actor 模型的核心原则。

FSM 被称作机器（machine），是因为它只能处于有限数量的状态之一。从一个状态转换到另一状态是由事件或条件触发的。这种状态变化称为转换（transition）。一个特定的 FSM 定义了一系列状态和所有可能转换的不同的触发条件。有很多不同的方式描述 FSM，但大多数情况下描述成一个图。图 11-1 显示了一个简单的图，说明如何描述 FSM，因为在创建 FSM 图时有一些不同的符号。

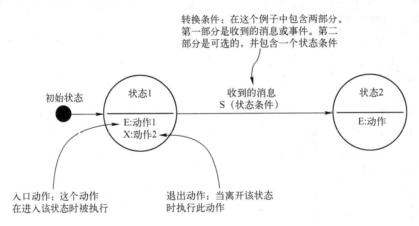

图 11-1   有限状态机图示例

在这个例子中，显示了两个状态的 FSM：State1 和 State2。实例化状态机时，从 State1 开始，由初始状态转换而来，初始状态由一个黑点表示。State1 有两种不同的动作：入口动作（entry action）和退出动作（exit action）。和名字一样，第一个动作当状态机设置成 State1 时执行，第二个动作当从 State1 转换成另一状态时执行。在这个例子中只有两个状态，所以这个动作只有在转换到 State2 时执行。在下一个例子中，只使用入口动作，因为这是一个简单的 FSM。退出动作可作一些清理工作或恢复某些状态，因此它们不体现状态机逻辑的一部分。它更像 try-catch 语句的 finally 语句，当退出 try 块时总会被执行。

状态变化或转换（transition）只能发生在事件触发时。在这幅图中，状态由 State1 和 State2 之间的箭头表示。箭头表示事件和可选的状态条件（例如，当储水罐空时才可能转换到旋转周期）。在 Akka FSM 中，事件是 Actor 收到的消息。

11.1.2　创建 FSM 模型

我们使用的关于如何在 Akka 中使用 FSM 的支持的例子是书店库存系统。库存服务接收特定书的请求并发送回应。当指定的书有货时，订单系统收到一条书已预留的回应。但也有可能指定的书已没有库存，库存服务将在回应订单服务之前向出版商发送订书申请。库存系统实例如图 11-2 所示。

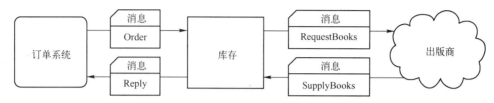

图 11-2　库存系统实例

为了使例子简单，库存中只有一种类型的图书，并且一次只能订购一本图书。收到订单时，库存检查是否还有指定的图书。当有库存时，回应图书预留的消息。当请求的图书没有库存时，处理过程需要等待，并且向出版商申请更多的图书。出版商可能提供更多图书，或者售罄信息。在等待过程中可以接收其他订单。

为了描述这一过程可以使用 FSM，因为库存可以存在不同的状态，并且进行下一步操作之前需要得到不同的消息。图 11-3 描述问题的 FSM。

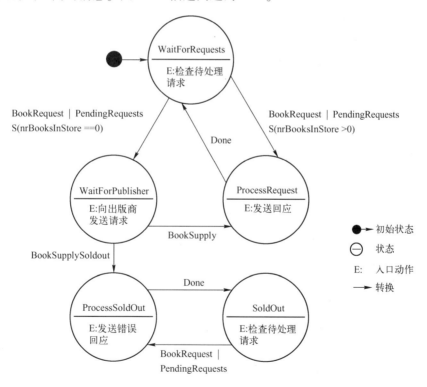

图 11-3　库存系统的 FSM

有一个事件在图 11-3 中没有描述，那就是在等待状态仍然可以接收 BookRequest（图书请求），它将被添加到 PendingRequest（待处理请求）列表。这很重要，因为它代表了所需要的并发保存。注意，当我们返回等待状态时，那里有待处理的请求。

入口活动检查这些待处理请求，如果有，则根据书的库存数目触发一个或两个转换。图书售罄时，状态变换为 ProcessSoldOut。这个状态向订单请求者发送一个错误响应，并触发到 SoldOut 状态的转换。FSM 可使你清晰简洁地描述复杂的行为。

11.2 FSM 模型的实现

在 9.3.2 节已经看到了 become/unbecome 机制。它可以帮助实现 FSM，如同基于状态的路由一样：可以把行为映射到状态。Become/unbecome 机制可用于小而简单的 FSM 模型。但当有多个转换到达一个状态时，入口动作必须用不同的 become/receive 方法实现，这对于复杂的 FSM 而言难于维护。因此 Akka 提供了 FSM trait，可用于实现 FSM 模型，而且代码更清晰、更易于维护。在本节将讨论 FSM trait 的用法，先从实现库存 FSM 的转换开始，下一节实现入口动作完成库存 FSM。现在只实现设计的 FSM，但 Akka FSM 还支持在 trait 中使用定时器，下面将会讨论。

11.2.1 实现转换

为了用 Akka 实现 FSM 模型，需要用 FSM trait 创建一个 Actor。FSM trait 只能与 Actor 混合使用。Akka 使用这种方法而不是继承 Actor，就是为了突出实际上 Actor 已创建。实现 FSM 时，实现完整的 FSM Actor 之前需要几个步骤。最大的两个步骤是定义状态和转换。下面用 Actor 与 FSM trait 混合的办法创建库存 FSM：

```
import akka.actor.{Actor,FSM}
class Inventory()extends Actor with FSM[State,StateData]{
...
}
```

FSM trait 携带以下两个类型参数：

- State——所有状态名字的超类型。
- StateData——FSM 跟踪的状态数据的类型。

超类型通常是一个密封的 trait，由 case 对象扩展它，因为不创建过渡到这些状态的转换，而创建额外的状态没有任何意义。

1. 定义状态

状态定义过程从一个简单的 trait（更确切的说是 State）开始，包含一些我们的对象可能状态的 case（注意，这有助于 FSM 代码的自说明性）：

```
sealed trait State
case object WaitForRequests extends State
case object ProcessRequest extends State
case object WaitForPublisher extends State
case object SoldOut extends State
case object ProcessSoldOut extends State
```

这些定义的状态代表了图 11-3 中的状态。下面创建状态数据：

```
case class StateData(nrBooksInStore:Int,
                     pendingRequests:Seq[BookRequest])
```

这些数据是我们的状态条件，用于决定触发哪个转换，因此它包含所有未处理的请求和图书库存数目。在我们的例子中有一个类，它包含 StateData（所有的状态都要使用），但这并不是强制的。也可以用一个 trait 作为 StateData，并创建不同的 StateData 继承基本的状态 trait。实现 FSM trait 的第一步是定义初始状态和初始状态数据 StateData，这是由 startWith 方法实现的：

```
class Inventory()extends Actor with FSM[State,StateData]{
startWith(WaitForRequests,new StateData(0,Seq()))
...
}
```

这里定义 FSM 从 WaitForRequests 状态开始，并且 StateData 为空。接下来要实现所有不同的状态转换。这些转换只有某个事件发生时才会触发。在这个 FSM traite 中，定义了每个状态对应的事件和转换后的状态。通过定义下一个状态，我们指定一个转换，从 WaitForRequests 对应的事件开始。

2. 定义转换

图 11-4 所示为 WaitForRequests 状态的转换。可以看到有两种可能的事件：BookRequest 和 PendingRequests 消息。根据 nrBooksInStore 的不同，状态转换到 ProcessRequest 或 WaitForPublisher，这两个都是转换。在库存 FSM 中，需要实现这些转换。使用 when 定义实现。在 FSM trait 中定义转换如清单 11-1 所示。

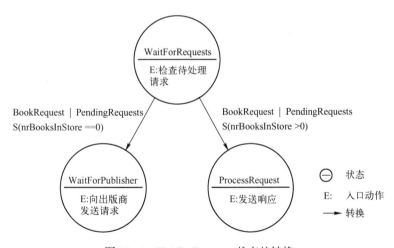

图 11-4　WaitForRequests 状态的转换

清单 11-1　在 FSM trait 中定义转换

```
class Inventory()extends Actor with FSM[State,StateData]{
    startWith(WaitForRequests,new StateData(0,Seq()))

    when(WaitForRequests){
```

为WaitForRequests
状态定义转换

```
case Event(request:BookRequest,data:StateData) => {
    .....
}
case Event(PendingRequests,data:StateData) => {
    ...
}
}
...
}
```

当BookRequest消息发
生时，定义可能的事件

当PendingRequests消息
发生时，定义可能的事件

从定义 WaitForRequests 状态的 when 声明开始。这是一个偏函数（partial function），用于处理指定状态下的所有可能事件。在我们的例子中有两个不同的事件。当处于 WaitForRequests 状态时，可能收到新的 BookRequest 消息或者 PendingRequests 消息。下面必须实现这个转换。

要么保持在同一状态，要么转换到另一状态。可以由下面两个方法说明：

```
goto(WaitForPublisher)
stay
```

声明下一个状态是WaitForPublisher
说明状态不需要变化

声明转换的另一任务是更新 StateData。例如，当收到 BookRequest 事件时，需要把它保存在 PendingRequests 中，这是由 using 声明实现的。当完成 WaitForRequests 状态的完整声明时，得到如下的代码，如清单 11-2 所示。

清单 11-2　**WaitForRequests 转换的实现**

```
when(WaitForRequests){
    case Event(request:BookRequest,data:StateData) => {
        val newStateData = data.copy(
                pendingRequests = data.pendingRequests : + request)
        if(newStateData.nrBooksInStore >0){
            goto(ProcessRequest)using newStateData
        }else{
            goto(WaitForPublisher)using newStateData
        }
    }
    case Event(PendingRequests,data:StateData) => {
        if(data.pendingRequests.isEmpty){
            stay
        }elseif(data.nrBooksInStore >0){
            goto(ProcessRequest)
        }else{
            goto(WaitForPublisher)
        }
    }
}
```

通过追加新的
请求创建新状态

声明新状态并
更新StateData

没有任何未处理
请求时使用Stay

使用goto
不更新
StateData

在本例中，使用 stay 没有更新 StateData。如果也使用 using，就像 goto 声明一样，就会更新状态。这就是我们第一个状态中声明转换所必须要做的。下一步就是实现所有状态的转换。当更仔细地观察可能的事件时，看到事件 BookRequest 在大多数状态中有相同的效果：都需要把这个请求添加到待处理请求列表，其他的什么也不需要做。对于这些事件，可以声明 whenUnhandled。当状态没有处理这个事件时会调用这个偏函数（partial function）。这里对于收到的 BookRequest 请求，可以实现其默认的行为。可以用 when 一样的声明，声明

whenUnhandled，如清单 11-3 所示。

清单 11-3　使用 **whenUnhandled** 实现默认行为

```
whenUnhandled{
    //common code for all states
    case Event(request:BookRequest,data:StateData) => {         只更新
        stay using data.copy(                                    StateData
            pendingRequests = data.pendingRequests :+request)
    }
    case Event(e,s) => {                                         当事件未处理
        log.warning("received unhandled request{}in state{}/{}",  时，记入日志
            e,stateName,s)
        stay
    }
}
```

在这个偏函数（partial function）中，可以在日志中记录未处理的事件，这对 FSM 实现的测试很有帮助。下面来实现剩下的状态，如清单 11-4 所示。

清单 11-4　其他状态转换的实现

```
when(WaitForPublisher){
    case Event(supply:BookSupply,data:StateData) => {           WaitForPublisher
        goto(ProcessRequest)using data.copy(                    状态的转换声明
            nrBooksInStore = supply.nrBooks)
    }
    case Event(BookSupplySoldOut,_) => {
        goto(ProcessSoldOut)
    }
}
when(ProcessRequest){
    case Event(Done,data:StateData) => {                        ProcessRequest
        goto(WaitForRequests)using data.copy(                   状态的转换声明
            nrBooksInStore = data.nrBooksInStore -1,
            pendingRequests = data.pendingRequests.tail)
    }
}
when(SoldOut){
    case Event(request:BookRequest,data:StateData) => {         SoldOut状态
        goto(ProcessSoldOut)using new StateData(0,Seq(request))  的转换声明
    }
}
when(ProcessSoldOut){
    case Event(Done,data:StateData) => {                        ProcessSoldOut
        goto(SoldOut)using new StateData(0,Seq())              状态的转换声明
    }
}
```

现在我们对所有可能的状态都定义了自己的转换。这是创建 Akka FSM Actor 的第一步。现在我们已经有了一个 FSM 对事件进行响应，并进行状态改变，但模型的实际功能（入口动作）还没有实现。

11.2.2　实现入口动作

实际工作由入口和退出动作完成，现在来实现它们。在 FSM 模型中，定义了几个入口动作。就像为每个状态声明转换一样，对每个状态实现动作。图 11-5 再一次显示了初始状

态 WaitForRequests，显示要实现的入口动作。

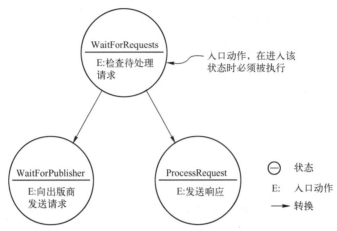

图 11-5　WaitForRequests 状态的入口动作

1. 转换中的操作

入口动作可以在 onTransition 声明中实现。可以声明任何可能的转换，因为转换的回调也是一个偏函数，以当前状态和下一状态作为输入：

```
onTransition{
    case WaitForRequests ->WaitForPublisher =>{
        ...
    }
}
```

在这个例子中，定义了当从 WaitForRequests 状态到 WaitForPublisher 状态转换发生时要执行的动作。这里也可使用通配符。实现这个动作时，可能需要 StateData，因为当转换发生时会调用它，在状态的转换前和转换后都可以访问和使用。新的状态由变量 nextStateData 获得，而老的状态由变量 StateData 获得。在我们的例子中只使用新创建的状态，因为只有入口动作，并且我们的状态通常包含全部的状态。清单 11-5 实现了 FSM 中所有的入口动作。

清单 11-5　入口动作的实现

```
class Inventory(publisher:ActorRef)extends Actor
        with FSM[State,StateData]{

    startWith(WaitForRequests,new StateData(0,Seq()))
    when...

    onTransition{                                          检查未处理请求
        case_->WaitForRequests =>{                          的入口动作
            if(nextStateData.pendingRequests.isEmpty){
                //go to next state
                self !PendingRequests
            }
        }                                                  发送请求到出版商
        case_->WaitForPublisher =>{                          的入口动作
```

```
        publisher !PublisherRequest
    }
    case_->ProcessRequest => {
        val request = nextStateData.pendingRequests.head
        reserveId += 1
        request.target !
        new BookReply(request.context, Right(reserveId))
        self !Done
    }
    case_->ProcessSoldOut => {
        nextStateData.pendingRequests.foreach(request => {
            request.target !
            new BookReply(request.context, Left("SoldOut"))
        })
        self !Done
    }
    }
}
```

发送回应到发送者
表示处理已完成的
入口动作

向所有PendingRequests
发送错误回应表示处理
已完成的入口动作

如果仔细观察一下，则会发现没有声明 SoldOut 状态，那是因为这个状态没有入口动作。现在已经完成了 FSM 的定义，需要调用一个重要的方法 initialize。这个方法用于初始化和启动 FSM，如清单 11-6 所示。

清单 11-6　初始化 FSM

```
class Inventory(publisher:ActorRef)extends Actor
    with FSM[State,StateData]{

    startWith(WaitForRequests,new StateData(0,Seq()))

    when...

    onTransition...

    initialize
}
```

FSM 已准备就绪，需要出版商的一个模拟实现，以便测试我们的 FSM。

2. 测试 FSM

下面的例子模拟实现了 Publisher Actor，如清单 11-7 所示。Publisher 提供预定义数量的图书。当所有图书售罄时，发送 BookSupplySoldOut 回应。

清单 11-7　Publisher Actor 的一种实现

```
class Publisher(totalNrBooks:Int,nrBooksPerRequest:Int)
    extends Actor{
    var nrLeft = totalNrBooks
    def receive = {
        case PublisherRequest => {
            if(nrLeft == 0)
                sender()!BookSupplySoldOut          图书无剩余
            else{
                val supply = min(nrBooksPerRequest,nrLeft)
                nrLeft -= supply
```

```
            sender()! new BookSupply(supply)        ◄──────── 提供一定数量的图书
        }
      }
    }
  }
```

现在准备好对 FSM 进行测试了。可以通过发送消息并检查是否可以得到期望的结果对
FSM 进行测试。但测试这个组件时，还有一些附加消息。Akka 的 FSM 还有其他的有用特
征：可以订阅 FSM 的状态变化。这对于编程实现应用的功能是很有用的，但对于测试也很
有帮助。这将允许近距离检查是否所有的状态都碰到过，并且检查所有的转换是否在恰当的
时间发生。为了订阅到转换事件，必须发送 SubscribeTransitionCallBack 消息到 FSM。在我们
的测试中，需要在测试探针中收集这些转换事件，如清单 11-8 所示。

清单 11-8　订阅得到转换事件

```
首先创建                                              当创建库存Actor
Publisher Actor                                       时传递Publisher
  └──► val publisher = system.actorOf(Props(new Publisher(2,2)))

      val inventory = system.actorOf(Props(new Inventory(publisher)))  ◄──
      val stateProbe = TestProbe()
  ──► inventory ! new SubscribeTransitionCallBack(stateProbe.ref)
      stateProbe.expectMsg(new CurrentState(inventory,WaitForRequests))  ◄──
探针(Probe)订阅到转换通知                               探针应该收到一个通知
```

当订阅到一个请求时，FSM 以 CurrentState 消息回应。和我们期望的一样，FSM 从 Wait-
ForRequests 状态开始。现在已经订阅到这些转换，下面发送一个 BookRequest 看看发生了
什么：

```
                                                      发送这个消息将
                                                      触发状态改变
      inventory ! new BookRequest("context2",replyProbe.ref) ◄──
      stateProbe.expectMsg(
          new Transition(inventory,WaitForRequests,ProcessRequest))
      stateProbe.expectMsg(
          new Transition(inventory,ProcessRequest,WaitForRequests))
      replyProbe.expectMsg(new BookReply("context2",Right(2))) ◄──
                                                      最后，得到
库存Actor将在3个状态之间转换，                           我们的回应
以处理我们的初步图书请求
```

FSM 在发送回应之前经过了不同的状态。首先，它从出版商获得图书。然后是实际处
理请求。最后，返回到 WaitForRequests 状态。由于知道库存有两本书，因此发送另一请求，
FSM 经过和第一次不同的状态：

```
      inventory ! new BookRequest("context2",replyProbe.ref)
      stateProbe.expectMsg(
          new Transition(inventory,WaitForRequests,ProcessRequest))   这次只通过
      stateProbe.expectMsg(                                           两个状态，
          new Transition(inventory,ProcessRequest,WaitForRequests))   就得到期望
      replyProbe.expectMsg(new BookReply("context2",Right(2)))  ◄──    的回应
```

因为有一本书可用，所以跳过了 WaitForPublisher 状态。现在所有书已经卖完了，如果再发送另一个 BookRequest 会怎么样呢？

```
inventory!new BookRequest("context3",replyProbe.ref)
stateProbe.expectMsg(
    new Transition(inventory,WaitForRequests,WaitForPublisher))
stateProbe.expectMsg(
    new Transition(inventory,WaitForPublisher,ProcessSoldOut))
replyProbe.expectMsg(
    new BookReply("context3",Left("SoldOut")))
stateProbe.expectMsg(
    new Transition(inventory,ProcessSoldOut,SoldOut))
```

每次测试只需要发送相同的消息

这次产生了不同的结果：我们已经卖完了

现在得到 SoldOut 消息，和我们设计的一样。这是 FSM 最基本的功能，但许多时候 FSM 模型使用定时器产生事件并触发转换。Akka 在它的 FSM trait 中也提供了定时器支持。

11.2.3　FSM 定时器

和前面提到的一样，FSM 可以对许多问题进行建模，而且这些问题的解决方案依赖定时器，如检测空闲连接或失败连接，因为在规定的时间内无法收到回应。为了说明定时器的用法，稍微修改一下我们的 FSM。当处于 WaitingForPublisher 状态时，我们不能无休止地等待出版商的回应。如果出版商响应失败，则要再次发送请求。图 11-6 显示了修改后的 FSM。

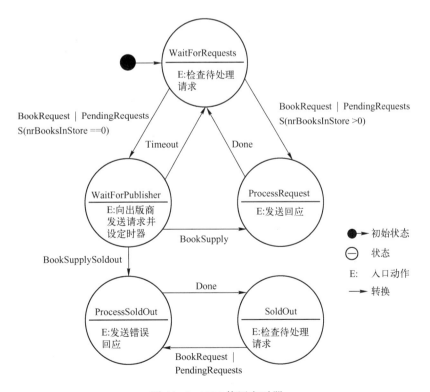

图 11-6　FSM 使用定时器

唯一的修改是把定时器作为了入口动作的一部分，当定时器终止时，当前状态转变成 WaitForRequests 状态。当这个发生时，WaitForRequests 检查是否还有未处理的 PendingRequests（一定会有的，否则 FSM 也不会处于 WaitForPublisher 状态）。因为还存在 PendingRequests，所以 FSM 会再次进入 WaitForPublisher 状态，这又会触发入口动作，并向出版商发送一条消息。

这里需要的修改很小。首先，要设置超时时间。这可以通过在声明 WaitForPublisher 状态的状态转换时设置 stateTimeout 来完成。第二处修改是当定时器终止时定义转换。修改后的 when 声明变成这样：

```
when(WaitForPublisher,stateTimeout =5 seconds){        ←——— 设置 stateTimeout
    case Event(supply:BookSupply,data:StateData) => {
        goto(ProcessRequest)using data.copy(
            nrBooksInStore = supply.nrBooks)
    }
    case Event(BookSupplySoldOut,_) => {                    定义超时
        goto(ProcessSoldOut)                               终止时的
    }                                                      转换
    case Event(StateTimeout,_) => goto(WaitForRequests)
}
```

使用定时器向出版商重发信息所要做的就是这些。在当前状态下收到其他任何消息定时器就会取消。可以相信这样一个事实，在干扰消息之后 StateTimeout 消息将不再被处理。通过执行下面的测试，来看一下这是如何工作的，如清单 11-9 所示。

清单 11-9 通过定时器测试目录清单

```
val publisher = TestProbe()
val inventory = system.actorOf(
    Props(new InventoryWithTimer(publisher.ref)))
val stateProbe = TestProbe()
val replyProbe = TestProbe()

inventory ! new SubscribeTransitionCallBack(stateProbe.ref)
stateProbe.expectMsg(
    new CurrentState(inventory,WaitForRequests))

//start test
inventory ! new BookRequest("context1",replyProbe.ref)          这个转换
stateProbe.expectMsg(                                           等待 5s
    new Transition(inventory,WaitForRequests,WaitForPublisher))
publisher.expectMsg(PublisherRequest)
stateProbe.expectMsg(6 seconds,
    new Transition(inventory,WaitForPublisher,WaitForRequests))
stateProbe.expectMsg(
    new Transition(inventory,WaitForRequests,WaitForPublisher))
```

若出版商没有响应，则状态在 5 s 后转换到 WaitForRequests 状态。还有另一个设置 stateTimer 的方法。定时器可以用 forMax 方法指定下一状态的方式进行设定。例如，当你想以不同的方式设置来自另一状态的 stateTimer 时，可以使用此方法。在下面的代码片段中，可以看到 forMax 方法的用法：

```
goto(WaitForPublisher)using(newData)forMax(5 seconds)
```

这个方法将会推翻在 WaitForPublisherwhen 中声明的默认定时器设置。在 forMax 方法中，通过使用 Duration. Inf 值可以关闭定时器。

除了状态定时器，还支持在 FSM 中使用定时器发送消息。用法不复杂，只需要看一下 API 即可。处理 FSM 的定时器的方法有 3 种。第一个方法用于创建定时器：

```
setTimer(name:String,
      msg:Any,
      timeout:FiniteDuration,
      repeat:Boolean)
```

所有这样的定时器通过名字引用。通过这个方法可以创建一个定时器并命名，指定定时器超时时发送的消息、定时器的时间间隔，以及是不是重复的定时器。

第二个方法是取消定时器：

```
cancelTimer(name:String)
```

这将立即取消定时器，即使定时器已经触发并且消息已经进入队列，调用 cancelTimer 方法后，消息将不再被处理。

最后一个方法是在任何时刻获取定时器的状态：

```
isTimerActive(name:String):Boolean
```

如果定时器依然活跃，则该方法返回 true。这可能是定时器尚未触发，或者是因为定时器设置为可重复的。

11.2.4　FSM 的终止

有时在 Actor 执行完成时，需要做一些清理工作。FSM 对于这种情况有一个特定的处理器：onTermination。这个处理器也是一个偏函数，并以 StopEvent 为参数：

```
StopEvent(reason:Reason,currentState:S,stateData:D)
```

可能收到的消息有以下种。

- Normal——正常结束时收到此消息。
- Shutdown——FSM 因为关闭而停止时，收到该消息。
- Failure（cause：Any）——由于故障而终止时收到该消息。

普通的终止处理器看起来如下所示：

```
onTermination{
    case StopEvent(FSM.Normal,state,data)=>//...
    case StopEvent(FSM.Shutdown,state,data)=>//...
    case StopEvent(FSM.Failure(cause),state,data)=>//...
}
```

FSM 可以从内部停止，这可用 stop 方法实现，它接收 FSM 停止的原因作为参数。当 ActorRef 用于停止 Actor 时，终止处理器会收到关闭的原因。

Akka FSM 工具提供了完备的工具，无须附加额外的努力就可以实现任何 FSM。在状态的活动和状态转换之间有明显的不同。对定时器的支持可以使检测空闲状态或状态故障变得容易。从 FSM 模型到实际实现的转换也非常容易。

在本书的所有状态实例中，状态都包含在一个 Actor 中。如果需要跨多个 Actor 的状态时该怎么办呢？在下一节中，将介绍如何使用代理实现这一点。

11.3　使用代理实现共享状态

处理状态最好的方式是只在一个 Actor 中使用状态，但有时是不可能的。有时需要在不同的 Actor 中使用相同的状态。和前面提到的一样，使用共享状态需要某种锁，并且锁不容易正确处理。对于这种情况，Akka 提供了代理（agent），它不需要锁机制。代理守护共享的状态，并允许多个线程获取状态，并负责根据各线程的利益更新状态。因为代理负责更新（状态），所以线程不需要知道锁的存在。在本节中，将讲述这些代理如何守护状态，以及如何获取状态以便共享。

11.3.1　使用代理简单地共享状态

如何使用同步调用获取代理的状态，同时异步更新状态？Akka 通过为每个操作向代理发送动作来完成此操作，其中消息传递基础结构将排除竞争条件（通过确保每次只有一个发送动作在给定的 ExecutionContext 中运行）。对于我们的例子，需要共享每种书的待售数量，因此创建包含这个值的代理：

```
case class BookStatistics(val nameBook:String,nrSold:Int)
case class StateBookStatistics(val sequence:Long,
        books:Map[String,BookStatistics])
```

StateBookStatistics 是状态对象，它包含一个序列号，用于检查变更和实现图书统计。对于每种图书创建一个 BookStatistics，使用标题作为 key 存放到 Map 中。图 11-7 显示了使用简单的方法调用从代理中获取状态对象。

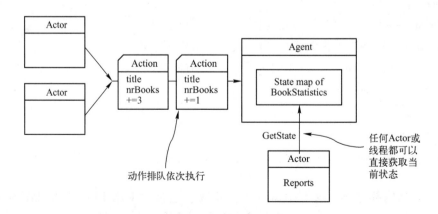

图 11-7　使用代理更新和获取状态

当需要更新图书的数量时，必须向代理发送更新活动。在本例中，第一个更新消息把图书数量加 1，第二条消息把图书数量加 3。这些活动可能来自不同的 Actor 或线程，但和发送给 Actor 的消息一样排队。

和发送给 Actor 的消息一样，这些动作一次只能执行一个，这样就无须锁机制了。

这样工作有一个很重要的原则：对状态的所有更改必须限制在代理执行的上下文中。这就意味着代理包含的状态对象必须是不可改变的。在我们的例子中，我们不能更新 Map 的内容。为了能够改变它，需要向代理发送动作来改变实际的状态。下面看一下在代码中是如何实现的。

我们从创建代理开始。创建代理时，必须提供一个初始状态，在本例中是一个空的 StateBookStatistics 实例：

```
import scala.concurrent.ExecutionContext.Implicits.global
import akka.agent.Agent

val stateAgent = new Agent(new StateBookStatistics(0,Map()))
```

创建代理时，需要提供一个代理使用的暗含的 ExecutionContext（执行上下文）。这里使用由 scala. concurrent. ExecutionContext. Implicits. global 定义的全局 ExecutionContext。现在代理负责守护状态。正如我们早些时候提到的一样，代理的状态可以简单地通过同步调用获得，有两种方式可以实现，第一种是使用这个调用：

```
val currentBookStatistics = stateAgent()
```

第二种是使用 get 方法：

```
val currentBookStatistics = stateAgent.get
```

两种方法都返回 BookStatistics 的当前状态。到现在为止，更新 BookStatistics 状态只能通过异步向代理发送动作来实现。为了更新状态，使用代理的 send 方法，把新的状态发送给代理：

```
val newState = StateBookStatistics(1,Map(book->bookStat))
stateAgent send newState
```

发送一个全新的状态要注意，只能在新状态与前一状态完全无关的情况下才是正确的。在我们的例子中，这个状态与前一状态有关，因为有可能其他的线程在我们之前已经增加了图书数量，或者甚至增加了其他图书。因此我们不使用上面的方法。为了保证更新能够得到正确的状态，调用代理的方法：

```
val book = "Akka in Action"
val nrSold = 1
stateAgent send(oldState =>{
    val bookStat = oldState.books.get(book)match{
        case Some(bookState) =>
            bookState.copy(nrSold = bookState.nrSold+nrSold)
        case None => new BookStatistics(book,nrSold)
    }
```

```
oldState.copy(oldState.sequence+1,
    oldState.books+(book->bookStat))
})
```

我们使用相同的 send 方法而不是新的状态发送一个函数。这个函数把旧的状态转换成新状态。这个函数使用一个状态更新 nrSold 属性，当对于某图书没有 BookStatistics 状态对象时，将创建一个新的状态对象。最后一步是更新 Map。

因为在任何时刻只有一个动作在执行，没必要担心在这个函数执行期间状态会改变，所以也就不需要锁机制。

11.3.2 等待状态更新

在有些情况下，需要更新共享状态和使用新状态。例如，需要知道哪些书卖得最好，当某图书很受欢迎时，需要通知作者。为了做到这一点，只有知道更新何时被处理，才能检查这本书是否是最受欢迎的。为了实现这一功能，代理提供了 alter 方法，它可用于更新状态。它和 send 方法的功能相同，只是它返回一个 Future，可用于等待新的状态。

```
implicit val timeout = Timeout(1000)         ←——— 因为需要等待，需要设置超时时间
val future = stateAgent alter(oldState => {   ←——— 所以代理会给
    val bookStat = oldState.books.get(book)match{      我们一个Future，
        case Some(bookState) =>                        让我们等待
            bookState.copy(nrSold = bookState.nrSold + nrSold)
        case None => new BookStatistics(book,nrSold)  ←—— 这是更新
    }                                                      值的地方
    oldState.copy(oldState.sequence+1,
        oldState.books + (book -> bookStat))
})                                            ←——— 当新的状态可用
val newState = Await.result(future,1 second)       时，返回它
```

在这个例子中，我们使用一个函数更新状态，和使用 send 方法的情况一样，也可以在 alter 方法中使用新状态。更改后的状态由 Future 返回。但这并不意味着就是最后的修改。有可能对于这个状态还有未进行的改变。我们知道我们的改变被处理了，而且改变的结果已经返回，但同时可能发生了多次改变，并且我们需要的是最终的状态，或者其他线程需要最终的状态，并且只知道在它之前的进程可能已经更改了状态。所以这个线程没有从 alter 方法的任何引用，它需要等待。基于这个原因，代理给我们提供了一个 Future。当所有未处理的状态改变全部完成时，这个 Future 执行结束。

```
val future=stateAgent.future
val newState=Await.result(future,1 second)
```

通过这种方式，肯定这时是最终的状态。记住，新的状态是使用 Map 或 flatMap 创建的，与原来的代理没有任何关系。由于这个原因，它们被称为持久化的（persistent）。用 Map 创建新代理的例子如下：

```
import scala.concurrent.ExecutionContext.Implicits.global
val agent1 = Agent(3)
val agent2 = agent1 map(_+1)
```

当使用这种表示法时，agent2 是一个新创建的状态，它的值是 4，而 agent1 还是和以前

一样（其值仍然是 3）。

当需要使用共享状态时，可以使用代理管理状态。只有通过代理的上下文更新（状态），才能保证状态的一致性。这种更新通过向代理发送动作实现。

11.4　总结

本章介绍了 Akka 提供的管理状态的几种方法。关键要点如下。

- 有限状态机，看起来非常专业，但用 Akka 实现起来很容易，而且代码清晰可维护。它们作为 trait 来实现，可以使得实现动作的代码与实现转换的代码相分离。
- 两种技术：FSM 和代理，允许在不使用锁机制的前提下使用某些共享状态。
- 使用 FSM 定时器和代理的 Future 可以实现一定水平的状态改变。

本章通过例子介绍了实现复杂的、交互依赖的修改共享状态方法。我们实现这个的同时，通过允许在一系列共享状态上进行多个 Actor 交互的机制，仍保持了我们无状态消息原则的完整性。

第 12 章
系统集成

本章导读
- 终端（endpoint）的探索与使用。
- 在 Akka 中使用 Apache Camel。
- 用 Akka 实现 HTTP 接口。
- 管理消费者（consumer）和生产者（producer）。

本章将学习 Actor 的一些例了，用了与外部的系统集成在一起。现在的应用越发复杂，需要与不同的信息服务和应用程序连接。开发一个不依赖于其他信息，也不向外提供信息的系统是不可能的。为了能与其他系统通信，双方需要协商一致的接口。这里从一些企业集成模式（EIP）开始。接下来介绍 Akka-camel（Apache Camel 的 Akka 扩展插件，这个项目简化了许多传输的集成）如何帮助我们与其他外部系统集成，特别是以请求/响应的方式。最后，介绍一个使用 Akka-http 的 HTTP 例子，并且介绍 Akka 集成的不同方式。

12.1 消息终端

在前面的章节中，介绍了如何使用各种企业模式构建系统。本节将介绍用于不同系统交换信息的应用模式。假如一个系统需要客户关系应用中的客户信息，然而你不可能在多个应用中管理这些数据。两个系统间的接口实现起来并不容易，因为接口包含两部分：传输层和传输层中的数据。系统集成时两部分都需要考虑。有一些模式可以帮助你设计多个系统间的集成。

例如，假定要开发一个书店应用的订单系统，系统需要处理来自不同客户的订单。这些客户可以通过浏览书店的方式订购图书。书店已经使用一个应用销售和订购图书，因此这个新的系统需要与已经存在的系统交换数据。只有两个系统在发送什么样的数据与如何发送数据达成一致，才能完成这一需求。因为你可能不能改变外部的系统，所以必须创建一个组件来发送或接收来自已经存在系统的消息。这一组件称为终端（endpoint）。终端是系统的一部分，是外部系统与系统其他部分的黏合剂，如图 12-1 所示。

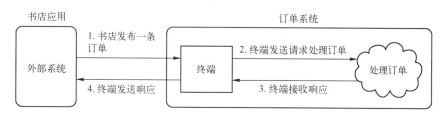

图 12-1 终端作为订单系统和书店应用的黏合剂

终端的职责是，以应用程序本身不需要知道请求是如何接收的方式封装两系统之间的接口。这需要通过传输插件化，使用规范的数据格式和标准的请求/响应通信风格来实现。有许多不同的传输协议可以提供支持：HTTP、TCP、消息队列或简单文件。接收消息以后，终端需要把它转换成订单系统能够识别的格式。通过这种方式转换消息意味着，系统的其他部分根本不知道订单来自其他的外部系统。在这个例子中，终端接收来自外部系统的请求，并送回响应，这称为消费者终端（consumer endpoint），因为它处理（消费）请求。我们的系统也有可能需要其他系统的数据，如客户的详细资料，这保存在客户关系系统中。

在图 12-2 中，订单系统初始化系统间的交互，因此终端产生了一条发送给外部系统的消息，这称为生产者终端（producer endpoint）。两种终端都隐藏了其余系统所需要了解的细节，当两系统间的接口发生变化时，只有终端需要改变。在 EIP 目录中有几个模式适用于这样的终端。第一个要介绍的模式是归一化模式（normalizer pattern）。

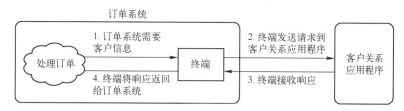

图 12-2 终端作为订单系统和客户关系应用程序的黏合剂

12.1.1 归一化

订单系统从书店应用接收订单，但也有可能从网店接收订单，或者接收客户发送的（订单）邮件。可以使用规范化模式使得不同的资源适应应用端的单一接口。这一模式把不同的外部消息转换成通用的规范化的消息。这种方式使得所有消息处理都可以重用，而系统无须知道这些消息来自不同的外部系统。

这里将创建 3 种不同的终端处理不同的消息，而把它们转换成相同的消息，把转换后的消息发送给系统的其他部分。图 12-3 中有 3 个终端，它们负责处理获取需要的信息，并把信息转换成订单系统期望的通用格式。

把不同的消息转换成通用消息称为归一化模式（normalizer pattern）。这种模式把路由和转换器模式集成到一个终端中，这是实现规范化模式最常用的方式。如果使用不同的传输协议和不同的消息连接多个系统时，希望重用消息的转换器，这将使得模式的实现变得复杂。

假定有另一个书店使用相同的消息连接到订单系统，但使用消息队列发送这些消息。在诸如这样更复杂的实现情况下，归一化模式可以被认为是由 3 个部分组成。图 12-4 显示了这 3 个组成部分。第一部分是协议的实现，第二部分是决定使用哪个转换器的路由，第三部分是进行实际的转换工作。

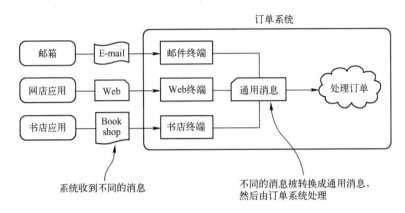

图 12-3　多终端实例

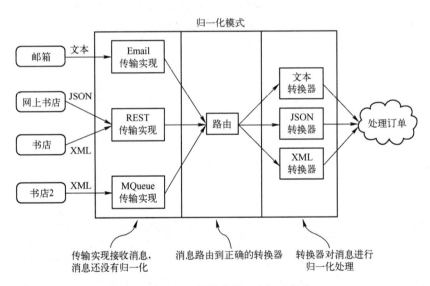

图 12-4　归一化模式的 3 个组成部分

　　能够把消息正确地路由到相应的转换器，需要检测发送来的消息类型的能力。如何实现类型检测与外部系统和消息的类型有关。在我们的例子中支持 3 种类型的消息：纯文本、JSON 和 XML，可以从 3 种类型不同的传输层获得 E-mail、HTTP 和消息队列。在大多数情况下，最简单的实现也最有意义：终端（endpoint）和转换（没有路由）分别作为单个组件实现。在我们的例子中，对于 E-mail 和消息队列协议，可以直接跳过路由器到达正确的转换器，因为我们只接收一种类型的消息。在灵活性和复杂性之间需要进行权衡，如果使用路由器，则可以在所有协议上接收所有类型的消息，而无须任何额外的工作，只需要路由器知

198

道如何区分所有的消息类型，但涉及的组件更多，消息跟踪将变得困难，这使得这样的解决方案更加复杂，而且在大多数情况下不需要这种灵活性，因为只有一种类型的系统被集成进来（只支持一种消息类型）。

12.1.2 规范数据模型

当把一个系统与另一个外部系统相连接时，归一化模式工作得很好。当系统间的连接需求增加时，就需要越来越多的终端（endpoint）。实例中有两个后端办公系统：订单系统和客户关系系统。在前面的例子中，书店只连接到订单系统，当它们也需要与客户关系系统通信时，实现将变得更复杂，如图12-5所示。

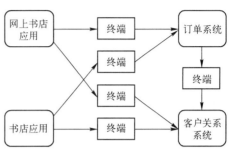

图12-5 系统间的连接图

现在重要的不是哪个系统来实现这些终端，而是当需要集成新的系统时需要越来越多的终端——书店应用需要一个（终端），集成后端办公系统需要两个终端。随着时间的推移，系统数目的增多意味着终端的数目很快达到难以控制的程度。

为了解决这一问题，可以使用规范数据模型（canonical data model）。这一模式使用独立于任何特定系统的接口连接多个应用（程序）。需要集成的每个系统必须能够把输入消息和输出消息转换成指定终端需要的格式。

通过这种方式，每个系统有一个实现通用接口的终端并使用通用消息。图12-6显示了书店应用发送消息到订单系统的情形。消息首先转换成规范化的格式，然后使用通用传输层进行传输。订单系统的终端接收通用消息，并把它转换成订单系统的消息。看起来这种转换没有必要，但当把这种转换应用到多个系统时，优势就相当明显了，如图12-7所示。

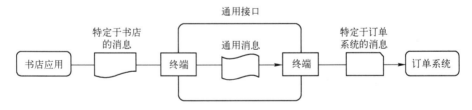

图12-6 在系统之间使用通用接口

每个系统或应用都有一些终端。当网上书店需要向订单系统发送消息时，它使用的是与发送消息到客户关系系统相同的终端。当添加新的系统需要集成时，只需要一个终端而不是图12-5所示的4个（终端）。当需要集成的系统数目较多时，这可以明显减少终端的数目。

归一化模式（normalizer pattern）和规范数据模型（canonical data model）对于集成外部系统或应用十分有帮助。归一化模式用于连接几个相似的客户端到其他系统。当集成系统的数目增多时，需要使用规范数据模型，它有点像归一化模式，因为它也需要使用标准化的消息。它们的区别是规范数据模型提供了一个额外的层，用于隔离应用程序各自的数据格式和远程系统使用数据格式，而归一化只存在于一个应用中。这个间接的附加层的好处是，当向系统中添加新的应用时，只需要创建这些通用消息的转换器，对于已经存在的系统无须做任何更改。

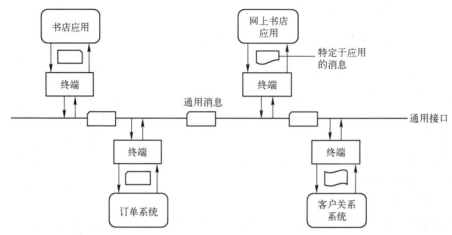

图 12-7　规范化模式用于连接多个系统

实现终端时需要对传输层和消息进行处理。传输层实现起来很难，但大多数情况下是与应用无关的。

12.2　使用 Apache Camel 实现终端

Apache Camel 的目标是易于集成和更好的访问性。它只用几行代码就可以实现标准的 EIP（企业集成模式）。这是通过解决 3 个方面的问题实现的：

- 广泛应用的 EIP 的具体实现。
- 各种传输和 API 的可接连性。
- 易于使用的面向领域的语言（Domain-specific Languages，DSL）把 EIP 和传输层编织在一起。

支持各种传输层是在 Akka 中使用 Apache Camel 的原因，因为这样就可以不费太多的精力实现不同的传输层。本节将解释什么是 Apache Camel，以及如何使用 Camel 的 Consumer 和 Producer 发送和接收消息。

Akka Camel 模块允许在 Akka 中使用 Apache Camel，并且使你能够使用全部传输协议和 Apache Camel 的 API。Camel 支持的传输协议有 HTTP、SOAP、TCP、FTP、SMTP 和 JMS 等。

Akka-camel 的使用是非常简单的。把 Akka-camel 添加到项目依赖中，就可以使用 Camel 的 Consumer 或 Producer 类创建终端。使用这些类可以隐藏传输层的实现细节。需要实现的唯一功能是，在你的系统消息和接口消息之间进行转换。

因为传输层的实现是完全透明的，所以它可以决定运行时使用哪种协议。这是使用 Akka-camel 的另一个好处。只要消息结构是相同的，就不需要更改原代码。在测试时，可以把所有的消息写入文件系统，因为在测试环境中没有合适的外部系统，并且一旦有了接收环境，就可以把使用的 Camel 协议换成 HTTP 接口，只需要修改一个配置。

Akka-camel 模块内部与 Apache Camel 的类一起工作。重要的 Apache Camel 类是 Camel-Context 和 ProducerTemplate。CamelContext 表示单个 Camel 路由规则库，并且在生成消息时需要 ProducerTemplate。Akka-camel 模块隐藏了 Apache Camel 类的使用细节，但在对消息接收和产生需要更好的控制时，还需要使用它们。Akka-camel 模块对于每一个 Actor 系统创建了 Camel 扩展插件。因为需要创建内部的 Actor，所以需要在正确的 ActorSystem 中启动。为了获得一个系统的 Camel 扩展插件，需要使用 CamelExtension 对象：

```
val camelExtension = CamelExtension(system)
```

当需要一个特定的 Apache Camel 类时，如运行上下文（context）或 ProducerTemplate，可以使用这个扩展插件。

12.2.1　创建从外部系统接收消息的消费者终端

我们实现的例子是从书店接收消息的订单系统，这个订单系统必须能够从不同的书店接收消息。假定接收的消息是某个目录中的 XML 文件。本例中的传输层是文件系统。订单系统的终端需要跟踪新文件，当有新文件产生时，它要解析 XML 的内容并创建一条系统可以处理的消息。在开始实现消费者终端之前，需要有自己的消息，如图 12-8 所示。

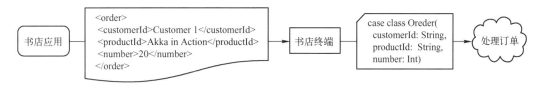

图 12-8　终端接收和发送的消息

第一条消息是书店应用发送给终端的，表明客户 1 需要《Akka 实战》20 本。第二条消息是订单系统可以处理的消息类定义。

1. Camel 消费者实现

我们继承 Camel 的 Consumer trait 而不是普通的 Akka Actor 类：

```
class OrderConsumerXml extends akka.camel.Consumer{
    //more code to follow
}
```

下一步是设置传输协议，通过覆盖终端的 URI 实现。Apache Camel 使用这个 URI 定义传输协议和它的属性。在这个例子中，需要能够改变这个 URI，因此需要在构造函数中添加 URI，还需要实现 receive 方法，因为它也是一个 Akka 的 Actor。图 12-9 显示了这个消费者的实现。

来自 Camel 组件的消息作为 CamelMessage 来接收。CamelMessage 消息是来自 Akka-camel 模拟的消息，它独立于使用的传输层协议并且包含一个消息体（实际接收到的消息）和一组消息头的映射。这些消息头的内容可能与使用的协议有关。在本节的例子中，不需要使用这些消息头。

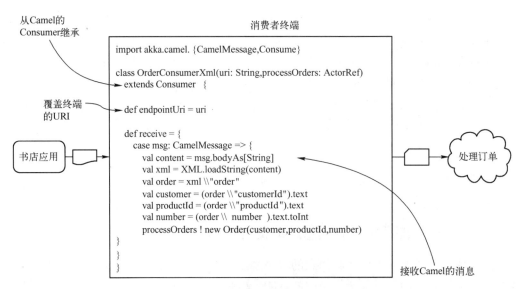

图 12-9　消费者终端 OrderConsumerXml 的实现

消息体是与具体的应用相关的，因此必须自行实现数据的转换。在本例中，要把消息体转换成一个字符串，把 XML 解析成一条 Order 消息，并把它发送给下一个处理它的 Actor。

已经实现了从 XML 到 Order 对象的转换，如何获取这些文件呢？这是由 Apache Camel 完成的，现在要做的是设置 URI。使用下面的 URI 告诉 Apache Camel 你要获取文件：

```
val camelUri = "file:messages"
```

Apache Camel 对每一种支持的传输（协议）定义了一个组件。在上面的例子中，URI 以组件名开头。在这个例子中，要使用 file 组件。第二部分与选择的组件有关。当使用 file 组件时，第二部分是消息文件所在的目录。你希望你的文件在目录消息中，所有可能的组件和选项都可以在 http://camel. apache. org/components. html 找到。

下面开始创建消费者，这样就可以看到它是如何工作的：

```
val probe = TestProbe()
val camelUri = "file:messages"
val consumer = system.actorOf(
        Props(new OrderConsumerXml(camelUri,probe.ref)))
```

CamelExtension 异步创建内部的组件，因此必须等待这些组件启动才能进行测试。为了检测消费组件是否已经启动，需要使用 CamelExtension. activationFutureFor，如清单 12 - 1 所示。

清单 12-1　确保 Camel 已启动

```
val camelExtention = CamelExtension(system)          获取该Akka系统的
                                                     CamelExtension
val activated = camelExtention.activationFutureFor(      获取活跃的Future
  consumer)(timeout =10 seconds,executor = system.dispatcher)
Await.ready(activated,5 seconds)                     等待Camel完成启动
```

这个扩展插件包含 activationFutureFor 方法，它返回一个 Future。当 Camel 路由启动完成时，该 Future 被触发。在这之后，就可以继续测试了。

使用 Await.ready 在测试环境中等待很有意义，但在实际代码中，要像第 5 章中描述的一样处理 Future 的结果。测试订单消费者如清单 12-2 所示。

清单 12-2 测试订单消费者

```
val msg = new Order("me","Akka in Action",10)
val xml = < order >
        < customerId > {msg.customerId} < / customerId >
        < productId > {msg.productId} < / productId >
        < number > {msg.number} < / number >
    < / order >                          ◄──── 创建XML的内容
val msgFile = new File(dir,"msg1.xml")
FileUtils.write(msgFile,xml.toString())  ◄──── 在消息目录中写入文件
probe.expectMsg(msg)          ◄──── 期望Consumer发送Order消息
system.stop(consumer)
```

当包含 XML 内容的文件被放到消息目录时，收到一条 Order 消息。注意，不需要提供任何处理检查文件和读取文件的代码，所有这些功能都由 Apache Camel 文件组件完成。

2. 改变消费者的传输层

为了支持 TCP 连接，你所要做的只是改变使用的 URI 并添加一些运行时的库，如清单 12-3 所示。

清单 12-3 使用订单消费者测试 TCP

```
val probe = TestProbe()
val camelUri =
    "mina:tcp://localhost:8888?textline = true&sync = false"  使用另外的URL
val consumer = system.actorOf(
    Props(new OrderConsumerXml(camelUri,probe.ref)))
val activated = CamelExtension(system).activationFutureFor(
    consumer)(timeout = 10 seconds,executor = system.dispatcher)
Await.ready(activated,5 seconds)
val msg = new Order("me","Akka in Action",10)
val xml = < order >
        < customerId > {msg.customerId} < / customerId >
        < productId > {msg.productId} < / productId >       由于文本行的原因换行符
        < number > {msg.number} < / number >               表示消息的结束，因此需
    < / order >                                            要移除它
val xmlStr = xml.toString().replace("\n","")
val sock = new Socket("localhost",8888)
val ouputWriter = new PrintWriter(sock.getOutputStream,true)
ouputWriter.println(xmlStr)
ouputWriter.flush()                       使用TCP发送XML消息
probe.expectMsg(msg)
ouputWriter.close()
system.stop(consumer)
```

在这个例子中，使用 Apache Mina 组件处理 TCP 连接。URI 的第二部分看起来完全不同，但这是配置连接所必须的。以需要使用的协议开头（TCP），然后表明监听哪个接口和端口。在这之后，包含以下两个选项（作为参数）：

● textline = true——表明在这个连接上传输纯文本，并且每条消息以一个换行符终止。

● sync＝false——表明不需要创建响应。

和你看到的一样，对于消费者的代码没有改变，可以修改传输协议。是不是可以在不改变代码的情况下改变成任意的协议呢？回答是不能，有些协议需要改变代码。例如，需要确认的协议怎么办？下面看一下应该如何做。假定 TCP 连接需要一个 XML 回应。需要修改消费者（代码），但不是太难。你只需要发送响应到发送者，其他的由 Camel 消费者完成，如清单 12-4 所示。

清单 12-4　订单消费者确认

```scala
class OrderConfirmConsumerXml(uri:String,next:ActorRef)
    extends Consumer{

  def endpointUri = uri

  def receive = {
    case msg:CamelMessage => {
      try{
        val content = msg.bodyAs[String]
        val xml = XML.loadString(content)
        val order = xml \ "order"
        val customer = (order \ "customerId").text
        val productId = (order \ "productId").text
        val number = (order \ "number").text.toInt
        next ! new Order(customer,productId,number)        ← 向发送者
        sender()! "<confirm>OK</confirm>"                     发送响应

      }catch{
      case ex:Exception =>
        sender()! "<confirm>% s</confirm>".format(ex.getMessage)
      }
    }
  }
}
```

这就是所有应该做的，当更改 URI 时可以重新测试你的新消费者。不过在测试之前，需要捕获一个可能的异常。我们现在实现的是，在同步接口和消息发送系统之间分离的终端，它是一个异步接口。在同步和异步接口的分界上，规则稍微有所不同，因为同步接口常常需要一个结果，即使是失败的结果。当企图使用监督时，就错过了发送者正确服务请求的细节。也不能使用重启钩子，因为监督器可以决定在异常发生后重新运行，这样不能调用重启的钩子（程序）。因此，只有捕获异常才能返回期望的响应。介绍了这些之后，让我们测试一下你的消费者，如清单 12-5 所示。

清单 12-5　用订单确认消费者测试 TCP

```scala
val probe = TestProbe()
val camelUri =
    "mina:tcp://localhost:8887?textline=true"        ← 删除同步参数，
val consumer = system.actorOf(                           默认为true
    Props(new OrderConfirmConsumerXml(camelUri,probe.ref)))
val activated = CamelExtension(system).activationFutureFor(
    consumer)(timeout = 10 seconds,executor = system.dispatcher)
Await.ready(activated,5 seconds)
```

```
val msg = new Order("me","Akka in Action",10)
val xml = <order>
        <customerId>{msg.customerId}</customerId>
        <productId>{msg.productId}</productId>
        <number>{msg.number}</number>
    </order>

val xmlStr = xml.toString().replace("\n","")
val sock = new Socket("localhost",8887)
val ouputWriter = new PrintWriter(sock.getOutputStream,true)
ouputWriter.println(xmlStr)
ouputWriter.flush()
val responseReader = new BufferedReader(
    new InputStreamReader(sock.getInputStream))         ◀—— 接收确认消息
val response = responseReader.readLine()
response must be("<confirm>OK</confirm>")
probe.expectMsg(msg)        ◀—— 仍然收到订单
responseReader.close()
ouputWriter.close()
system.stop(consumer)
```

你几乎没有改变消费者就能够产生基于 TCP 的响应，这正显示了 Apache Camel 的好处。

3. 使用 Camel 上下文

下面介绍另外一个例子。有时 Camel 组件需要更多的配置，而不仅仅是一个 URI。

例如，假定要使用 ActiveMQ 组件。为了能够使用这个组件，需要把它添加到 CamelContext 中，并定义消息队列代理。这就需要 CamelContext，如清单 12-6 所示。

清单 12-6　向 CamelContext 中添加代理配置

```
val camelContext = CamelExtension(system).context
camelContext.addComponent("activemq",         ◀—— 组件名称应用在URI中
    ActiveMQComponent.activeMQComponent(
        "vm:(broker:(tcp://localhost:8899)?persistent = false)"))
```

首先，对于使用的系统获得 CamelExtension，然后把 ActiveMQ 组件添加到 CamelContext 中。在本例中，创建了一个监听 8899 端口的代理（并且不使用持久化队列）。

现在可以执行测试了。对于这个例子，使用前一个不返回响应的消费者，如清单 12-7 所示。

清单 12-7　使用 ActiveMQ 的测试

```
val camelUri = "activemq:queue:xmlTest"
val consumer = system.actorOf(
    Props(new OrderConsumerXml(camelUri,probe.ref)))
val activated = CamelExtension(system).activationFutureFor(
    consumer)(timeout = 10 seconds,executor = system.dispatcher)
Await.ready(activated,5 seconds)
val msg = new Order("me","Akka in Action",10)
val xml = <order>
        <customerId>{msg.customerId}</customerId>
        <productId>{msg.productId}</productId>
        <number>{msg.number}</number>
    </order>
sendMQMessage(xml.toString())         ◀—— 当添加ActiveMQ组件时，
probe.expectMsg(msg)                      ActiveMQ URI以与组件
system.stop(consumer)                     相同的名称开关
```

除了消息传递方式不同外，这个测试与其他消费者的测试没什么不同。

因为代理已经启动，所以测试完成后需要停止它。这可以使用 ActiveMQ 的 BrokerRegistry 完成：

```
val brokers=BrokerRegistry.getInstance().getBrokers
brokers.foreach{case(name,broker)=>broker.stop()}
```

使用 BrokerRegistry 可以关闭所有的代理。注意，getBrokers 返回一个 java.util.Map。使用 collection.JavaConversions 把这个 Map 转换成 Scala 的 Map。

实现消费者 Consumer 是很简单的。因为 Camel 有许多组件，所以可以无须任何代价支持多种传输协议。

12.2.2 实现生产者向外部系统发送消息

本节将使用 Camel 实现发送消息的功能。为了展示生产者（producer）的功能，看一下例子的另一面——在订单系统上工作的终端消费者。这些例子将实现书店应用中的终端，如图 12-10 所示。

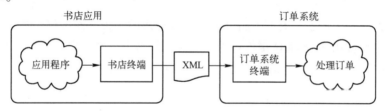

图 12-10 生产者终端发送消息

为了实现生产者，Akka-camel 中提供了另一个 trait 供你继承。生产者也是一个 Actor，但 receive 方法已经实现。最简单的实现仅仅是继承 Producer trait 并设置 URI，如图 12-11 所示。

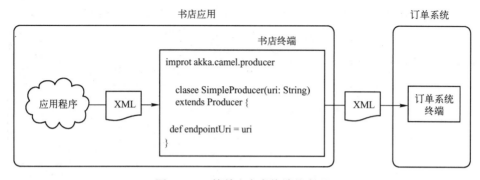

图 12-11 简单生产者终端的实现

该生产者将所有接收到的消息发送到由 URI 定义的 Camel 组件。因此当创建一个 XML 字符并把它发送给生产者时，可以使用 TCP 连接发送。在这个例子中，使用前一节的消费者接收消息，因为现在有了两个 Camel Actor，所以直到两个 Actor 都准备好之后才可以开始测试。为了等待两端的消息，可以使用 Future. sequence 方法，如清单 12-8 所示。

清单 12-8　测试简单的生产者

```
implicit val ExecutionContext = system.dispatcher
val probe = TestProbe()
val camelUri = "mina:tcp://localhost:8885?textline = true"
val consumer = system.actorOf(
    Props(new OrderConfirmConsumerXml(camelUri,probe.ref)))

val producer = system.actorOf(

Props(new SimpleProducer(camelUri)))
val activatedCons = CamelExtension(system).activationFutureFor(
    consumer)(timeout = 10 seconds,executor = system.dispatcher)
val activatedProd = CamelExtension(system).activationFutureFor(
    producer)(timeout = 10 seconds,executor = system.dispatcher)
val camel = Future.sequence(List(activatedCons,activatedProd))
Await.result(camel,5 seconds)
```

创建简单
的生产者

创建 Future 等待两个
Actor 完成启动

　　每条消息都将被送到指定的 URI。在大多数情况下，需要把消息转换成其他格式。在书店系统中，Actor 间发送消息时使用 Order 对象。为了解决这个问题，可以覆盖 transformOut-goingMessage，在发送消息之前调用这个方法。在这个方法中，可以把消息转换成期望的 XML 格式，如清单 12-9 所示。

清单 12-9　在生产者中转换消息

```
class OrderProducerXml(uri:String)extends Producer{
    def endpointUri = uri
    override def oneway:Boolean = true

    override protected def transformOutgoingMessage(message:Any):Any =
        message match{
            case msg:Order => {
                val xml = < order >
                        < customerId > {msg.customerId} < /customerId >
                        < productId > {msg.productId} < /productId >
                        < number > {msg.number} < /number >
                    < /order >
                xml.toString().replace("\n","")
            }
            case other =>message
        }
}
```

表示你不能
期望有什么响应

实现 transformOutgoingMessage

创建以换行符终止的消息

　　在 transformOutgoingMessage 方法中创建一个 XML 字符串，并且和在消费者测试中一样，需要一条以换行符结尾的消息。因为消费者不能发送响应，所以需要通知底层的框架不需要等待任何消息，否则将会无故消耗资源，甚至有可能消耗掉所有的线程，使系统终止。因此在没有任何响应的情况下，覆盖 oneway 属性是非常必要的。

　　现在可以发送 Order 对象到生产者终端，生产者把它翻译成 XML。当需要响应时会怎么样呢（如需要 OrderConfirmConsumerXML）？图 12-12 显示了发送接收到的 CamelMessage 的生产者的默认行为，CamelMessage 包含对原发送者的 XML 响应。

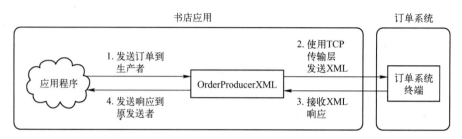

图 12-12　Camel 生产者使用响应

就像发送消息时需要转换消息一样，也需要对响应进行转换。没有必要向系统的其他部分暴露 CamelMessage 消息。为了实现这一点，可以使用 transformResponse 方法。这个方法用于把收到的消息转换成系统支持的消息，并且生产者将会发送这个响应，如清单 12-10 所示。

清单 12-10　在生产者中转换响应和消息

```
class OrderConfirmProducerXml(uri:String)extends Producer{
    def endpointUri = uri
    override def oneway:Boolean = false
    override def transformOutgoingMessage(message:Any):Any =
        message match{
    case msg:Order => {
        val xml = <order>
                <customerId>{msg.customerId}</customerId>
                <productId>{msg.productId}</productId>
                <number>{msg.number}</number>
            </order>
        xml.toString().replace("\n","") + "\n"
    }
    case other =>message
}
    override def transformResponse(message:Any):Any =      把CamelMessage
        message match{                                     消息转换成包含
    case msg:CamelMessage => {                             结果的字符串
        try{
            val content =msg.bodyAs[String]
            val xml = XML.loadString(content)
            val res = (xml \"confirm").text
            res
        }catch{
            case ex:Exception =>
                "TransformException:% s".format(ex.getMessage)
        }
    }
    case other =>message
    }
}
```

在响应发送到初始请求的发送者之前，当收到响应时调用 transformResponse 方法。在这个例子中，解析收到的 XML 并选择确认标签的值。下面看一下这在测试中是如何工作的，如清单 12-11 所示。

清单 12-11　测试包含响应的生产者

```
implicit val ExecutionContext = system.dispatcher
val probe = TestProbe()
val camelUri = "mina:tcp://localhost:9889?textline=true"
val consumer = system.actorOf(
    Props(new OrderConfirmConsumerXml(camelUri,probe.ref)))

val producer = system.actorOf(
    Props(new OrderConfirmProducerXml(camelUri)))

val activatedCons = CamelExtension(system).activationFutureFor(
    consumer)(timeout=10 seconds,executor=system.dispatcher)
val activatedProd = CamelExtension(system).activationFutureFor(
    producer)(timeout=10 seconds,executor=system.dispatcher)
val camel = Future.sequence(List(activatedCons,activatedProd))
Await.result(camel,5 seconds)
val probeSend = TestProbe()
val msg = new Order("me","Akka in Action",10)
probeSend.send(producer,msg)
probe.expectMsg(msg)                          消费者接收消息
probeSend.expectMsg("OK")
system.stop(producer)                 测试类接收
system.stop(consumer)                 确认消息
```

有一个 routeResponse 方法负责把收到的响应发送给发送者。它可以被覆盖，在这里可以实现把消息发送给其他 Actor 的功能。使用 transformResponse 方法时要特别小心：在发送响应消息给原发送者之前，必须在覆盖的方法中调用它（transformResponse 方法）。

创建生产者和创建消费者一样容易。Apache Camel 提供了创建终端的大部分功能，并且支持许多传输协议。这是使用 Akka-camel 模块的最大好处：无须额外努力就可以支持许多协议。

12.3　实现 HTTP 接口

在多协议/传输之上定义单向通信的一个副作用就是，使用特定协议的特殊性质非常难。例如，要编写利用全部 HTTP 功能的 HTTP 接口。

下面将展示一个使用 Akka 构建 HTTP 服务的例子。Apache Camel 可用于实现迷你 HTTP 接口，但当需要特殊的 HTTP 功能时，Apache Camel 就太小了。Akka-http 模块提供了创建 HTTP 客户端和服务器的 API。我们要展示的例子很简单，但也说明了通用的集成技术。

12.3.1　HTTP 实例

这里重新实现订单系统。这一次将实现模拟订单处理系统，可以看到端点如何将请求转发到系统，并在返回响应之前等待响应。通过使用 HTTP 传输协议的终端实现这一功能。使用 REST 构架风格定义 HTTP 服务的 API。图 12-13 显示了这一例子的大体情况。

这个例子有两个接口：一个在网店和终端之间，另一个在终端和 ProcessOrders Acor 之间。我们从定义两个接口的消息开始。订单系统需要两个功能：第一个功能是添加新的订单，第二个功能是获取订单的状态。对于 HTTP REST 接口，将实现 POST 和 GET 两种方式的请求。使用 POST 向系统中增加新的订单，使用 GET 取回订单的状态。这里从添加订单开始。图 12-14 显示了这一消息和流程。

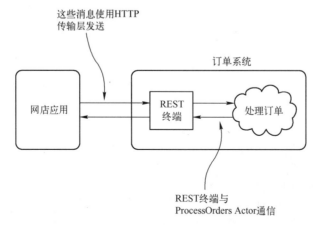

图 12-13　HTTP REST 示例概述

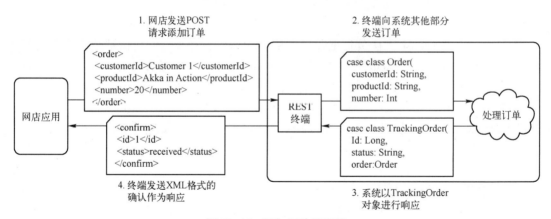

图 12-14　添加订单的流程

网店向终端发送 POST 请求，包含在 12.2.1 节的例子中 Camel 使用的 XML 信息。终端把它转换成订单消息，并把转换后的消息发送给系统的其他部分（ProcessOrders Actor）。这些完成后，响应是一个 TrackingOrder 对象，它包含订单、唯一的 ID 和当前的状态。终端把它转换成包含 ID 和状态的 XML 确认消息，并把确认消息送回网店。在这个例子中，新订单的 ID 为 id1，状态为 received。

图 12-15 显示了获取订单系统中订单状态的消息。

为了获得 ID 为 1 的订单状态，网店向/orders/1 发送 GET 请求。REST 终端把 GET 请求转换成一个 OrderId。当订单找到时，系统的响应又是一个 TrackingOrder 消息。终端把这个响应转换成 statusResponse XML。当订单找不到时，系统将返回 NoSuchOrder 对象，如图 12-16 所示。

REST 终端把 NoSuchOrder 转换成 HTTP 404 NotFound 响应。现在已经定义了通过系统发送的消息，可以准备实现订单处理了。图 12-17 显示了刚刚定义的接口实现。

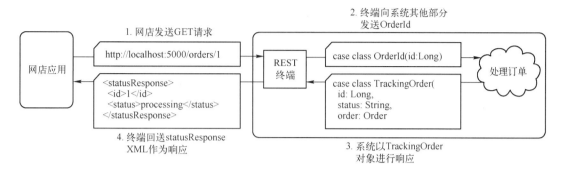

图 12-15 获取订单状态的消息流程

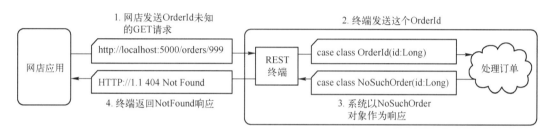

图 12-16 试图获取未知订单状态的消息流程

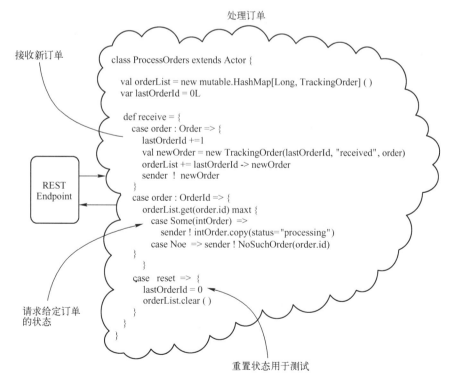

图 12-17 订单处理的实现

这是一个实现两个可能请求的完整系统的简单表示。我们还添加了 reset（重置）函数用于测试完整的系统。

12.3.2 用 Akka-http 实现 REST 终端

为了使你对 Akka-http 如何帮助你实现 REST 接口有一定的认识，我们将实现早先相同例子的终端，这一次使用 Akka-http 实现。这只是 Akka-http 的一小部分，还有很多（这里没有涉及）。

我们将开始在 OrderService trait 中为 REST 终端创建 HTTP 路由。OrderService trait 定义了一个抽象方法，给 ProcessOrders 返回 ActorRef。把路由定义与 Actor 的使用分离是一个好的做法，因为这样可在不启动 Actor 的情况下，或者通过注入 TestProbe 对路由进行测试。图 12-18 显示了 OrderServiceApi 类和 OrderService trait。OrderServiceApi 类提供必须的 ExecutionContext 和用于使用 ask 请求 ProcessOrder 的 Timeout，OrderService 包含路由。Akka-http 包含自己的测试工具，使你能够测试路由。清单 12-12 显示了 OrderService 的测试方法。

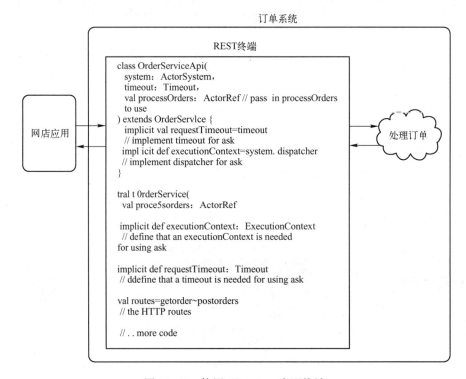

图 12-18　使用 Akka-http 实现终端

清单 12-12　测试 OrderService

```
package aia.integration

import scala.concurrent.duration._
```

```
import scala.xml.NodeSeq
import akka.actor.Props

import akka.http.scaladsl.marshallers.xml.ScalaXmlSupport._
import akka.http.scaladsl.model.StatusCodes
import akka.http.scaladsl.server._
import akka.http.scaladsl.testkit.ScalatestRouteTest

import org.scalatest.{Matchers,WordSpec}

class OrderServiceTest extends WordSpec
        with Matchers
        with OrderService
        with ScalatestRouteTest{

    implicit val executionContext = system.dispatcher
    implicit val requestTimeout = akka.util.Timeout(1 second)
    val processOrders =
        system.actorOf(Props(new ProcessOrders),"orders")
    "The order service"should{
        "return NotFound if the order cannot be found"in{
            Get("/orders/1") ~> routes ~>check{
                status shouldEqual StatusCodes.NotFound
            }
        }

        "return the tracking order for an order that was posted"in{
            val xmlOrder =
                <order> <customerId>customer1</customerId>
                <productId>Akka in action</productId>
                <number>10</number>
                </order>
            Post("/orders",xmlOrder) ~> routes ~>check{
                status shouldEqual StatusCodes.OK
                val xml = responseAs[NodeSeq]
                val id = (xml \"id").text.toInt
                val orderStatus = (xml \"status").text
                id shouldEqual 1
                orderStatus shouldEqual"received"
            }
            Get("/orders/1") ~> routes ~>check{

                status shouldEqual StatusCodes.OK
                val xml = responseAs[NodeSeq]
                val id = (xml \"id").text.toInt
                val orderStatus = (xml \"status").text
                id shouldEqual 1
                orderStatus shouldEqual"processing"
            }
        }
    }
}
```

导入XML的支持，以使 responseAs[NodeSeq] 正常工作

混合在OrderService中进行测试

对于测试的路由提供DSL

检查GET的订单是否存在，若不存在，则返回404 NotFound响应

检查POST的订单，随后的GET返回它的状态

定义路由用指令（directive）完成。可以把指令看作收到的 HTTP 请求应该匹配的规则。一条指令有以下一个或多个功能：

- 对请求进行转换。
- 过滤请求。

213

● 完成请求。

指令是小的构造块，通过它可以创建任意复杂的路由和处理结构。通用格式如下：

```
name(arguments){extractions =>...//inner route}
```

Akka-http 有许多预定义的指令，并且可以创建自定义指令。在这个例子中，使用了最基本和最常用的指令。Route 使用指令匹配 HTTP 请求，并从中解析数据。对于每个匹配的模式，路由需要完成 HTTP 请求并给出 HTTP 响应。这里将从组合两个路由在 OrderService 中定义 routes 开始，一个路由用于获取订单，另一个路由用于发布订单，如清单 12-13 所示。

清单 12-13　定义 OrderService 的路由

```
val routes = getOrder ~ postOrders
```

符号~组合路由或指令，可以读作 getOrder 或 postOrders，无论哪个匹配都可以。对于任何不符合 postOrders 或 getOrder 路由的请求，都将得到 HTTP 404 Not Found 响应。例如，带有 order 路径的请求或者 DELETE 请求。

下面详细介绍一下 getOrder 方法。getOrder 方法使用 get 指令匹配 GET 请求，然后用 pathPrefix 指令匹配"/orders/[id]"路径，用 IntNumberPathMatcher 提取订单的 ID，如清单 12-14 所示。

清单 12-14　在 OrderService 中处理 orders/Id 请求

```
def getOrder = get{                                        ◀── 匹配GET请求
提取订      pathPrefix("orders"/IntNumber){id =>
单的ID          onSuccess(processOrders.ask(OrderId(id))){   ◀── onSuccess把一个Future结果
                  case result:TrackingOrder =>                    传递给内部路由：把OrderId
                    complete(                                      发送给ProcessOrders Actor
                      <statusResponse>
                      <id>{result.id}</id>                   ◀── 以XML响应完成请求，把
                      <status>{result.status}</status>           TrackingOrder响应转换成XML
                      </statusResponse>)
                  case result:NoSuchOrder =>
                    complete(StatusCodes.NotFound)           ◀── 以HTTP 404 NotFound响应
              }                                                   完成请求
          }
      }
```

IntNumber 指令从 URL 中取出 id 并转换成 Int。如果 GET 请求不包含 id 部分，则选择失败，返回 HTTP 404 Not Found 响应。当有指定的 ID 时，创建商业对象 OrderId 并继续发送给你的系统。

现在已经有了 OrderId，可以发送消息到你的系统，并在收到应答时创建响应。这是通过 complete 指令完成的。

complete 指令返回请求的响应。在最简单的实现中，结果直接返回。在我们的例子中，在创建响应之前，需要处理来自 ProcessOrders Actor 的响应。因此，使用 onSuccess，它可以在 Future 完成时把其结果传递给内部的路由。onSuccess 的代码在 Futrue 完成时执行，它不在当前线程中，因此对于使用的引用要十分小心。通过将 scala. xml. NodeSeq 传递给 complete

指令，Akka-http 将 NodeSeq 编组为文本，并将响应的内容类型自动设置为 text/xml。这就是实现 GET 方法的全部。

响应编组

你可能想知道 Akka-http 如何从一个 scala. xml. Elem 完成 HTTP 响应。你需要在隐式的作用域内提供一个 ToEntityMarshaller，它可以把 scala. xml. Elem 编组成 text/html 实体。这是通过导入 akka. http. scaladsl. marshallers. xml. ScalaXmlSupport. _ 完成的，它包含两个处理 XML 的 ToEntityMarshaller 和 FromEntityUnmarshaller。

接下来开始实现 POST 请求。它几乎与 GET 的实现相同。唯一的不同是在 URL 中不需要订单 ID，但需要 POST 请求体。为了实现请求体，可使用 entity 指令：

```
post{
    path("orders"){
        entity(as[NodeSeq]){xml =>
            val order = toOrder(xml)
            //...more code
        }
    }
}
```

entity(as[NodeSeq])指令只有在隐式作用域内存在一个隐式的 FromEntityUnmarshaller 才能正常工作，这是通过导入 ScalaXmlSupport. _ 实现的，它包含一个隐式的 ToEntityMarshaller [NodeSeq])。

toOrder 方法没有在这里显示，它把一个 scala. xml. NodeSeq 转换成一个 Order。

现在已经有了自己的 Order，可以实现 POST 请求的响应了。完整的 postOrders 方法如清单 12-15 所示。

清单 12-15 完整的 postOrders 方法

```
def postOrders = post{                          匹配POST请求
    path("orders"){                             匹配/orders路径
        entity(as[NodeSeq]){xml =>              将实体正文解组为
            val order = toOrder(xml)            scala.xml.NodeSeq
            onSuccess(processOrders.ask(order)){   转换成Order
                case result:TrackingOrder =>
                    complete(
                        <confirm>                以XML响应完成请求
                        <id>{result.id}</id>
                        <status>{result.status}</status>
                        </confirm>
                    )
                case result =>
                    complete(StatusCodes.BadRequest)   如果ProcessActor返回
            }                                          任何其他消息，则返
        }                                              回 BadRequest状态码
    }
}
```

现在已经完成了完整的路由。下一步该怎么办呢？为了创建一个真实的服务器，需要把这些路由绑定到 HTTP 服务器。当使用 HTTP 扩展启动应用程序时，可以创建这个服务器，如清单 12-16 所示。

清单 12-16 启动 HTTP 服务器

```
object OrderServiceApp extends App
        with RequestTimeout{
    val config = ConfigFactory.load()
    val host = config.getString("http.host")
    val port = config.getInt("http.port")
    implicit val system = ActorSystem()
    implicit val ec = system.dispatcher
    val processOrders = system.actorOf(
        Props(new ProcessOrders),"process-orders"
    )
    val api = new OrderServiceApi(system,
        requestTimeout(config),
        processOrders).routes
    implicit val materializer = ActorMaterializer()
    val bindingFuture:Future[ServerBinding] =
    Http().bindAndHandle(api,host,port)
    val log = Logging(system.eventStream,"order-service")
    bindingFuture.map{serverBinding =>
        log.info(s"Bound to${serverBinding.localAddress}")
    }.onFailure{
        case ex:Exception =>
            log.error(ex,"Failed to bind to{}:{}!",host,port)
            system.terminate()
    }
}
```

Request Timeout trait从配置中读取 akka. http. server. request-timeout

从配置中获取主机和端口

创建ProcessOrders Actor

OrderServiceApi返回路由

把路由绑定到HTTP服务器

在日志中记录服务启动成功

在日志中记录绑定主机和端口失败

在 sbt 中运行应用，就可以使用你熟悉的 HTTP 客户端测试 OrderServiceApp 了。

12.4 总结

系统集成需要 Akka 提供许多易用功能：
- 异步的基于消息的任务。
- 轻松提供的数据转换能力。
- 生产/消费服务。

使用 Akka-http 和 Camel 实现集成比较容易，这允许我们仅仅使用 Akka 就可以实现许多典型的集成模式，避免编写太多代码把选择的传输和组件层连接在一起。

Akka 为系统集成带来了很多东西。通常，这些都是集成中最耗费精力的部分：处理实际的流入和流出的压力，处理性能约束和可靠性需求。除了这里讨论的主题（消费服务、数据获取、数据转换和向其他消费者产生数据）之外，Actor 模型的核心、并发性和容错性是使系统集成可靠和可扩展性的关键因素。

第 13 章

流

第 13 章

流

本章导读
- 在有限的内存空间中处理事件流。
- 使用 Akka-http 处理 HTTP 事件流。
- 使用图形 DSL 进行广播与合并。
- 调停流生产者和消费者。

本章将介绍使用数据流与外部服务集成。

数据流是可能没有终止的元素序列。从概念上讲，流（Streaming）是一个瞬时概念，只有向流提供元素的生产者和从流取出元素的消费者存在的情况下，才会有流的存在。

处理流的应用的一个挑战是，你无法事先知道要处理多少数据，因为任何时刻都可能产生更多的数据。另一挑战是处理流生产者和消费者之间的速度平衡。如果你的应用调停流的生产者和消费者，则必须解决一个问题：如何缓冲数据才不会内存溢出。生产者如何才能知道消费者能不能跟上节奏？

在本章你将看到，Akka-stream 提供了一种方式，用有限的缓冲处理无限的流数据。Akka-stream 是处理 Akka 流应用的基础 API。Akka-http（内部使用 Akka-stream）提供了 HTTP 流操作。利用 Akka 构建流应用是一个非常大的主题，因此本章只介绍 Akka-stream API 以及使用 Akka-http 进行流处理，从流处理组件的简单流水线到更复杂的图关系。

本章介绍的例子涉及结构化的程序日志处理。许多应用程序创建某种类型的日志文件，以便在运行时进行调试。

13.1 基本流处理

首先，看一下使用 Akka-stream 处理流意味着什么？图 13-1 显示了在一个处理结点中一次处理一个元素。一次处理一个元素是防止内存溢出的关键。图 13-1 中还显示，有限的缓冲区可以用在处理链中的一些地方。

217

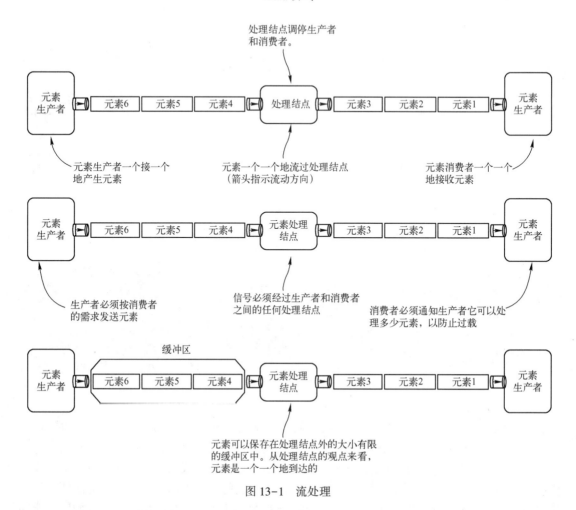

图 13-1　流处理

　　这与 Actor 是十分相似的，所不同的是生产生和消费者之间的关于在有限内存中可处理多少元素的信号，这在使用 Actor 时需要自己处理，如图 13-1 所示。图 13-2 显示了日志流处理的线性处理链的例子，如过滤、转换和事件分帧。

　　日志流处理器不只是从一个生产者读取日志，往消费者写入日志，还要处理输入的图。处理图使得可以从现有处理结点构建更高级的处理逻辑。如图 13-3 所示，一个图合并两个流以及对元素进行过滤。实质上，任何处理结点都是一个图。图是指具有多个输入和输出的处理元件。

　　最终版的日志流处理服务将接收来自 HTTP 网络的许多服务的程序日志，并把它们组合成不同的流。它将进行过滤、分析和转换，并最终向其他服务发送结果。图 13-4 显示了该服务的假想应用。

　　图 13-4 中显示了日志流处理器从售票应用的不同部分接收日志事件。日志事件立即发送到日志流处理器，或者有稍许延迟。售票网络 App 和 HTTP 服务只要事件发生就进行发送，而日志转发服务在聚合第三方服务日志后发送。

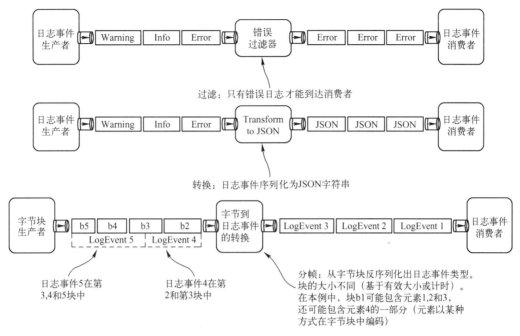

图 13-2　线性流处理

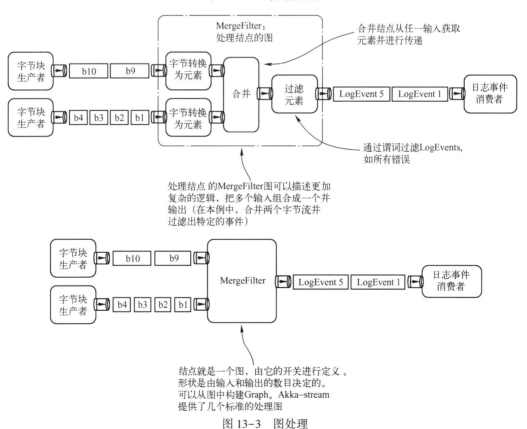

图 13-3　图处理

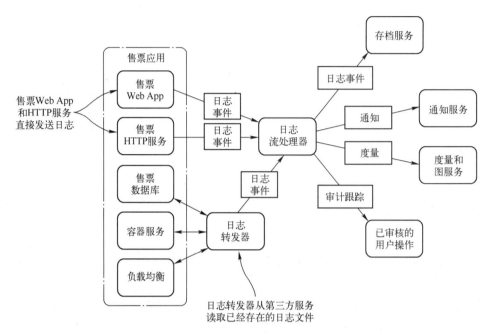

图 13-4 日志流处理器应用场合

在图 13-4 所示的应用中，日志流处理器发送已标识的日志事件到存档服务，以便用户以后可以查询。日志流服务还会标识应用程序服务中特定的问题，并使用通知服务通知团队何时需要人工介入。有些事件被转换成度量数据，作为图形化分析服务的输入。

将事件转换成存档事件、通知、度量指标和审计跟踪信息需要不同的处理流程，每个需要单独的处理逻辑，这些全都应用在输入的日志事件上。

这个日志流处理器实例突出了以下几个目标，这些目标的解决方案将在本章的余下部分中进行介绍：

- 有限内存使用（bounded memory usage）——日志流处理器一定不能耗尽内存，因为日志数据不能全部放在内存中。它需要一个一个地处理事件，可以在缓冲区中暂存事件，但决不能把所有日志事件读入内存。
- 异步非阻塞式 I/O（asynchronous nonblocking I/O）——资源需要高效利用，阻塞线程尽可能地不要使用。例如，日志流处理器不能顺序向每个服务发送数据并等待它们依次响应。
- 速度均衡（varying speeds）——生产者和消费者应该能够以不同的速度进行操作。

日志流处理器的最终版本是 HTTP 流服务，从简单的日志文件处理开始，似乎更好一些，把结果写入文件中。Akka-stream 是非常灵活的，它使得处理逻辑和读写的流类型容易解耦。下一节将从一个简单的流拷贝 App 开始，一步一步地构建日志流处理 App。在构建过程中，研究 Akka-stream API，并讨论为了适应流处理 Akka-stream 做出的选择。

13.1.1　使用源和接收器复制文件

作为构建日志流处理 App 的第一步，看一个流拷贝的例子。从源流中读取的每一个字节写入目标流中。和通常一样，向构建文件中添加依赖，如清单 13-1 所示。

清单 13-1　依赖

```
"com.typesafe.akka"% % "akka‐stream"% version,    ◄——— 流依赖
```

使用 Akka-stream 的两个步骤如下：

1）定义蓝图（define a blueprint）——流处理的图（graph）组件。图定义了流如何处理。

2）执行蓝图（execute the blueprint）——在 ActorSystem 中运行图。图被转换成执行实际流处理的 Actor。

图可以在整个应用程序中共享，创建后不可改变。图可以根据需要运行多次，每次运行都由一组新的 Actor 执行。一个运行的图可以从流处理的组件中返回结果。

我们将从日志流问题的一个非常简单的前身开始，创建一个简单地复制日志的应用程序。StreamCopy app 把输入文件复制到输出文件中。在这个应用中，蓝图就是一个非常简单的管道（pipe）。从流中读取的任何数据再写入另一个流。清单 13-3 和 13-4 显示了大多数相关的代码，前一个清单定义蓝图（blueprint），后一个清单执行它。

这两个清单中省略了从命令行参数中获取 inputFile 和 outputFile 的代码，清单 13-2 显示了最重要的导入包。清单 13-3 显示了定义 RunnableGraph 拷贝流。

清单 13-2　StreamCopy app 导入的包

scaladsl包内置了流处理需要的Scala DSL，还有一个可有的javadsl

```
import akka.actor.ActorSystem
import akka.stream.{ActorMaterializer,IOResult}
import akka.stream.scaladsl.{FileIO,RunnableGraph,Source,Sink}
import akka.util.ByteString
```

清单 13-3　定义 RunnableGraph 拷贝流

```
val source:Source[ByteString,Future[IOResult]] =
    FileIO.fromPath(inputFile)                         ◄——— 要读取的源
val sink:Sink[ByteString,Future[IOResult]] =
    FileIO.toPath(outputFile,Set(CREATE,WRITE,APPEND)) ◄—
val runnableGraph:RunnableGraph[Future[IOResult]] =        写入的接收器
    source.to(sink)
                        └———— 创建RunnableGraph连接源和接收器
```

首先，Source 和 Sink 是由 FileIO. fromPath 和 FileIO. toPath 定义的。

Source 和 Sink 都是流终端。Source 有一个开放的输出，Sink 有一个开放的输入。Source 和 Sink 都是有类型的。本例中的流元素类型都是 ByteString。

把 Source 和 Sink 连接在一起形成一个 RunnableGraph，如图 13-5 所示。

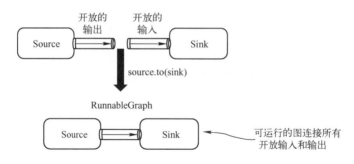

图 13-5　Source、Sink 和最简单的 RunnableGraph

阻塞式文件 I/O

　　在例子中使用 FileIO，是因为它非常容易验证文件的输入和输出，而且文件的源和接收器非常简单。源和接收器的类型容易转换，如把文件转换成其他媒介。

　　注意，FileIO 在内部使用阻塞式文件 I/O 创建源和接收器。为 FileIO 源和接收器创建的 Actor 运行在独立的分发器上，这些分发器可通过 akka. stream. blocking-io-dispatcher 进行全局设定。也可以通过接收 ActorAttributes 的 withAttributes 方法对图元素设置自定义的分发器。13. 1. 2 节演示了使用 ActorAttributes 设置 supervisorStrategy 的例子。

　　文件 I/O 不像你想象的那么糟，如磁盘延迟远低于网络上的流延迟。如果可以在许多并发文件流中提供更好的性能，则可能在将来添加异步版本的 FileIO。

实体化值

　　当图运行时，Source 和 Sink 可提供一个辅助的值，称作实体化值（materialized value）。在本例中，它是一个包含读/写字节数的 Future[IOResult]。

　　StreamCopy app 使用 source. to(sink) 创建了可以定义的最简单的图，source. to(sink) 创建了一个 RunnableGraph，它从 Source 读取数据并直接写入 Sink 中。

　　创建源和接收器的代码是声明式的。它们并不创建文件，也不打开文件句柄，而只是捕获 RunnableGraph 运行后需要的所有信息。

　　还需要注意的是，创建 RunnableGraph 并不开启任何事情。它只是定义了如何复制的蓝图。

　　清单 13-4 显示了 RunnableGraph 是如何执行的。

清单 13-4　运行 RunnableGraph 拷贝流

```
implicit val system = ActorSystem()
implicit val ec = system.dispatcher
implicit val materializer = ActorMaterializer()

runnableGraph.run().foreach{result =>
    println(s"${result.status} ${result.count}bytes read.")
    system.terminate()
}
```

实体化器(materializer)
最终创建执行图的Actor

运行图之后返回一个Future[IOResult]；
在本例中，IOResult包含从源中读取的字节数

　　运行 runnableGraph 的结果是字节被从源复制到了接收器。在本例中是从一个文件到另

一个文件。图一旦进行运行状态，我们就说图实体化了。

在这个例子中，所有数据复制完成图就会停止。

FileIO 对象是 Akka-stream 的一部分，它提供了创建文件源和文件接收器的方便方法。一旦 RunnableGraph 实体化，就会连接源和接收器，把每个 ByteString 从文件源中读出并传送到接收器文件中，一次传送一个。

在下一节中，介绍实体化的细节以及 RunnableGraph 的执行流程。

运行实例

和平常一样，可以在 sbt 控制台中运行本章的实例。可以通过 run 命令传递 App 需要的参数。

一个简单易用的插件是 sbt-revolver，可以运行、重启和停止 App（使用 re-start 和 re-stop），而无须退出 sbt 控制台，下载地址：https://github. com/spray/sbt-revolver。

GitHub 项目的 chapter-stream 目录下也包含一个 GenerateLogFile app，可以产生大的测试用日志文件。

复制比 JVM 最大内存（使用-Xmx 参数进行设置）还要大的文件，验证 App 没有偷偷把整个文件载入内存，可以自行练习一下。

13.1.2　实体化可运行图

清单 13-4 中的 run 方法需要在 implicit 作用域中有一个 Materalizer。ActorMaterializer 把 RunnableGraph 转换成 Actor 用于图的执行。

下面看一下这个复制文件的例子意味着什么。有些细节可能改变，因为它们都是 Akka 的内部私有部分，但是跟踪代码和了解工作机制是很有用的。图 13-6 显示了简单的 StreamingCopy 的实体化过程。

- ActorMaterializer 检查图中的 Source 和 Sink 是否已经正确连接，并请求 Source 和 Sink 内部配置资源。fromPath 从 FileSource（它是 SourceShape 的内部实现）创建 Source。
- FileSource 被请求创建自己的资源，并创建一个 FilePublisher，它是打开 FileChannel 的 Actor。
- toPath 方法从 FileSinkSinkModule 创建一个 Sink。FileSink 创建一个 FileSubscriber Actor，它打开一个 FileChannel。
- 本例中的 to 方法在内部把 source 和 sink 连接在一起，并且把源模块和接收器模块组合成一个模块。
- ActorMaterializer 根据模块的连接方式把订阅者订阅到发布者，在这个例子中是把 FileSubscriber 订阅到 FilePublisher。
- FilePublisher 从文件中读取 ByteString 直到文件的末尾，运行完成后关闭文件。
- FileSubscriber 把来自 FilePublisher 的任何 ByteString 送入输出文件，运行完成后关闭 FileChannel。
- FilePublisher 从文件中读取所有数据之后关闭流。这时 FileSubscriber 收到一条 OnCom-

plete 消息，并关闭写入的文件。

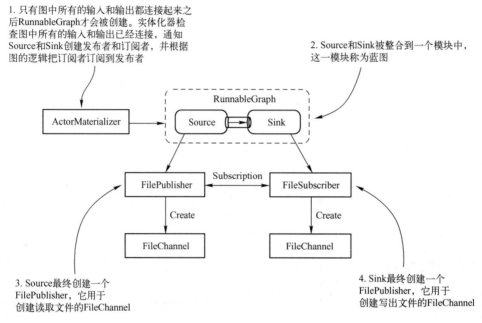

1. 只有图中所有的输入和输出都连接起来之后RunnableGraph才会被创建。实体化器检查图中所有的输入和输出已经连接，通知Source和Sink创建发布者和订阅者，并根据图的逻辑把订阅者订阅到发布者

2. Source和Sink被整合到一个模块中，这一模块称为蓝图

3. Source最终创建一个FilePublisher，它用于创建读取文件的FileChannel

4. Sink最终创建一个FilePublisher，它用于创建写出文件的FileChannel

图 13-6　图的实体化

流可以使用如 take、takeWhile 和 takeWithin 的操作符关闭。take 操作符在处理元素达到最大值时关闭流，takeWhile 在谓词函数返回 true 时关闭流，takeWithin 在经过指定的时间间隔后关闭流。这些关闭流的操作符内部操作相似。

这时会关闭所有内部创建的用于执行操作的 Actor。再次运行 RunnableGraph 会产生一套新的 Actor，整个处理流程重新开始。

1. 防止内存过载

如果 FilePublisher 把文件中的所有数据读入内存（其实它不会这样做），则将导致 OutOfMemoryException 异常，那么它会如何做呢？答案就在于 Publisher 和 Subscriber 之间是如何交互的，如图 13-7 所示。

FilePublisher 只能发布 FileSubscriber 请求数目的元素。

在本例中，如果接收端 FileSubscriber 请求更多的数据，源端的 FilePublisher 才会读取更多的数据。这就意味着从源中读取数据的速度应该与接收端写出的速度相匹配。在这个简单的例子中，图中只有两个组件；在更复杂的图中，命令会从尾至

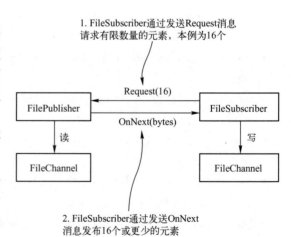

1. FileSubscriber通过发送Request消息请求有限数量的元素，本例为16个

2. FileSubscriber通过发送OnNext消息发布16个或更少的元素

图 13-7　Subscriber 向 Publisher 请求
自己可以处理的最大数目的元素

头检查整个图，以确保没有一个发布者的发布速度高于订阅者的请求速度。

Akka-stream 中的所有图组件的工作方式类似。最终每一部分被转换成一个反应流（reactive stream）的发布者或订阅者。这种形式的 API 使得 Akka-stream 可以在有限的内存空间内处理无限的流，并可以设置发布者和订阅者之间的交互规则，如绝对不能发送多于请求的元素。

这里从根本上简化了发布者和订阅者之间的协议。最重要的是订阅者和发布者之间以异步方式发送关于供求的消息。它们不会以任何方式阻塞对方。供求被限定为固定数目的元素。订阅者可以通知发布者它可处理的元素减少或增加。订阅者这种操作能力称为无阻塞后端压力（nonblocking back pressure）。

反应流的动机

反应流提供了无阻塞后端压力的方式进行异步流处理的标准。有几个实现了反应流 API 的库，它们可以相互集成在一起。Akka-stream 实现了反应流 API，并在此基础上提供了更高层次的 API。更多关于反应流的内容请参考 www. reactive-streams. org/。

3. 内部缓存

Akka-stream 使用内部缓存优化吞吐量，其在内部是成批进行请求和发布的，而不是请求和发布单个元素。

FileSubscriber 每次可请求固定数目的元素。Akka-stream 保证在读/写文件时使用有限的内存。FileSubscriber 使用一个带有高水印的 WatermarkRequestStrategy 设置最大输入缓冲区的大小。FileSubscriber 请求的元素数量不会超过这一设置。

现在还没有讨论元素本身的大小。在这个例子中，从文件中读取的块的大小可以通过 fromPath 方法进行设置，默认值为 8 KB。

最大输入缓冲区的大小设置元素的最大数目，可以在配置中通过 akka. stream. materializer. max-input-buffersize 进行设置。默认设置为 16，因此在本例中大约一次可存储 128 KB 的数据。

最大输入缓冲区也可以通过 ActorMaterializerSettings 进行设置，可以传递给实体化器（materializer）或特定的图组件。ActorMaterializerSettings 可以设置实体化的几个方面，包含执行图的 Actor 应使用哪个分发器，以及图组件的监督机制。

操作符融合（Operator fusion）

当在源和接收器之间需要更多的结点时，Akka-stream 使用称为操作符整合（operator fusion）的优化技术，删除图中线性链中尽可能多的不必要的异步边界。

默认情况下，使图中尽量多的步骤在一个 Actor 中完成，以消除线程间传递元素、请求和供应信号的额外开销。async 方法可用于在图中显示的创建异步边界，因此由 async 隔离的处理元素可以保证后来运行在独立的 Actor 中。

操作符融合发生在实体化过程中，可以通过 akka. stream. materializer. auto-fusing = off 设置关闭它，也可以使用 Fusing. aggressive(graph) 对图进行预融合（在其实体化之前）。

---

4. 实体值组合

在图实体化时，源和接收器可以提供一个辅助的值。文件源和接收器在其执行结束时提供一个 Future[IOResult]，包含读/写的字节数。

RunnableGraph 运行时返回一个实体值，那么哪一个值通过图进行传递是如何决定的呢？

to 方法是 toMat 的简写，它是接收附加函数参数组合实体值的方法。Keep 对象为此定义了几个标准函数。

默认情况下，to 方法使用 Keep.left 保存左边实体化的值，这也就解释了对于 Streaming-Copy 实例，图的实体化值为什么返回读取文件的 Future[IOResult]，如图 13-8 所示。

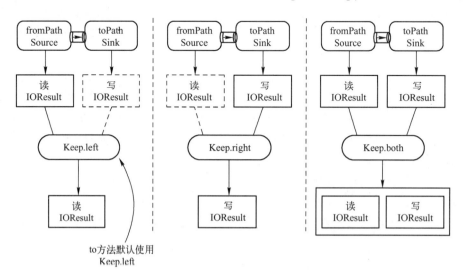

图 13-8　保存图中实体化的值

使用 toMat 方法时，可以选择保存左边（left）、右边（right）、全不（none）和全都（both）的值，如清单 13-5 所示。

清单 13-5　保存实体化的值

```
import akka.Done
import akka.stream.scalads1.Keep
val graphLeft:RunnableGraph[Future[IOResult]] =
    source.toMat(sink)(Keep.left)              保存读取文件的 IOResult
val graphRight:RunnableGraph[Future[IOResult]] =
    source.toMat(sink)(Keep.right)             保存写入文件的 IOResult
val graphBoth:RunnableGraph[(Future[IOResult],Future[IOResult])] =
    source.toMat(sink)(Keep.both)             两者都保存
val graphCustom:RunnableGraph[Future[Done]] =
    source.toMat(sink){(l,r) =>               表示流处理已完成的自定义函数
        Future.sequence(List(l,r)).map(_=>Done)
    }
```

Keep.left、Keep.right、Keep.both 和 Keep.none 分别是返回左边、右边、全部或不返回参数的简单函数。Keep.left 是最好的默认值，在一个很长的图中，最开始实体化的值被保存。如果 Keep.right 是默认，那么在每一步都必须指明 Keep.left 来保存最先实例化的值。

13.1.3　用 Flow 处理事件

下面看一个不仅仅是拷贝字节的例子。从日志处理器的第一个版本开始。

EventFilter app 是一个简单的命令行程序，接收 3 个参数：包含日志的输入文件、一个写入 JSON 格式事件的输出文件和过滤事件的状态（这种状态的事件被写入输出文件）。

在进行流操作之前，先来讨论一下日志事件的格式。日志事件作为文本行写入（文件），并且一条日志事件的每一部分与下一部分用管道符号（｜）分隔。清单 13-6 显示了这种格式的例子。

清单 13-6　日志事件的格式

```
my-host-1 │ web-app │ ok    │ 2015-08-12T12:12:00.127Z │ 5 tickets sold. ‖
my-host-2 │ web-app │ ok    │ 2015-08-12T12:12:01.127Z │ 3 tickets sold. ‖
my-host-1 │ web-app │ ok    │ 2015-08-12T12:12:02.127Z │ 1 tickets sold. ‖
my-host-2 │ web-app │ error │ 2015-08-12T12:12:03.127Z │ exception!! ‖
```

第一个日志事件的例子包含了主机名、服务名、状态、时间和描述域。状态可以是'ok' 'warning' 'error'或'critical'的其中之一。每行以换行符（\n）结束。

文件中的每个文本行会被解析并转换成 Event case 类，如清单 13-7 所示。

清单 13-7　Event case 类

```
case class Event(
    host:String,
    service:String,
    state:State,
    time:ZonedDateTime,
    description:String,
    tag:Option[String]=None,
    metric:Option[Double]=None
)
```

Event case 类只是简单的包含日志行中的每个域。

使用 spray-json 库把 Event 转换成 JSON。EventMarshalling trait 此处省略，包含了 Event case 类的 JSON 格式。EventMarshalling trait 与本章的所有代码一起存放在 GitHub 库中，在 chapter-stream 目录中。

在 Source 和 Sink 之间使用 Flow，如图 13-9 所示。

Flow 将捕获所有流处理的逻辑，我们将在稍后的 HTTP 版本的例子中重用这些逻辑。Source 和 Flow 都提供了操作流的方法。图 13-10 从概念上显示了事件过滤器的操作。

我们面临的第一个问题是，Flow 可以接收任意大小的 ByteString。我们无法假定接收到的 ByteString 正好是一个日志事件的行。

对于分帧，Akka-stream 预定义了几个 Flow，用于识别流中数据的帧。在本例中，可以使用 Framing.delimiter Flow 把特定的 ByteString 作为分隔符检测流中的数据。它缓冲最大数目 maxLine 的字节查找以分隔符终止的帧，并确保损坏的输入不会导致 OutOfMemoryException 异常。

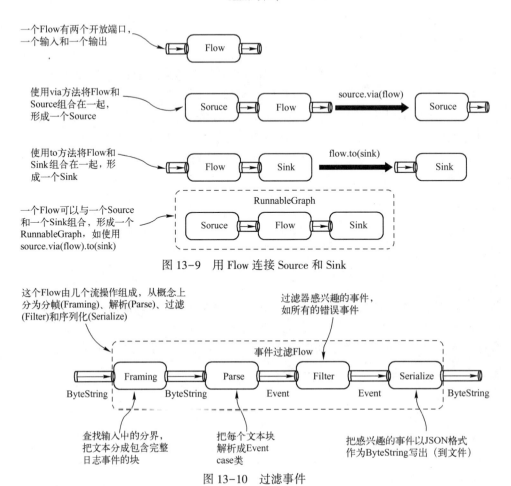

图 13-9 用 Flow 连接 Source 和 Sink

图 13-10 过滤事件

清单 13-8 显示了 frame 流把任意大小的，以换行符分隔的 ByteString 转换成 ByteString 帧。在我们的格式中，它表示一个完整的日志事件行。

清单 13-8 ByteString 分帧

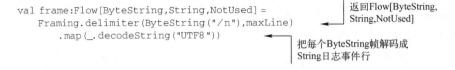

Flow 有许多类似集合的运算符（如 map 和 filter），可用于对流中的数据进行转换。清单 13-8 显示了如何使用 map 把每个 ByteString 帧转换成一个 String。

现在已经准备好把日志行解析成 Event case 类。省略了解析实际日志行的逻辑（可以在 GitHub 项目中找到）。这里将再次对元素进行 map 运算，把 String 转换成 Event，如清单 13-9 所示。

流不是集合

你可能会注意到许多流操作与集合操作类似，如 map、filter 和 collect。这可能会使你认为，流就是另一种标准的集合，其实不是。它们最大的区别是流的大小是未知的，而几乎所有标准的集合类（如 List、Set 和 Map）的大小是已知的。根据对集合 API 的经验，你可能会认为许多方法在 Flow 中可以使用，但实际上是不可用的。原因很简单，你不能遍历流中的所有元素。

清单 13-9　解析日志行

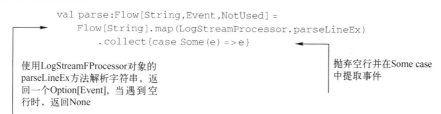

```
val parse:Flow[String,Event,NotUsed] =
    Flow[String].map(LogStreamProcessor.parseLineEx)
        .collect{case Some(e) =>e}
```

使用LogStreamFProcessor对象的parseLineEx方法解析字符串，返回一个Option[Event]，当遇到空行时，返回None

抛弃空行并在Some case中提取事件

Flow[String]创建一个 Flow，接收 String 元素作为输入，并提供 String 元素作为输出。

在这个例子中，实体化值的类型是什么并不重要。当创建 Flow[String]时，没有合理的类型可供选择。NotUsed 类型用于指示实体化值不重要，不应使用。parse Flow 接收 String 并输出 Event。

下一个步骤是过滤，如清单 13-10 所示。

清单 13-10　过滤事件

```
val filter:Flow[Event,Event,NotUsed]=
    Flow[Event].filter(_.state==filterState)
```

所有包含特定 filterState 的事件可以通过 Servialize 过滤 Flow，其他的事件被抛弃。Serialize Flow 如清单 13-11 所示。

清单 13-11　序列化事件

```
val serialize:Flow[Event,ByteString,NotUsed] =
    Flow[Event].map(event =>ByteString(event.toJson.compactPrint))
```

使用spray-json库序列化为JSON

Flow 可以使用 via 进行组合。清单 13-12 显示了完整的事件过滤 Flow 的定义，以及实例化过程。

清单 13-12　事件过滤 Flow 的组合

```
val composedFlow:Flow[ByteString,ByteString,NotUsed]=
    frame.via(parse)
        .via(filter)
        .via(serialize)

val runnableGraph:RunnableGraph[Future[IOResult]]=
    source.via(composedFlow).toMat(sink)(Keep.right)

runnableGraph.run().foreach{result =>
    println(s"Wrote${result.count}bytes to '$outputFile'.")
    system.terminate()
```

使用 toMat 保存右端的实体化值，它是 Sink 的实体化值，因此可以打印出写入输出文件的字节总数。Flow 也可以一次定义完全，如清单 13-13 所示。

清单 13-13　事件过滤的一个 Flow

```
val flow:Flow[ByteString,ByteString,NotUsed]=
    Framing.delimiter(ByteString("\n"),maxLine)
        .map(_.decodeString("UTF8"))
        .map(LogStreamProcessor.parseLineEx)
        .collect{case Some(e) =>e}
        .filter(_.state==filterState)
        .map(event =>ByteString(event.toJson.compactPrint))
```

13.1.4　处理流中的错误

EventFilter App 在遇到错误时表现的有点幼稚。LogStreamProcessor. parseLineEx 方法在遇到不可解析的行时会抛出异常，但这只是一种可能出现的错误。你可传递一个根本不存在的文件路径。

默认情况下，流处理遇到异常错误时会停止处理。可运行图的实体化值将会是一个失败的包含异常的 Future。

先来看一下忽略不可解析的日志行。可以定义一个监督策略，就像定义 Actor 的监督策略一样。清单 13-14 显示了如何使用 Resume 来抛弃导致异常的元素，使流处理得以继续。

清单 13-14　出现 LogParseException 异常时重新启动 Flow

```
import akka.stream.ActorAttributes
import akka.stream.Supervision

import LogStreamProcessor.LogParseException
                                                    ◁─── 定义一个Decider,
                                                         与Actor的监督类似
val decider:Supervision.Decider = {
    case_:LogParseException => Supervision.Resume    ◁─── 对于LogParseException
    case_ => Supervision.Stop                             异常进行重启操作
}

val parse:Flow[String,Event,NotUsed] =
    Flow[String].map(LogStreamProcessor.parseLineEx)                  通过属性传递监督器
        .collect{case Some(e) =>e}
        .withAttributes(ActorAttributes.supervisionStrategy(decider)) ◁───
```

监督策略通过 withAttributes 进行传递，这在所有图组件中都可以使用。也可以使用 ActorMaterializerSettings 对整个图设置监督策略，如清单 13-15 所示。

清单 13-15　图监督

```
val graphDecider:Supervision.Decider = {
    case_:LogParseException => Supervision.Resume
    case_ => Supervision.Stop
}

import akka.stream.ActorMaterializerSettings          通过
implicit val materializer = ActorMaterializer(         ActorMaterializerSettings
    ActorMaterializerSettings(system)                  传递监督策略
        .withSupervisionStrategy(graphDecider)    ◁───
)
```

流监督支持 Resume、Stop 和 Restart。有些流处理带有状态，当 Restart 时状态被丢弃，Resume 不会丢弃状态。

错误作为流元素

另一种处理错误的选择是，捕获异常并使用错误类型和其他元素一样在流中传播。例如，可以引入一个 UnparsableEvent case 类，并使 Event 和 UnparsableEvent 从共用的 Result 密封 trait 继承，使它可以进行模式匹配。完整的 Flow 应该是 Flow[ByteString,Result,NotUsed]。另一种选择是使用 Either 类型，错误编码为 left，事件编码为 right，结果类似于 Flow[ByteString,Either[Error,Result],NotUsed]。在 Akka 社区中，对于 Either 有更好的选择，如 Scalaz's Disjunction、Cats' Xor 类型或 Scalactic's Or 类型。

下面将介绍如何从过滤事件的逻辑中分离序列化协议。EventFilter 是一个非常简单的 App——主要逻辑是过滤包含特定状态的事件。如果能够重用解析、过滤和序列化步骤就更好了。

13.1.5 用 BidiFlow 创建协议

BidiFlow 是包含两个开放输入和两个开放输出的图组件。它的一种用法是，用在 Flow 之上作为适配器。

把 BidiFlow 用作两个工作在一起的 Flow。需要注意的是，BidiFlow 的创建方式远不止从两个 Flow 进行创建，它允许一些更加高级的有趣应用。

重写 EventFilter app，使得它只用 filter 方法，把事件一个一个地当作 Flow[Event,Event,NotUsed] 进行处理。如何从输入字节读取事件，以及如何把日志写出，应当作可重用的协议适配器。图 13-11 显示了 BidiFlow 的结构。

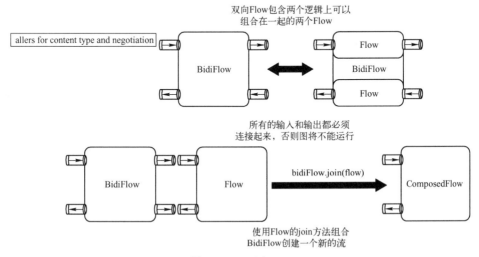

图 13-11 双向 Flow

BidiEventFilter App 把序列化协议从事件过滤的逻辑中分离出来，如图 13-12 所示。在这个例子中，"输出"的 Flow 只包含序列化流，因为在这个例子中事件的分帧（换行符）由序列化器自动添加。

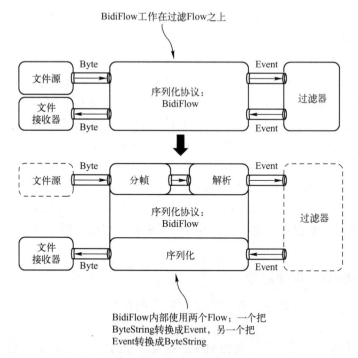

图 13-12　使用双向 Flow 的序列化协议

清单 13-16 显示了如何从命令行创建一个特定的 BidiFlow。任何除 "JSON" 之外的内容都将被解析成日志文件的格式。

清单 13-16　从命令行参数创建 BidiFlow

```
val inFlow:Flow[ByteString,Event,NotUsed] =
    if(args(0).toLowerCase =="json"){
        JsonFraming.json(maxJsonObject)
        .map(_.decodeString("UTF8").parseJson.convertTo[Event])
    }else{
        Framing.delimiter(ByteString("\n"),maxLine)
            .map(_.decodeString("UTF8"))
            .map(LogStreamProcessor.parseLineEx)
            .collect{case Some(event) =>event}
    }

val outFlow:Flow[Event,ByteString,NotUsed] =
    if(args(1).toLowerCase == "json"){
        Flow[Event].map(event =>ByteString(event.toJson.compactPrint))
    }else{
        Flow[Event].map{event =>
            ByteString(LogStreamProcessor.logLine(event))
        }
    }
val bidiFlow = BidiFlow.fromFlows(inFlow,outFlow)
```

> 对JSON流进行分帧，maxJsonObject是任何JsonObject对象的最大字节数

> LogStreamProcessor.logLine 方法把事件序列化为日志行

JsonFraming 把输入的字节流分帧成 JSON 对象。这里使用 spray-json 解析包含 JSON 对象的字节流并把它转换成 Event。JsonFraming 包含在 GitHub 项目中，该项目是从 Konrad Malawski 的初步工作中复制的，用于流化 JSON（预计将包含在未来的 Akka 版本中）。

fromFlows 从两个 Flow 创建 BidiFlow，用于反序列化和序列化。BidiFlow 可以用 join 方法与 filter Flow 连接，如清单 13-17 所示。

清单 13-17　用 filter Flow 连接 BidiFlow

```
val filter:Flow[Event,Event,NotUsed] =
    Flow[Event].filter(_.state == filterState)

val flow = bidiFlow.join(filter)
```

BidiFlow的输入在filter Flow的左边，BidiFlow的输出在filter Flow的右边

另一种关于 BidiFlow 的想法是，它提供两个流，可以连接在现有 Flow 的前边和后边，以对 Flow 的输入和输出端进行调整。在这个例子中，它用于以一致的格式读写流。

下一节将构建一个 HTTP 服务流，并向日志流处理器添加更多的特性，使其更趋近于实际应用。到目前为止，只对流操作的直接流水线进行处理。下面看一下流的广播和合并操作。

13.2　HTTP 流

日志流处理器将作为 HTTP 服务运行。Akka-http 使用 Akka-stream，因此把基于文件的 App 转换成基于 HTTP 服务的 App 并不需要太多的额外代码。Akka-http 是包含 Akka-stream 库的很好的例子。

首先，要向项目中添加更多的依赖，如清单 13-18 所示。

清单 13-18　Akka-http 依赖

```
"com.typesafe.akka"% % "akka – http – core"% version,
"com.typesafe.akka"% % "akka – http – experimental"% version,
"com.typesafe.akka"% % "akka – http – spray – json – experimental"% version,
```

Akka-http依赖

Akka-http与spray-json整合（所需的依赖）

这一次要构建一个 LogsApp，它可以从某种存储介质中读/写日志流。在这个例子中，为了保持简单，我们将把流直接写入文件。

13.2.1　接收 HTTP 流

允许本服务的客户使用 HTTP POST 传输日志事件数据。数据将被存储在服务器的文件中。/logs/[log_id]URL 的 POST 请求将在日志目录中创建一个名为[log_id]的文件。例如，/logs/1 将在配置的日志目录中创建文件 1。当实现/logs/[log-id]GET HTTP 请求时，再从文件中读取流。LogsApp 搭建 HTTP 服务器的过程在这里省略。

HTTP 路由定义在 LogsApi 类中，如清单 13-19 所示。LogsApi 有一个 logsDir 属性指向日志保存的目录。logFile 方法仅返回特定 ID 的文件。EventMarshalling trait 用于辅助支持 JSON 编组。隐式作用域中的 ExecutionContext 和 ActorMaterializer 是运行 Flow 所必需的。

清单 13-19　LogsApi

```
class LogsApi(
    val logsDir:Path,
```

```
        val maxLine:Int
    )(
        implicit val executionContext:ExecutionContext,
        val materializer:ActorMaterializer
    )extends EventMarshalling{
        def logFile(id:String)=logsDir.resolve(id)
        //route logic follows..
```

下面将使用前一节中的 BidiFlow，因为它已经定义了从日志文件到 JSON 事件的协议。清单 13-20 显示了将要使用的 Flow、Sink 和 Source，我们将在实现 HTTP GET 时再来讨论它。

清单 13-20　POST 中的 Flow 和 Sink

```
    import java.nio.file.StandardOpenOption
    import java.nio.file.StandardOpenOption._

    val logToJsonFlow = bidiFlow.join(Flow[Event])

    def logFileSink(logId:String) =
        FileIO.toPath(logFile(logId),Set(CREATE,WRITE,APPEND))
    def logFileSource(logId:String) = FileIO.fromPath(logFile(logId))
```

双向Flow与一个Flow连接在一起，对每个事件进行无改变传送

在这个例子中，对事件不作任何改变，所有日志行被转换成 JSON 事件。调整与 BidiFlow 连接的 Flow，根据读者提供的查询参数对事件进行过滤。logFileSink 和 logFileSource 在本节的例子中是非常方便的方法。

HTTP POST 请求在 postRoute 方法中进行处理，如清单 13-21 所示。因为 Akka-http 是构建在 Akka-stream 之上的，所以通过 HTTP 接收流非常容易。HTTP 请求实体包含一个 dataBytes Source，可以从中读取数据。

> **响应前将实体 Source 读取完整**
>
> 从 dataBytesSource 中读取所有数据是非常重要的。如果在从源读取所有数据之前进行响应，（如使用 HTTP 持久连接的客户端可以确定 TCP 套接字仍然适合用于下一次请求），则将导致 Source 数据不再被读取。
>
> HTTP 客户端总是假定请求已被完全处理，因此如果它得到了读取响应的提示，就不会再试图读取这个响应。即使没有使用持久化连接，最好还是完整地处理这一请求。
>
> 对于阻塞式 HTTP 客户端，这通常是个问题，在它们完全写入请求之前不会读取响应。
>
> 这并不意味着请求/响应循环是同步处理的。在本节的例子中，响应是在请求处理完成后异步发送的。

清单 13-21　处理 POST 请求

```
    def postRoute =
        pathPrefix("logs"/Segment){logId =>
            pathEndOrSingleSlash{
                post{
                    entity(as[HttpEntity]){entity =>
                        onComplete(
                            entity
                            .dataBytes
```

提取 HttpRequest

该实体 Source[ByteStrign, Any] 类型的数据流

run 方法返回一个 Future[IOResult]，因此使用 onComplete 指令，最终它把 Future 的结果传递给内部路由，在这里 Success 和 Failure 的情况得到处理。complete 指令返回响应结果。

13.2.2 HTTP 响应流

客户端应能够通过 HTTP GET 请求取回日志事件流。清单 13-22 显示了 getRoute 方法。

清单 13-22 处理 GET 请求

```
def getRoute =
    pathPrefix("logs"/Segment){logId =>
        pathEndOrSingleSlash{
            get{
                if(Files.exists(logFile(logId))){
                    val src = logFileSource(logId)
                    complete(
                        HttpEntity(ContentTypes.'application/json',src)
                    )
                }else{
                    complete(StatusCodes.NotFound)
                }
            }
        }
    }
```

如果文件存在，则创建一个 Source[ByteSrting,Future[IOResult]]

以 HttpEntity 结束，它包含 JSON 格式的内容类型

标识符中的引号

Akka-http 与 HTTP 规范很近，这也反映在 HTTP 头、内容类型和其他 HTTP 规范元素的命名上。Scala 中引号可使你使用不允许出现的字符创建标识符，如破折号和斜线，而这些字符在 HTTP 规范中很常见。

HttpEntity 有一个接收 ContentType 和 Source 的 apply 方法。从文件中读取流数据就像向这个方法传递 Source 一样简单，并通过 complete 指令完成响应。在处理 POST 请求的例子中，我们简单地认为数据发送格式是我们期望的日志格式。在处理 GET 请求的例子中，我们以 JSON 格式返回数据。

13.2.3 内容类型和协调的自定义编组与解组

当多个 MediaType 可用时，Accept 头允许 HTTP 客户端指定 GET 的数据格式。HTTP 客户

端可以通过设置 Content-Type 头指定 POST 中请求体的格式。本节将处理这两种情况，以便 POST 和 GET 的数据可以在 JSON 和日志格式之间互换，就如同 BidiEventFilter 的例子一样。

Akka-http 提供了自定义编组和解组的特性来处理内容协调，这对于我们来说意味着更少的工作量。下面以处理 POST 的 Content-Type 请求头开始。

1. 自定义解组中处理 Content-Type 请求头

Akka-http 对于从请求实体中解组数据提供了几种预定义类型，如字节数组，字符等。它还允许我们自定义 Unmarshaller。在这个例子中，只支持两种类型：text/plain（表示日志格式）和 application/json（表示 JSON 格式的日志事件）。根据 Content-Type 指定的类型，对 entity.dataBytes 数据源按行进行分帧，或者按 JSON 格式进行分帧，并像通常一样进行处理。

Unmarshaller trait 只需要实现一个方法，如清单 13-23 所示。

清单 13-23　在 EventUnmarshaller 中处理 Content-Type

```
import akka.http.scaladsl.unmarshalling.Unmarshaller
import akka.http.scaladsl.unmarshalling.Unmarshaller._

object EventUnmarshaller extends EventMarshalling{          ← 支持类型的Set
    val supported = Set[ContentTypeRange](
        ContentTypes.`text/plain(UTF-8)`,
        ContentTypes.`application/json`
    )

    def create(maxLine:Int,maxJsonObject:Int) = {            ← 应用转换把事件源
        new Unmarshaller[HttpEntity,Source[Event,_]]{          转换成一个Future
            def apply(entity:HttpEntity)(implicit ec:ExecutionContext,
            materializer:Materializer):Future[Source[Event,_]] = {
                val future = entity.contentType match{         ← 对内容类型进行
                    case ContentTypes.`text/plain(UTF-8)` =>      模式匹配，把
                        Future.successful(LogJson.textInFlow(maxLine))   Flow包装在
                    case ContentTypes.`application/json` =>       一个Future中
                        Future.successful(LogJson.jsonInFlow(maxJsonObject))
                    case other =>
                        Future.failed(
                            new UnsupportedContentTypeException(supported)
                        )                                        ← 使用via在
                }                                                  dataBytes上
                future.map(flow => entity.dataBytes.via(flow))(ec)  创建新的源
            }
        }.forContentTypes(supported.toList:_*)               ← 用Akka-http的默认行为
    }                                                            限制允许的内容类型
}
```

自定义 Unmarshaller —— 指向 `new Unmarshaller[HttpEntity,Source[Event,_]]{`

把这种格式转换成LogJSON对象 —— 指向 `case ContentTypes.`text/plain(UTF-8)` =>` 和 `case ContentTypes.`application/json` =>`

获取一个非耗尽的模式匹配警告 —— 指向 `case other =>`

create 方法创建一个匿名的 Unmarshaller 实例。apply 方法首先创建一个 Flow 处理输入的数据，它由 dataBytesSource 组成，并使用 via 方法转换成一个新的 Source。

这个 Unmarshaller 必须放到隐式作用域中，以便使 entity 指令用于提取 Source[Event,_]，它定义在 ContentNegLogsApi 类中，如清单 13-24 所示。

清单 13-24　在 POST 中使用 EventUnmarshaller

```
implicit val unmarshaller = EventUnmarshaller.create(maxLine,maxJsObject)
def postRoute =                                          创建Unmarshaller
    pathPrefix("logs"/Segment){logId =>                  并把它放在隐式
        pathEndOrSingleSlash{                            作用域中
            post{
```

```
entity(as[Source[Event,_]]){src =>
    onComplete(
        src.via(outFlow)
            .toMat(logFileSink(logId))(Keep.right)
            .run()
    ){
    //Handling Future result omitted here,done the same as before.
```

entity(as[T])需要隐式作用域中的Unmarshaller

aia. stream. ContentNegLogsApp 程序的试运行留给读者作为练习。必须保证用 httpie 指定 Content-Type，如清单 13-25 所示。

清单 13-25　httpie 使用 Content-Type 请求头的 POST 例子

```
http-v POST localhost:5000/logs/1 Content-Type:text/plain<test.log
http-v POST localhost:5000/logs/2 Content-Type:application/json<test.json
```

2. 自定义编组实现内容协调

将编写自定义 Marshaller 在响应中支持 text/plain 和 application/json 内容类型。Accept 请求头可用于指定响应的可接收媒体类型。清单 13-26 列出了可用 httpie 获取的部分内容类型。

清单 13-26　httpie 使用 Accept 请求头的例子

```
http-v GET localhost:5000/logs/1'Accept:application/json'
http-v GET localhost:5000/logs/1'Accept:text/plain'
http-v GET localhost:5000/logs/1 \
'Accept:text/html,text/plain;q=0.8,application/json;q=0.5'
```

只接收文本（日志格式）

text/html最好，text/plain次之，JSON再次之

客户端可以表示它只接收特定的 Content-type，或者它有特定的喜好。决定使用何种 Content-Type 进行响应的逻辑由 Akka 实现。这里所要做的就是创建一个 Marshaller 支持系统内容类型。

LogEntityMarshaller 对象创建一个 ToEntityMarshaller 对象，如清单 13-27 所示。

清单 13-27　为内容协调提供编组实现

```
import akka.http.scaladsl.marshalling.Marshaller
import akka.http.scaladsl.marshalling.ToEntityMarshaller

object LogEntityMarshaller extends EventMarshalling{
    type LEM = ToEntityMarshaller[Source[ByteString,_]]

    def create(maxJsonObject:Int):LEM = {
        val js = ContentTypes.`application/json`
        val txt = ContentTypes.`text/plain(UTF-8)`

        val jsMarshaller = Marshaller.withFixedContentType(js){
            src:Source[ByteString,_] =>
            HttpEntity(js,src)
        }

        val txtMarshaller = Marshaller.withFixedContentType(txt){
            src:Source[ByteString,_] =>
```

日志文件以 JSON格式存储，所以直接进行流传递

日志文件需要被转换回日志行格式

```
                HttpEntity(txt,toText(src,maxJsonObject))
            }
            Marshaller.oneOf(jsMarshaller,txtMarshaller)
        }

    def toText(src:Source[ByteString,_],
        maxJsonObject:Int):Source[ByteString,_] = {
            src.via(LogJson.jsonToLogFlow(maxJsonObject))
        }
    }
}
```

oneOf方法从两个编组实现中创建一个"超级编组"

将LogJson对象格式转换成Flow

创建特定 Content-Type 的 Marshaller，Marshaller. withFixedContentType 是一个方便的方法。它接收一个 A=>B 的函数，在这个例子中是 Source[ByteString, Any] =>HttpEntity。Src 提供了 JSON 格式的日志文件的字节内容，它将被转换成一个 HttpEntity 实体。

LogJson. jsonToLogFlow 方法使用前面用过的技巧，用 Flow[Event]连接 BidiFlow，这一次是把 JSON 转换成日志格式。

这个 Marshaller 必须放在隐式作用域中，便于它使用 HTTP GET 路由，如清单 13-28 所示。

清单 13-28　在 GET 中使用 LogEntityMarshaller

```
    implicit val marshaller = LogEntityMarshaller.create(maxJsObject)
    def getRoute =
        pathPrefix("logs"/Segment){logId =>
            pathEndOrSingleSlash{
                get{
                    extractRequest{req =>
                        if(Files.exists(logFile(logId))){
                            val src = logFileSource(logId)
                            complete(Marshal(src).toResponseFor(req))
                        }else{
                            complete(StatusCodes.NotFound)
                        }
                    }
                }
            }
        }
```

创建Marshaller并把它放在隐式作用域中

extractRequest指令提取request请求

toResponseFor方法使用隐式Marshaller

Marshal(src). toResponseFor(req)接收日志文件作为 Source，根据请求（包含 Accept 请求头）创建一个响应，并通过 LogEntityMarshaller 发起内容协调。

LogsApi 和 ContentNegLogsApp 以不改变日志的方式对其进行读/写。在需要时，可以通过日志的状态对事件进行过滤，但根据日志事件的状态（OK（成功）、warning（警告）、error（错误）和 critical（关键））对事件进行划分，并把这些事件存放到独立的文件中更有意义，这样所有的错误事件可以直接取出，而没必要每次都进行过滤。

JSON 流支持

这个例子支持文本格式和 JSON 格式的两种日志事件。如果想只支持 JSON，有一个简单的选择。akka. http. scaladsl. common 包中的 EntityStreamingSupport 对象通过 Entity Streaming-Support. json 提供了一个 JsonEntityStreamingSupport，当把它放入隐式作用域时，可以使用 complete（events）完成一系列 HTTP 事件请求，也可以直接从 entity（asSourceOf[Event]）获得一个 Source[Event,NotUsed]。

13.3　用 Graph DSL 进行扇入和扇出

到目前为止，只学习了一个输入和一个输出的线性处理。Akka-stream 提供了一种 Graph DSL，用于描述扇入（fan in）和扇出（fan out），它可以有任意数目的输入和输出。Graph DSL 几乎是一种图形化的 ASCII 编码艺术。在许多情况下，可以把一个白板图转换成 DSL。

有许多扇入和扇出的 GraphStage 用于创建各种图，如 Source、Flow 和 Sink，也可以定义自己的 GraphStage。

可以使用 Graph DSL 创建任意 Shape 的图。在 Akka-stream 的术语中，Shape 用于定义图有多少输入和输出（这些输入和输出分别叫作入口（Inlet）和出口（Outlet））。在下一个例子中，将创建一个 Flow Shape（形状）的图，它可以像以前一样用于 POST 路由。其内部使用扇出 Shape（fan-out shape）进行实现。

13.3.1　广播流

在学习 Graph DSL 时，将根据状态（一个 Sink 对应所有的错误器件）对日志事件进行划分，这样当对一个或多个这样的状态进行 GET 请求时，就没必要每次都进行过滤了。图 13-13 显示了如何使用 BroadcastGraphStage 把事件发送到不同的 Flow。Graph DSL 提供了 GraphDSL. Builder 创建图中的结点，并提供了 ~>方法用于把结点连接在一起，有点像 via 方法。图中的结点是 Graph 类型的，这样在对图的部分进行引用时会引起混淆，因此通常情况下使用"结点（node）"这一术语，而不是使用图（Graph）这一术语。

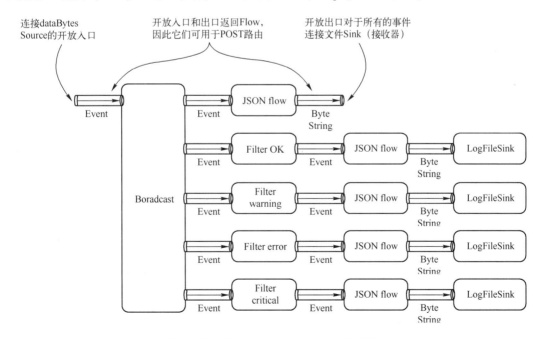

图 13-13　用 BroadcastGraphStage 划分事件

清单 13-29 显示了如何用代码创建图 13-13 的图（graph），还显示了如何通过图的开放入口和出口定义 Flow。

清单 13-29　向独立的日志接收器广播

```
import akka.stream.{FlowShape,Graph}
import akka.stream.scaladsl.{Broadcast,GraphDSL,RunnableGraph}

type FlowLike = Graph[FlowShape[Event,ByteString],NotUsed]

def processStates(logId:String):FlowLike = {                    ← Flow 从 Graph 创建,
    val jsFlow = LogJson.jsonOutFlow                                并用于 POST 路由
    Flow.fromGraph(
        GraphDSL.create(){implicit builder =>       ←  builder 是一个 GraphDSL.Builder
        import GraphDSL.Implicits._
        //all logs,ok,warning,error,critical,so 5 outputs
        val bcast = builder.add(Broadcast[Event](5))        向图中添加 Flow 结点,
        val js = builder.add(jsFlow)                        用于传递所有事件,
        val ok = Flow[Event].filter(_.state == Ok)          不改变其 JSON 格式
        val warning = Flow[Event].filter(_.state == Warning)
        val error = Flow[Event].filter(_.state == Error)
        val critical = Flow[Event].filter(_.state == Critical)   一个 Broadcast
        bcast ~> js.in                                           输出直接把所有
        bcast ~> ok ~> jsFlow ~> logFileSink(logId,Ok)           事件写入 js 结点
        bcast ~> warning ~> jsFlow ~> logFileSink(logId,Warning) 的入口
        bcast ~> error ~> jsFlow ~> logFileSink(logId,Error)
        bcast ~> critical ~> jsFlow ~> logFileSink(logId,Critical)
        FlowShape(bcast.in,js.out)              ← 从 Broadcast 入口和 JSON Flow
    })                                              的出口,创建一个 Flow-shaped
                                                    Graph 输出
def logFileSource(logId:String,state:State) =
    FileIO.fromPath(logStateFile(logId,state))
def logFileSink(logId:String,state:State) =
    FileIO.toPath(logStateFile(logId,state),Set(CREATE,WRITE,APPEND))
def logStateFile(logId:String,state:State) =
    logFile(s"$logId-${State.norm(state)}")
```

（图中注释）
- 导入 DSL 方法
- 向图中添加 Broadcast 结点
- 对于任意的其他输出。在 JSON Flow 之间添加过滤器

全是 Graph 和 Shape

processStates 的返回类型不一定是你所期望的（FlowLike 类型的别名只是因为格式化的原因）。返回值类型是 Graph[FlowShape[Event,ByteString],NotUsed]，而不是 Flow[Event,ByteString,NotUsed]类型。

事实上，Flow[-In,+Out,+Mat]是从 Graph[FlowShape[In,Out],Mat]继承而来的。这就意味着 Flow 只是一个预定义 Shape 的 Graph。如果深入研究一下 Akka-stream 的源代码，会发现 FlowShape 是一个只有一个输入和一个输出的 Shape。

所有预定义的组件都以相似的方式进行定义：任何组件都定义为带有 Shape 的 Graph。例如，Source 和 Sink 分别从 Graph[SourceShape[Out],Mat]和 Graph[SinkShape[In],Mat]继承。

---

builder 的参数是一个 GraphDSL.Builder，它是可以改变的。这只是为了在匿名函数中创建图。GraphDSL.Builder 的 add 方法返回一个 Shape，用于描述 Graph 的入口和出口。

你应该能够看到 DSL 代码和图 13-13 的相似之处。过滤的流写入单独的文件，如 log-FileSink（logId，state）方法调用所示。例如，对于 logId1 的错误，将附加 1 个错误文件。

在 POST 路由中使用 processStates 如清单 13-30 所示。

清单 13-30　在 POST 路由中使用 processStates

```
src.via(processStates(logId))
    .toMat(logFileSink(logId))(Keep.right)
    .run()
```

除了从[log-id]-error 文件读取的命名规则不同以外，从日志文件中返回错误事件的
GET 路由和普通的 GET 路由非常相似。

13.3.2　合并流

下面看一下合并资源的图（Graph）。在第一个例子中，合并所有状态不是 OK 的日志
ID。/logs/[log-id]/not-ok 的 GET 请求将返回所有状态不是 OK 的事件。图 13-14 显示了
MergeGraphStage 如何把 3 个 Source 合并成一个。

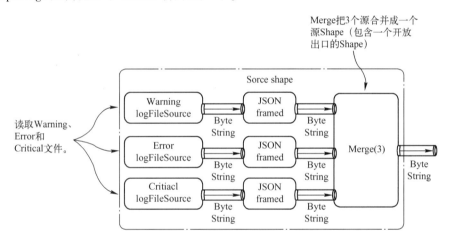

图 13-14　用 MergeGraphState 合并非 OK 状态的日志

清单 13-31 显示了如何在 Graph DSL 中使用 MergeGraphStage。它定义了一个 mergeNotOk
方法，用于把所有特定 logId 的非 OK 状态的日志合并成一个 Source。

清单 13-31　合并状态不是 OK 的所有日志事件

```
import akka.stream.SourceShape
import akka.stream.scaladsl.{GraphDSL,Merge}

def mergeNotOk(logId:String):Source[ByteString,NotUsed] = {
    val warning = logFileSource(logId,Warning)
        .via(LogJson.jsonFramed(maxJsObject))
    val error = logFileSource(logId,Error)
        .via(LogJson.jsonFramed(maxJsObject))
    val critical = logFileSource(logId,Critical)
        .via(LogJson.jsonFramed(maxJsObject))
    Source.fromGraph(
```

```
GraphDSL.create(){implicit builder =>
    import GraphDSL.Implicits._
        val warningShape = builder.add(warning)
        val errorShape = builder.add(error)
        val criticalShape = builder.add(critical)
        val merge = builder.add(Merge[ByteString](3))
        warningShape ~> merge
        errorShape ~> merge
        criticalShape ~> merge
        SourceShape(merge.out)
})
```

从Graph创建一个源，用于GET路由中

注意，warning、error 和 critical 源首先通过 JSON 分帧的 Flow，否则就会读取任意的 BtyeStrings，并把它们合并在一起，从而导致 JSON 输出混乱。

3 个资源用接收 3 个输入的 MergeGraphStage 进行合并，因此使用了所有的入口。Merge 有一个出口（merge. out）。SourceShape 从 merge. out 出口创建。Source 有一个 fromGraph 的方便方法，可以把带有 SourceShape 的 Graph 转换成一个 Source。

mergeNotOk 方法稍后用在 getLogNotOkRoute 中创建读取的 Source，如清单 13-32 所示。

清单 13-32　对/logs/[log-id]/not-ok GET 请求进行响应

```
def getLogNotOkRoute =
    pathPrefix("logs" / Segment / "not-ok"){logId =>
        pathEndOrSingleSlash{
            get{
                extractRequest{req =>
                    complete(Marshal(mergeNotOk(logId)).toResponseFor(req))
                }
            }
        }
```

MergePreferred GraphStage

MergeGraphStage 随机地从它的输入获取元素。Akka-stream 还提供了一个 MergePref-erredGraphStage，它有一个 out（输出）端口、一个 preferred 输入端口、零个或多个二级 in 端口。当其中一个输入有可用的元素时触发 MergePreferred，如果多个输入有可用的元素时，首先 preferred 输入。

对于合并资源还有一个简化版本的 API，将用于合并所有的日志。/logs GET 请求将返回合并在一起的所有日志。清单 13-33 演示了这一简化 API 的用法。

清单 13-33　mergeSources 方法

```
import akka.stream.scaladsl.Merge

def mergeSources[E](
    sources:Vector[Source[E,_]]
):Option[Source[E,_]] = {
    if(sources.size == 0)None
    else if(sources.size == 1)Some(sources(0))
    else{
        Some(Source.combine(
            sources(0),
            sources(1),
            sources.drop(2):_*
```

把所有的源合并在Vector向量中

如果"源"参数为空，则返回None

合并任意数目的"源"：前两个参数是Source类型，第三个参数是一个长度可变的参数列表

```
)(Merge(_)))          ◄──── Merge通过扇入
    }                          策略传入的
}
```

Source. combine 方法从几个"源"创建一个 Source，与 Graph DSL 完成这一操作类似。mergeSources 方法用于合并任意数目的相同类型的源。例如，mergeSources 用在/logs 路由中，如清单 13-34 所示。

清单 13-34 响应/logs GET 请求

```
def getLogsRoute =                                    getFileSources没有在
    pathPrefix("logs"){                               这里显示，它列出logsDir
        pathEndOrSingleSlash{                         目录下的文件，并把这些
            get{                                      文件通过FileIO.fromPath
                extractRequest{req =>                 转换成Source
                    val sources = getFileSources(logsDir).map{src =>
                        src.via(LogJson.jsonFramed(maxJsObject)) ◄──
                    }                                 每个文件源都需要经
                    mergeSources(sources)match{   ◄── 过JSON分帧的Flow
                        case Some(src) =>
                            complete(Marshal(src).toResponseFor(req))
                        case None =>                  把logsDir目录中找到
                            complete(StatusCodes.NotFound) 的所有文件源合并
                    }
                }
            }
        }
    }
```

预定义和自定义 GraphStage

Akka-stream 中预定义了一些 GraphStage，在这里没有显示，如负载平衡（Balance），压缩（Zip、ZipWith）和连接流（Concat）等。在所有情况下，需要向 Builder 中添加结点，连接 Shape（由 add 方法返回）的入口和出口，并从函数中返回某些 Shape，然后再传递给 Graph. create 方法。也可以定义自己的 GraphStage，这已经超出了介绍 Akka-stream 的范畴。

本节介绍的 BroadcastGraphStage 采用输出的后端压力机制，这就意味着只能按照读取最慢的消费者的速度广播事件。

13.4 协调生产者和消费者

下面将要讨论的例子涉及向消费服务广播事件。到目前为止，把日志事件写入磁盘。把所有日志事件的输出接收端 Sink 由磁盘转换成外部的服务，留给读者作为练习。

在这个最终版的日志流处理器中，事件将被发送到存档服务、通知服务和度量服务。

日志流处理器必须能够做到供求平衡，保证当某个服务使用后端压力机制时，不会降低日志事件生产者的速度。下面将讨论如何使用缓冲实现这一需求。

> **与服务集成**
>
> 在本节的例子中，希望所有的服务都提供 Sink（接收端）。Akka-stream 提供了几种集成不能提供 Source 或 Sink 的外部服务的方式。例如，mapAsync 方法接收 Future 参数并把 Future 作为结果进一步发送，当已存在使用 Future 的服务客户端代码时，会比较方便。

> 可以使用 Source. fromPublisher 和 Sink. fromSubscriber 与其他响应流（Reactive Streams）实现集成，可以把任何响应流的 Publisher 转换成 Source，把任何 Subscriber 转换成 Sink。还可以使用 ActorPublisher 和 ActorSubscriber trait 实现与 Actor 的集成，在特定场合特别有用。
>
> 最好、最简单的办法是使用基于 Akka-stream 的，可以提供 Source 或 Sink，或者两者都提供的库。

下面看一下处理事件的图（Graph），现在把数据发送到 3 个服务接收端。我们将在本节详细研究图中的各个组件。图 13-15 和图 13-16 显示了这个图的情况。

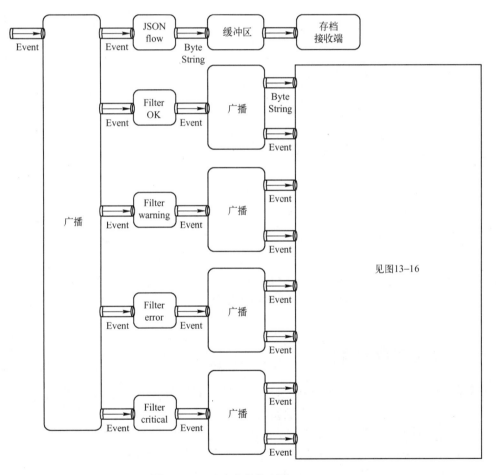

图 13-15　日志事件处理图（Graph）

Broadcast 被添加到每个过滤 Flow。其中一个输出和通常一样，把日志文件作为接收端的 Sink，其他的输出用于把数据发送到后继服务。这里有一个约定，日志文件已经足够快，不需要缓冲。MergePreferred Stage（组成图的构造块，可理解为数据的一次处理）把所有的通知摘要合并到通知服务的 Sink（接收端），关键事件的摘要优于错误和警告的摘要。一条关键事件摘要通常包含一个关键事件。事实上，它没有汇总摘要而只是把它立即发送。

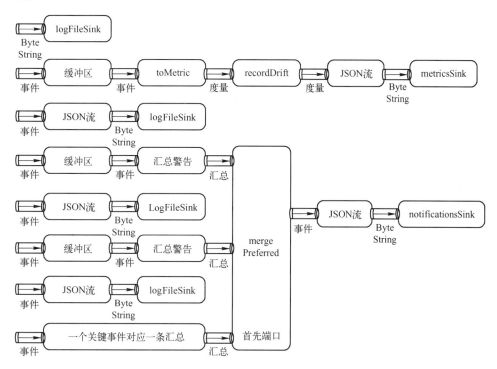

图 13-16　处理 OK、警告、错误和关键事件

OK 事件也使用 Broadcast 进行划分，并把它们发送到度量服务。

图中还显示了缓冲区的插入位置。缓冲区允许后继的消费者在处理数据时，可以有不同的速度。但当缓冲区满时，必须采取一定的策略。

清单 13-35 显示了如何在图（Graph）中构建缓冲区。

清单 13-35　图中的缓冲区

```
val archBuf = Flow[Event]
    .buffer(archBufSize,OverflowStrategy.fail)          缓冲区溢出将导致
                                                        存档Flow失败
val warnBuf = Flow[Event]
    .buffer(warnBufSize,OverflowStrategy.dropHead)      当缓冲区将要溢
                                                        出时，最老的警
val errBuf = Flow[Event]                                告将被删除
    .buffer(errBufSize,OverflowStrategy.backpressure)
val metricBuf = Flow[Event]
    .buffer(errBufSize,OverflowStrategy.dropHead)       缓冲区满时，最老
                                                        的度量信息被清除
错误缓冲区满时，
将采取后端压力机制
```

如果通知服务接收端过慢，在负载压力太大的情况下，可以把最老的警告事件删除。错误摘要不能删除。关键错误不能缓冲，因此默认情况只能选择后端压力机制。

用 Graph DSL 构建的图（Graph）如清单 13-36 所示。

清单 13-36 构建图（Graph）结点

```
val bcast=builder.add(Broadcast[Event](5))
val wbcast=builder.add(Broadcast[Event](2))
val ebcast=builder.add(Broadcast[Event](2))
val cbcast=builder.add(Broadcast[Event](2))
val okcast=builder.add(Broadcast[Event](2))

val mergeNotify=builder.add(MergePreferred[Summary](2))
val archive=builder.add(jsFlow)
```

MergePreferred 通常情况下有一个 preferred（首选）端口和几个 secondary（二级）端口，在这个例子中有两个。稍后详细看一下各个单独的流（Flow）。

清单 13-37 显示了所有图（Graph）结点是如何连接在一起的。

清单 13-37 连接图（Graph）结点

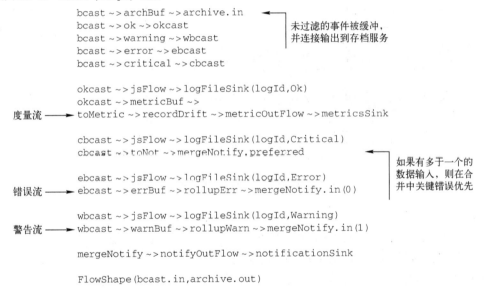

下面看一下如何以不同的速度处理流（Flow）中的元素。一个特定的流（stream）操作用于隔离 Flow 两端的速率。

13.5　图的速率隔离

Akka-stream 组件默认的后端压力模式有时需要与图（Graph）中的其他部分进行速率隔离。在很多情况下，不希望图（Graph）中的一个后端压力结点拖慢所有结点的速度。在其他情况下，可能想要向比其他结点操作快的消费者提供数据。后端压力机制的结点会影响这种实现。

速度隔离的常用技术是在两结点间放置缓冲区。只要缓冲区还有空间就会延缓后端压力。

为了解释速度隔离的工作机制，假定通知服务是一个较慢的消费者。我们不会在通知到达时就发出单个通知，而是将通知进行汇总，实质上是缓冲一定时间窗口中到达的通知。

度量服务假定是一个较快的消费者，因此可以做更多的处理。在这种情况下，将记录日志流处理器对于度量服务可能消耗的后果。

其他类型的扩展技术也是可以的。例如，在两个正常度量事件之间，或者内插度量事件之间发送计算过的汇总（事件）。

13.5.1 对较慢的消费者，对事件进行汇总

日志流处理器必须把 Summary 汇总写入通知服务，通知操作者重要的事件。通知汇总是有优先级的：关键事件立即一个一个地发送，而错误和警告则以时间窗口或事件最大数目为准进行缓冲。

为了简化接口，所有的通知消息都作为 Summary 汇总发送，因此一条关键事件就作为包含一个事件的 Summary 进行发送。

清单 13-38　一条关键事件的 Summary 汇总

```
val toNot =Flow[Event].map(e =>Summary(Vector(e)))
```

警告和错误事件用 groupedWithin 进行汇总，如清单 13-39 所示。rollupErr 和 rollupWarn 如清单 13-37 所示，用这里定义的 rollup 方法把 Event 转换成 Summary。

清单 13-39　用 groupedWithin 汇总事件

```
def rollup(nr:Int,duration:FiniteDuration) =
    Flow[Event].groupedWithin(nr,duration)       ← groupedWithin返回List[Event]
        .map(events =>Summary(events.toVector))

val rollupErr = rollup(nrErrors,errDuration)
val rollupWarn = rollup(nrWarnings,warnDuration)
```

groupedWithin 在流完成时的操作

需要注意的是，groupedWithin 在流（stream）完成时会把缓冲区中剩余的内容作为 Summary 发送。这个例子中的日志事件产生器希望持续发送数据。如果尝试运行 aia. stream. LogStreamProcessorApp，并发送一个日志文件给服务，就会发现即使发生的事件比较少，或者持续时间未到，剩下的也写到了通知文件中。

如清单 13-37 所示，rollupErr 和 rollupWarn 将合并到 MergePreferred 中，更喜欢可能发生的关键错误。

13.5.2 快速消费者的扩展度量

度量服务在这个例子中是一个较快的消费者。我们仍然对其应用缓冲区，以防止它有时候变慢，但它有可能比日志流处理器要快。清单 13-40 显示了如何把一个 Event 转换成一个 Metric。

清单 13-40　把 Event 转换成 Metric

```
val toMetric =Flow[Event].collect{
    case Event(_,service,_,time,_,Some(tag),Some(metric)) =>
        Metric(service,time,metric,tag)
}
```

当消费者的请求比供给多时，expand 方法可以向输出中添加一些信息。可以产生一些元素送回给消费者，而不是应用后端压力机制。

在这个例子中，将送回相同的度量（Metric），但会添加额外的 drift 域，表明如果日志流处理器足够快，度量服务可以处理多少元素，如清单 13-41 所示。

清单 13-41　向 Metric 中添加 drift 信息

```
val recordDrift = Flow[Metric]
    .expand{metric =>
        Iterator.from(0).map(d=>metric.copy(drift=d))
}
```

方法 expand 接收一个 Out = <Iterator[U]类型的函数参数。类型 U 从函数中进行推断，在这里是 Metric（类型）。当 Flow 中没有元素时，它将从这个迭代器中读取元素。如果日志流处理器足够快，drift 域的值将为 0；如果度量服务比较快，它的值会增加，把重复的 Metric 数据发送给度量服务。

13.6　总结

Akka-stream 提供了通用而灵活的 API 用于编写流处理程序（streaming application）。定义图（Graph），然后再执行是重用的关键。

在简单的线性场合，对 Source、Flow 和 Sink 应用组合非常容易。对于构建可重用的协议，BidiFlow 是一个非常优秀的组件。

后端压力机制使得可以在有限的内存空间内处理流（stream），是默认的应用机制，这可以通过预定义的 buffer 和 expand 方法进行修改。

第14章
集群

本章导读
- 动态地缩放集群中的 Actor。
- 使用集群感知路由器向集群发送消息。
- 构建 Akka 集群应用。

在第 6 章学习了如何构建结点数固定的分布式应用。我们使用静态成员的方法比较简单，但没有提供易用的负载均衡和容错处理。集群（Cluster）可以动态地增加或减少分布式应用中的结点，并消除了单个结点失败的危险。

许多分布式应用的运行环境不是你能完全控制的，如云计算平台或遍布全球的数据中心。集群越大，越容易出现故障。尽管如此，仍然有完全的方法监视和控制集群的生命周期。本章的第一部分介绍了结点如何变成集群的一部分，如何监听成员关系事件，以及如何检测集群中的故障结点。

首先，构建一个用于文本单词计数的集群应用。通过这个例子，可以学习到如何通过路由与集群中的 Actor 进行交互，如何构建由集群中的许多 Actor 组成的有弹性的协调进程，以及如何测试集群 Actor 系统。

14.1 为什么使用集群？

集群（Cluster）是一个动态的结点集合。每个结点上是一个监听网络的 Actor 系统（和在第 6 章看到的一样）。集群构建在 Akka-remote 模块之上。集群为下一层提供位置透明服务。Actor 可能存在于本地，也可能存在于远程机器，可以驻留在集群中的任何地方，你的代码不用关心这些。图 14-1 显示了 4 个结点的集群。

集群模块的终极目标是提供完全自动的 Actor 分布、负载均衡和容错处理。现在集群模块支持以下功能：

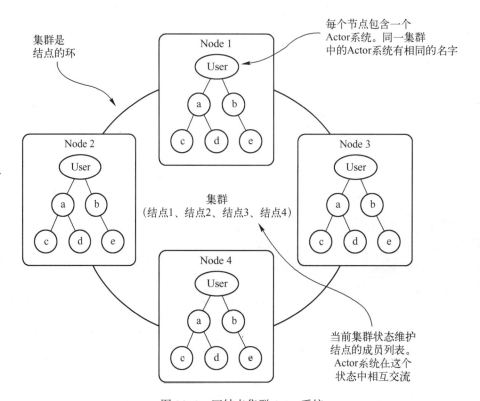

图 14-1　四结点集群 Actor 系统

- 维护集群成员关系（Cluster membership）——Actor 系统的容错成员关系管理。
- 负载均衡（Load balancing）——基于路由算法向集群中的 Actor 路由消息。
- 结点划分（Node partitioning）——结点可以在集群中被赋予特定的角色。路由器可以被配置为仅向具有特定角色的结点发送消息。
- 结点分区（Partition points）——Actor 系统可被划分到位于不同结点上的 Actor 子树中。

本章将详细探讨这些功能的细节，主要集中于集群成员关系维护和路由上。第 15 章主要讨论状态复制和自动容错。

目的简单的数据处理应用是集群应用很好的例子。例如，图像识别和社交媒体实时分析的数据处理任务。当处理需求增加或减少时，可以添加或移除结点。作业处理过程是可控的：如果一个 Actor 发生故障，则集群将会重新启动作业并尝试重新执行，直到作业处理成功。图 14-2 显示了这类应用的大体视图。

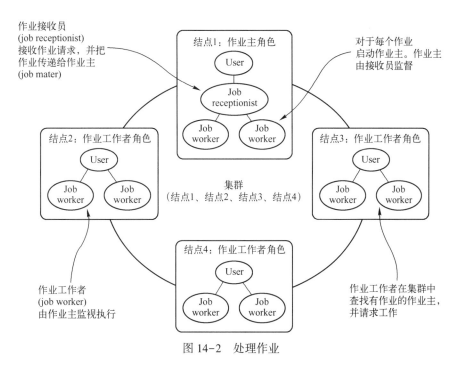

图 14-2 处理作业

14.2 集群成员关系

我们将从创建集群开始。工作集群将包含作业主（job master）和工作者（worker）结点。图 14-3 显示了将要构建的集群。

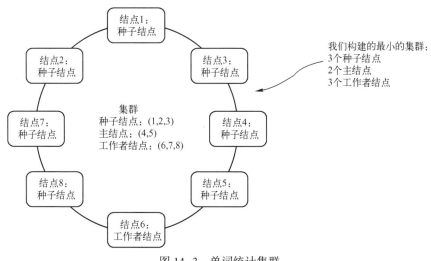

图 14-3 单词统计集群

作业主（job master）控制和监督单词计数的完成。作业工作者（job worker）向作业主请求作业，对部分文本进行处理，并向作业主返回部分处理结果。一旦所有单词计数完成，作业主就报告最终统计结果。如果在处理过程中，任何作业主和工作者发生故障，则作业重复进行处理。

图 14-3 显示了集群中需要的另一类结点，也就是种子结点（seed node）。种子结点是集群启动所必需的。下一节将介绍如何把结点变成种子结点，并介绍它们如何加入和离开集群。我们将详细研究集群是怎样形成的，并通过 REPL 控制台体验加入和离开集群，将学习到成员结点生命周期中不同的状态，以及如何订阅这些状态的改变。

14.2.1 加入集群

和其他任何群组一样，需要几个"奠基者"启动处理过程。Akka 出于这个目的提供了种子结点。种子结点是集群的起点，它们作为其他结点的第一个连接结点。结点通过发送包含加入结点唯一地址的 join（加入）消息加入集群。Cluster 模块负责把这一消息发送到已经注册的某个种子结点。它并不要求结点包含任何 Actor，因此它可能是一个纯粹的种子结点。图 14-4 显示了第一个种子结点如何初始化集群，以及其他结点如何加入集群的情况。

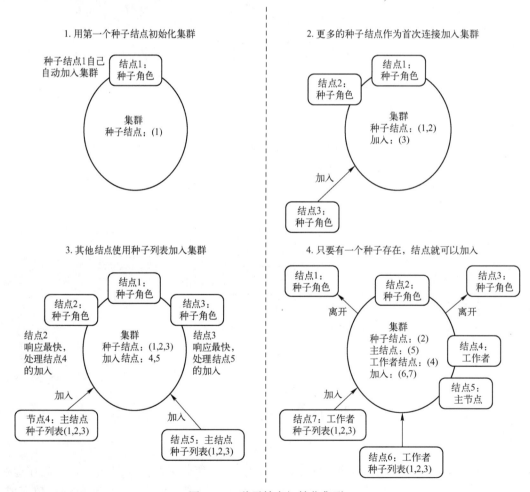

图 14-4　种子结点初始化集群

Cluster 仍不能支持零配置的，如 TCP 多播或 DNS 服务的发现协议。必须指定一个种子结点列表，或者知道要加入集群的主机和端口号。列表中的第一个结点负有初始化集群的职责。下一个种子结点依赖于列表中的第一个种子结点。种子列表中的第一个结点启动并自动加入自己，并形成集群。只有第一个种子结点启动后，下一个种子结点才能加入集群。这一约束用于阻止在种子结点启动时形成独立的集群。

手动加入集群结点

　　种子结点其实是不必要的，可以通过启动结点并加入自己的方式手动创建一个集群。后续结点只有向其发送 Join 消息，加入这个结点才能加入集群。

　　这意味着它们必须知道第一个结点的地址，因此更显得使用种子功能的重要性。在事先不知道服务器的 IP 地址和 DNS 名称的情况下，有以下 3 种选择：

- 使用已知纯种子结点列表，其中包含知名 IP 地址或 DNS 名称，网络外的主机名地址无法预定。这些种子结点不运行任何特定程序的代码，只作为集群中的其他结点加入集群时的连接点。
- 自己动手构建适合于自己网络环境的零配置集群发现协议。这可不是一项轻松的工作。
- 使用已有的发现/注册（discovery/registry）技术，如 Apache 的 ZooKeeper、Hashi-Corp Sonsul 或者 CoreOs/etcd，并加入一些"黏合剂"。对于每个集群结点装备一些代码，用于启动时把自己注册到发现服务，并且编写适配器从服务器发现集群结点，并加入到该集群结点。

　　需要提醒的是，ZooKeeper 解决方案仍然需要一套完整的主机和端口组合，因此可以用一个有名的地址集与另一地址交换。这也不像听起来那么无所谓，因为对于每个可用的集群结点，发现服务必须保持更新，而且发现服务有可能依赖不同于 Akka 集群的机制，这套机制并不能立刻变得明白。

　　只要列表中的第一个种子结点启动后，这些种子结点就可以独立启动。后续的种子结点将等待第一个结点的到来。一旦第一个结点启动，并且至少有一个其他结点加入，那么其他的结点就可以通过任何一个种子结点加入集群。一条消息被发送到所有种子结点，第一个响应的种子结点将处理加入请求。一旦集群中有两个或两个以上的成员，第一个种子结点就可以安全地离开集群。图 14-5 显示了至少在第一个种子结点启动后，集群的主结点和工作者结点是如何形成的。

　　现在通过 REPL 控制台创建种子结点，这可以更加了解集群的形成过程。很明显，一旦实际部署集群应用，就不需要手动经过这些步骤。根据你的环境，最有可能的是分配地址和启动群集中的种子结点是配置和部署脚本的一部分。

　　在 chapter-cluster 目录下可以找到该例子的项目。

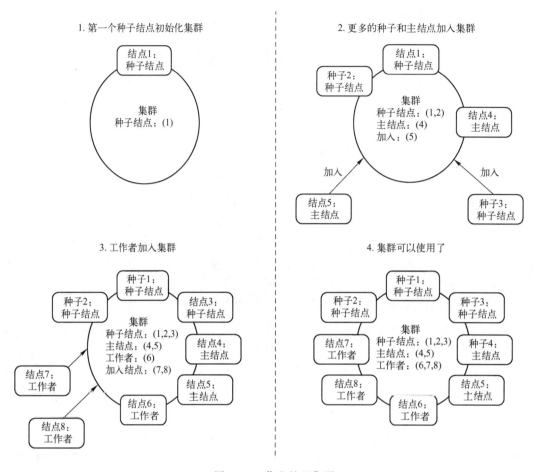

图 14-5　作业处理集群

首先需要配置一个使用集群模块的结点。Akka-cluster 依赖需要加入构建文件，如下所示：

```
"com.typesafe.akka"%% "akka-cluster"% akkaVersion  ◄──┤ 构建文件定义了一个Akka版本的值
```

akka. cluster. ClusterActorRefProvider 配置方式与 akka-remote 模块需要的 akka. remote. Remote-ActorRefProvider 配置极为类似。Cluster API 是作为 Akka 的扩展提供的。当 Actor 系统创建时，ClusterActorRefProvider 初始化 Cluster 扩展。

清单 14-1 显示了种子结点的最小配置（可在 src/main/resources/seed.conf 文件中找到）。

清单 14-1　配置种子结点

```
akka{
loglevel = INFO
stdout - loglevel = INFO
event - handlers = ["akka.event.Logging$DefaultLogger"]
log - dead - letters = 0
log - dead - letters - during - shutdown = off
```

```
actor{
  provider = "akka.cluster.ClusterActorRefProvider"#          ← 初始化集群模块
}
remote{ #
  enabled - transports = ["akka.remote.netty.tcp"]            ← 对种子结点进行远程配置
  log - remote - lifecycle - events = off
  netty.tcp{
    hostname = "127.0.0.1"
    hostname = ${?HOST}
    port = ${PORT}
  }
}
cluster{ #                                                    ← 集群配置片断
  seed - nodes = [
    "akka.tcp://words@ 127.0.0.1:2551",
    "akka.tcp://words@ 127.0.0.1:2552",
    "akka.tcp://words@ 127.0.0.1:2553"
  ] #                                                         ← 集群的种子结点
      roles = ["seed"] #                                      ← 种子结点被赋予种子角色，
      role{                                                     以区别于主结点和工作者结点
        seed.min - nr - of - members = 1 #                    ← 集群启动所需的各种角色的最小
      }                                                          数目。对于种子结点，只要有一
    }                                                            个种子启动，集群就可以启动
  }
```

保持地址完全相同

　　今后确保使用 127.0.0.1，localhost 根据你的设置可能解析成不同的 IP 地址，Akka 对其进行直接解释。不能依赖于地址的 DNS 解析。akka. remote. netty. ctp. host 的值用作系统的地址，对它没有进行 DNS 解析。当 Actor 引用在 Akka 远程结点间序列化时，就使用这个值。因此当向这个远程 Actor 引用发送消息时，就使用这个地址连接服务器。不使用 DNS 解析的原因是性能的考虑。如果 DNS 配置不当，则可能需要几秒钟；如果是病态情况下，则需要几分钟。查找延迟的原因是由于 DNS 解析引起的，并不容易，而且也不明显。不使用 DNS 解析可避免这个问题，必须小心配置这个地址。

　　在这些例子中，都是从本地启动所有结点。如果想在网络上进行测试，只需要把 -DHOST 和 -DPORT 换成合适的主机名和端口就可以了，它们分别设置 HOST 和 PORT 环境变量。如果这些变量可用，则 seed. conf 文件使用这些变量覆盖原来的设置。在 chapter - cluster 目录中，用不同的端口开启 3 个 sbt 终端。启动第一个种子结点的 sbt 如下所示：

```
sbt -DPORT = 2551 -DHOST = 127.0.0.1
```

　　把 -DPORT 换成 2552 和 2553，以相同的方法启动另外两个终端。相同集群中的每个结点必须有相同的 Actor 系统名字（如前面例子的 words）。切换到第一个终端，在这里将启动第一个种子结点。

　　种子结点中的第一个结点必须自动启动并形成集群。在 REPL 会话（session）中验证一下。在端口为 2551 的第一个 sbt 终端中启动控制台（在 sbt 提示符后输入 "console"），并输入清单 14-2 所示的代码。图 14-6 显示了执行结果。

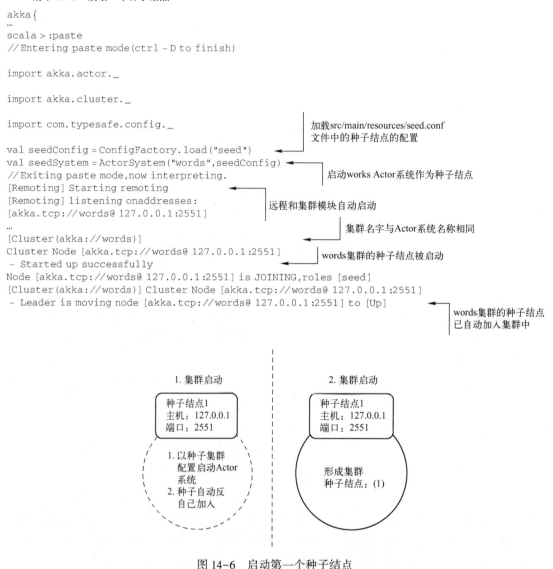

清单 14-2 启动一个种子结点

```
akka {
…
scala > :paste
// Entering paste mode (ctrl – D to finish)

import akka.actor._

import akka.cluster._

import com.typesafe.config._

val seedConfig = ConfigFactory.load("seed")
val seedSystem = ActorSystem("words", seedConfig)
// Exiting paste mode, now interpreting.
[Remoting] Starting remoting
[Remoting] listening on addresses:
[akka.tcp://words@ 127.0.0.1:2551]
…
[Cluster(akka://words)]
Cluster Node [akka.tcp://words@ 127.0.0.1:2551]
– Started up successfully
Node [akka.tcp://words@ 127.0.0.1:2551] is JOINING, roles [seed]
[Cluster(akka://words)] Cluster Node [akka.tcp://words@ 127.0.0.1:2551]
– Leader is moving node [akka.tcp://words@ 127.0.0.1:2551] to [Up]
```

加载 src/main/resources/seed.conf 文件中的种子结点的配置

启动 works Actor 系统作为种子结点

远程和集群模块自动启动

集群名字与 Actor 系统名称相同

words 集群的种子结点被启动

words 集群的种子结点已自动加入集群中

图 14-6 启动第一个种子结点

在另两个终端中启动控制台，并粘贴清单 14-2 中的代码启动种子结点 2 和 3。当启动 sbt 时，这些种子结点将监听我们提供的-DPORT 配置的端口。图 14-7 显示了种子结点 2 和 3 的 REPL 命令的结果。

在其他两个终端中，可以看到类似于清单 14-3 的输出，确认加入到集群中的结点。

清单 14-3 加入集群的种子结点确认

```
[Cluster(akka://words)] Cluster Node [akka.tcp://words@ 127.0.0.1:2553]
– Welcome from [akka.tcp://words@ 127.0.0.1:2551]
```

这是易读的格式输出，在终端中只显示一行

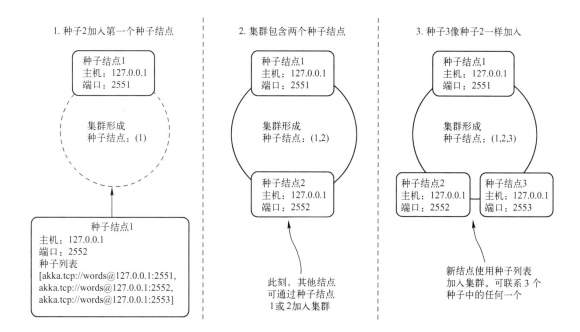

图 14-7 启动第二个种子结点

清单 14-4 显示了第一个种子结点的输出。输出结果显示了第一个种子结点决定了其他两个结点的加入。

清单 14-4 种子结点 1 的终端输出

集群中的一个结点负有特殊职责：作为集群的领导结点（leader）。领导结点决定成员的上升或下降。在这个例子中，第一个种子结点是领导结点。

同一时间只能有一个结点作为领导结点。集群中的任何结点都可以成为领导结点。种子结点 2 和 3 都请求加入集群，这将使它们的状态变成 JOINING 状态。领导结点把这些结点的状态置为 Up 状态，并把它们作为集群的一部分。现在 3 个结点都已成功加入集群。

14.2.2 离开集群

下面看一下第一个种子结点离开集群会发生什么。清单 14-5 显示了种子结点 1 离开集群的情况。

清单 14-5　种子结点 1 离开集群

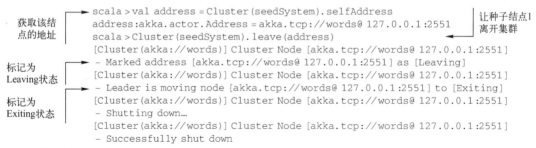

获取该结点的地址

```
scala > val address = Cluster(seedSystem).selfAddress
address:akka.actor.Address = akka.tcp://words@ 127.0.0.1:2551
scala > Cluster(seedSystem).leave(address)
[Cluster(akka://words)] Cluster Node [akka.tcp://words@ 127.0.0.1:2551]
- Marked address [akka.tcp://words@ 127.0.0.1:2551] as [Leaving]
[Cluster(akka://words)] Cluster Node [akka.tcp://words@ 127.0.0.1:2551]
- Leader is moving node [akka.tcp://words@ 127.0.0.1:2551] to [Exiting]
[Cluster(akka://words)] Cluster Node [akka.tcp://words@ 127.0.0.1:2551]
- Shutting down...
[Cluster(akka://words)] Cluster Node [akka.tcp://words@ 127.0.0.1:2551]
- Successfully shut down
```

让种子结点1离开集群

标记为 Leaving 状态

标记为 Exiting 状态

　　清单 14-5 显示了种子结点 1 把自己标记为 Leaving，然后标记为 Exiting，但它仍然是领导结点。这些状态变化通知集群中所有结点。在这以后，集群结点被关闭。结点中的 Actor 系统本身（即 seedSystem）不能自动关闭。领导结点刚刚关闭，集群将会发生什么？图 14-8 显示了第一个种子结点如何离开集群，以及领导权限如何交接。

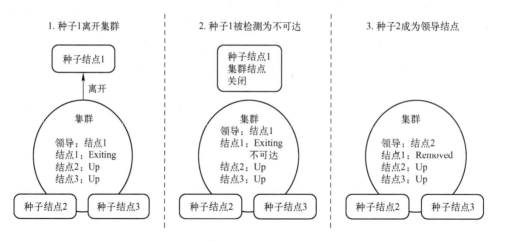

图 14-8　第一个种子结点离开集群

　　下面看一下其他的终端。其他两个还在运行的终端应该显示与清单 14-6 类似的输出。

清单 14-6　种子结点 2 变成领导并从集群中移除种子结点 1

```
[Cluster(akka://words)] Cluster Node [akka.tcp://words@ 127.0.0.1:2552]
- Marking exiting node(s)as UNREACHABLE
[Member(address = akka.tcp://words@ 127.0.0.1:2551,status = Exiting)].
This is expected and they will be removed.
[Cluster(akka://words)] Cluster Node [akka.tcp://words@ 127.0.0.1:2552]
- Leader is removing exiting node [akka.tcp://words@ 127.0.0.1:2551]
```

领导结点移除正在退出的结点　　　　　　　正在退出的种子结点的状态为 Exiting

流言协议（Gossipprotocol）

　　Akka 使用了一种流言（gossip）协议在集群中所有结点间交流状态信息。

> 每个结点向其他结点发送自己的状态和它所看到的状态（流言）。这个协议可以使集群中的所有结点最终都能同意每个结点的状态。这种同意称作收敛（convergence），随着时间的推移，在结点间相互传播。
>
> 在协商一致后产生集群的领导结点。在排序上的第一个 Up 或 Leaving 结点自动成为领导结点。

两个剩余的结点检测到第一个种子结点被打上 UNREACHABLE 标签。两个种子结点也知道第一个种子结点请求离开集群。当第一个种子结点处于 Exiting 状态时，第二个种子结点自动成为领导结点。要离开的结点的状态由 Exiting 状态转换为 Removed 状态。集群现在包含两个种子结点。

第一个种子结点中的 Actor 系统不能简单地通过 Cluster(seedSystem) . join(selfAddress) 再次加入集群。只有删除 Actor 系统，在集群重新启动时再次加入集群。清单 14-7 显示了第一个种子结点如何"再次"加入。

清单 14-7　种子结点 2 成为领导结点并把种子结点 1 从集群中移除

一个 Actor 系统只能加入集群一次。但新的 Actor 系统可以用相同的配置启动，使用相同的主机和端口，这是在清单 14-7 中实现的。

图 14-9 显示了截至目前你所看到了成员状态的状态图。领导结点在特定的成员状态上执行领导活动（leader action），把成员从 Joining 改变成 Up，从 Exiting 转换成 Removed 状态。

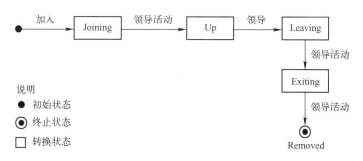

图 14-9　结点加入和离开集群的状态转换

这并不是完整的状态图。下面看一下如果其中一个种子结点崩溃会发生什么。清单 14-8 显示了种子结点 1 突然终止时运行种子结点 2 的终端的输出。

清单 14-8　种子 1 崩溃

```
Cluster Node [akka.tcp://words@ 127.0.0.1:2552]
 -Marking node(s)as UNREACHABLE
  [Member(address = akka.tcp://words@ 127.0.0.1:2551,status = Up)]
```

种子结点1
变得不可达

种子结点 1 已经打上 UNREACHABLE 标签。集群使用一个失败检测器（failure detector）检测不可达的结点。这个种子结点在 Up 状态时崩溃。一个结点可以在你见过的所有状态下崩溃。只要任何结点不可达，领导结点就不能执行任何领导操作，这意味着没有结点可以离开或加入。不可达结点首先要被拿下。可以从集群中的任何结点使用 down 方法拿掉（一个）结点。清单 14-9 显示了如何从 REPL 中拿掉第一个种子结点。

清单 14-9 手动拿掉种子结点 1

```
scala > val address = Address("akka.tcp","words","127.0.0.1",2551)          种子结点1
scala > Cluster(seedSystem).down(address)                                    被拿掉

[Cluster(akka://words)] Cluster Node [akka.tcp://words@ 127.0.0.1:2552]
 - Marking unreachable node [akka.tcp://words@ 127.0.0.1:2551] as [Down]
 - Leader is removing unreachable node [akka.tcp://words@ 127.0.0.1:2551]
[Remoting] Association to [akka.tcp://words@ 127.0.0.1:2551]
having UID [1735879100]                                                      种子结点1
is irrecoverably failed. UID is now quarantined and                         被隔离并移除
all messages to this UID
will be delivered to dead letters.
Remote actorsystem must be restarted to recover from this situation.
```

输出还显示了，如果种子结点的 Actor 系统要重新加入，则必须重新启动。不可达的结点还可以被自动拿掉，这通过 akka. cluster. auto-down-unreachable-after 进行设置。领导结点在设置的时间间隔后会自动拿掉不可达结点。图 14-10 显示了集群中结点的所有可能的状态。

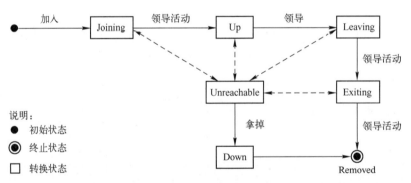

图 14-10   点的所有状态及转换

故障检测器（Failure detector）

集群模块使用 φ 累计故障检测器对不可达结点进行检测。检测器的思想来自于 Naohiro Hayashibara、Xavier Défago、Rami Yared 和 Takuya Katayama 发表的一篇论文。检测故障是分布式系统容错的根本问题。

φ 累计故障检测器以连续比例计算值（称为 φ（phi）值），而不是确定指示故障的布尔值（结点可达或不可达）。该值用作怀疑某事是错误的（怀疑级别）的指标，而不是确定快速的"是"或"否"的结果。

怀疑级别的概念使故障检测器可调，并且允许应用需求和环境监视之间有效解耦。集群模块对故障检测器提供了设置，以便于适合特定的网络环境，在 akka. cluster. failure –detector 设置中可以设置 φ 的阈值，只要达到这个阈值就认为结点不可达。

当结点处于 GC 暂停（pause）状态时，这些结点通常被认为是不可达的，这意味着完成垃圾收集需要太长时间，并且在垃圾收集完成之前，JVM 不能执行任何操作。

如果集群中的任何结点出现故障，你肯定想得到通知。可以使 Actor 用 Cluster 扩展的 subscribe 方法订阅集群的事件。清单 14-10 显示了一个订阅集群域事件的 Actor（可在 src/main/scala/aia/cluster/words/ClusterDomainEventListener. scala 文件中找到）。

清单 14-10 订阅 Cluster 域事件

```
…
import akka.cluster.{MemberStatus,Cluster}
import akka.cluster.ClusterEvent._                            在Actor创建时订
                                                              阅集群域事件
class ClusterDomainEventListener extends Actor with ActorLogging{
    Cluster(context.system).subscribe(self,classOf[ClusterDomainEvent]) ◄

    def receive = {                                          监听集群域事件
        case MemberUp(member) => log.info(s"$member UP. ")
        case MemberExited(member) => log.info(s"$member EXITED. ")
        case MemberRemoved(m,previousState) =>
            if(previousState == MemberStatus.Exiting){
                log.info(s"Member $m gracefully exited,REMOVED. ")
            }else{
                log.info(s"$m downed after unreachable,REMOVED. ")
            }
        case UnreachableMember(m) => log.info(s"$m UNREACHABLE")
        case ReachableMember(m) => log.info(s"$m REACHABLE")
        case s:CurrentClusterState => log.info(s"cluster state:$s")
    }
    override def postStop():Unit = {
        Cluster(context.system).unsubscribe(self)            Actor停止后
        super.postStop()                                     取消订阅
    }
}
```

Cluster 域事件可以告诉你关于集群成员的一些情况，但在大多数情况下，它可以知道集群中的某个 Actor 是否仍然存在。可以简单地使用 DeathWatch 的 watch 方法监视集群中的 Actor，如下一节中描述的一样。

14.3 集群作业处理

首先介绍集群中的 Actor 如何进行交互完成一项任务。集群接收一段文本，我们要统计其中单词的出现频率。文本被分割成多个部分，并分发到几个工作者结点。每个工作者结点处理它那部分文本，统计每个单词的出现次数。工作者结点以并行的方式处理文本，这将会加快处理速度。最终统计结果返回给集群的使用者。

这个例子可以在 chapter-cluster 目录中找到，与前面的加入和离开集群的例子在同一目录中。图 14-11 显示了这个应用的结构。

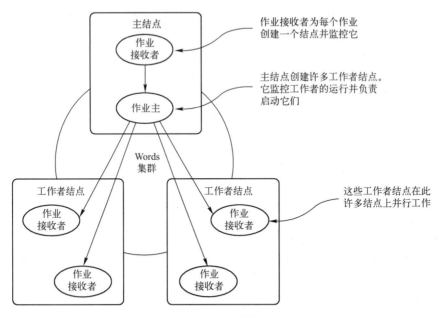

图 14-11　Words 集群的 Actor

JobReceptionist 和 JobMaster Actor 将运行在主角色结点上。JobWorker 将运行在工作者角色结点上。JobMaster 和 JobWorker 都是根据需求动态创建的。每当 JobReceptionist 接收到 JobRequest 时，就会为 Job 创建一个 JobMaster，并指示它开始工作。JobMaster 在远程的工作者角色结点上创建 JobWorker，图 14-12 显示了这一过程。

每个 JobWorker 接收一个包含部分文本的 Task 消息。JobWorder 把文本分解成单词并统计每个单词的出现频率，返回一个包含单词统计的 Map 作业 TaskResult。JobMaster 接收所有的 TaskResult 并合并所有的 Map，把每个单词的统计数值相加，也就是基本的简化过程。WorkCount 结果最终送回作业接收者。

首先，要启动集群，然后分发作业主和工作者必须要完成的工作；其次，看一下如何使作业处理更具有弹性，包括当某个结点崩溃时重启作业；最后，介绍如何对集群进行测试。

例子的注意事项

这个例子有意地保持简单。JobMaster 在内存中保存中间结果，并且所有的处理数据在 Actor 之间传递。

如果需要处理大量数据的批处理，在处理数据之前，需要使数据离处理它的进程较近，把数据保存在进程运行的服务器上，并且不能简单地在内存中收集数据。例如，在基于 Hadoop 的系统中，这就意味着在处理之前把所有数据放到 HDFS（Hadoop 分布式文件系统）中，同样地，把处理结果写回 HDFS。在我们的例子中，只是简单地在集群中进行负载均衡。为了简单起见，合并所有工作者结果的精简步骤由作业主完成，而不是在第一个任务完成时启动并行精简处理。

　　这一切都是可以实现的，而且不仅仅是我们在本章中介绍的。我们的例子将展示如何进行弹性工作处理，并且可以成为更现实的案例起点。

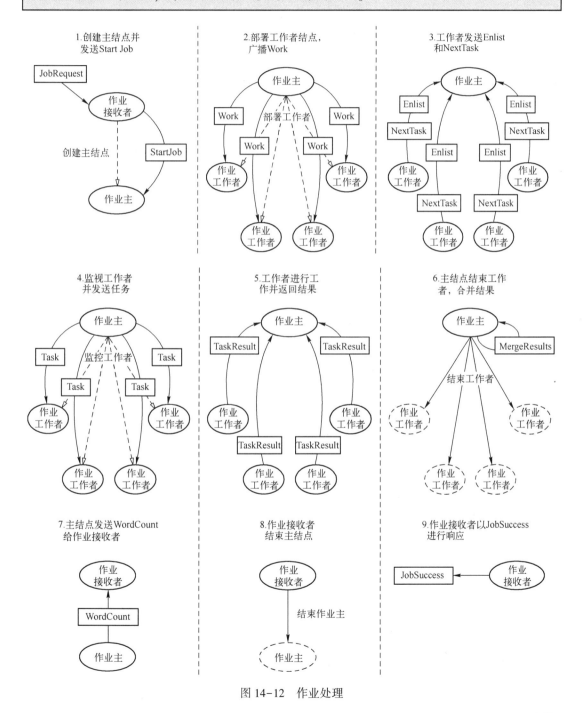

图 14-12　作业处理

14.3.1　启动集群

可以在 chapter-cluster 目录中使用 sbt assembly 构建这个例子，这将在目标目录中创建一个 words-node. jar 文件。这个 JAR 文件包含 3 个不同的配置文件：一个主结点配置文件，一个工作者配置文件和一个种子配置文件。清单 14-11 显示了如何在本地的不同端口上运行一个种子结点，一个主结点和两个工作者结点。

清单 14-11　运行结点

```
java -DPORT=2551 \
    -Dconfig.resource=/seed.conf \
    -jar target/words-node.jar
java -DPORT=2554 \
    -Dconfig.resource=/master.conf \
    -jar target/words-node.jar
java -DPORT=2555 \
    -Dconfig.resource=/worker.conf \
    -jar target/words-node.jar
java -DPORT=2556 \
    -Dconfig.resource=/worker.conf \
    -jar target/words-node.jar
```

这个清单只启动一个种子结点，现在已经可用了。master. conf 和 worker. conf 文件定义了一个本地种子结点的列表，分别运行在 127.0.0.1 的 2551、2552 和 2553 端口上，因为 2551 是第一个种子结点，所以可以正常运行。如果希望在其他主机和端口上运行种子结点，则种子结点列表也可以使用系统属性进行配置。

从命令行覆盖种子列表

可以使用-Dakka. cluster. seed-nodes. [n]=[seednode]覆盖种子结点列表，此处的 [n] 需要换成种子列表中的位置，从 0 开始计算，[seednode] 需要换成种子结点的值。

主结点如果没有工作者结点就什么也做不了，因此只有集群已经有设置的最小数量的工作结点运行时，才能启动主结点上的 JobRecptionist。可以在集群配置中指定某种角色的成员的最小数目。清单 14-12 显示了这个目的的 master. conf 文件的一部分。

清单 14-12　给 MemberUp 事件配置最低数目的工作者结点

```
role{
    worker.min-nr-of-members=2
}
```

主结点的配置指定了集群中应该至少有两个工作者结点。Cluster 模块提供了一个 registerOnMemberUp 方法注册一个函数在成员结点启动时执行。在这种情况下，主结点考虑了最少数量的工作者结点。这个函数在主结点成功加入集群和已有两个工作者结点运行时被调用。清单 14-13 显示了用于启动 words 集群中所有类型结点的 Main 类。

清单 14-13　给 MemberUp 事件配置最少数目的工作者结点

```
object Main extends App{
    val config=ConfigFactory.load()
    val system=ActorSystem("words",config)
```

```
println(s"Starting node with roles:${Cluster(system).selfRoles}")
val roles = system.settings
    .config
    .getStringList("akka.cluster.roles")
if(roles.contains("master")){
    Cluster(system).registerOnMemberUp{
        val receptionist = system.actorOf(Props[JobReceptionist],
        "receptionist")
        println("Master node is ready.")
    }
}
}
```

如果结点拥有主结点角色，则启动JobReceptionist

集群中至少有两个工作者结点出现时JobReceptionist才被创建

注册成员启动时要执行的代码块

工作者结点不需要启动任何 Actor。

14.3.2 使用路由进行工作分配

JobMaster 需要先创建 JobWorker，然后再向它们广播 Work 消息。在集群中使用路由和在本地使用路由是完全相同的。我们只需要改变创建路由的方式。我们将使用 Broadcast-PoolRouterConfig 的路由与 JobWorker 进行交互。Pool 是一个创建 Actor 的 RouterConfig，而 Group 是一个用于路由到已经存在的 Actor 的 RouterConfig，和第 9 章介绍的一样。在这里想要动态创建 JobWorker，并在工作完成后结束它们，因此 Pool 是最好的选择。JobMaster 使用独立的 trait 创建路由。稍后你会发现，这个独立的 trait 在测试中非常方便。这个 trait 显示在清单 14-14 中，它来创建工作者路由（可在 src/main/scala/aia/cluster/words/JobMaster. scala 文件中找到）。

清单 14-14 创建一个集群的 BroadcastPool 路由

```
trait CreateWorkerRouter{ this:Actor =>        需要与Actor混合
    def createWorkerRouter:ActorRef = {
        context.actorOf(
            ClusterRouterPool(BroadcastPool(10),        ClusterRouterPool接收一个Pool
            ClusterRouterPoolSettings(
                totalInstances = 1000,        集群中总的工作者的最大数目
                maxInstancesPerNode = 20,
                allowLocalRoutees = false,        不创建本地的Routee。只需要其他结点中的Worker
                useRole = None
            ).props(Props[JobWorker]),        用标准的Props创建JobWorker
            name = "worker - router")
    }
}
```

每个结点中工作者的最大数目

路由到这种角色的结点

路由配置

在这个例子中，JobMaster 对每个作业是动态创建的，因此它需要每次创建一个新的路由，这也是为什么要在代码中完成的原因。也可以像第 9 章描述的那样，使用配置文件部署路由。可以在部署配置中指定集群段为集群启用路由，并对 ClusterRouter 池或群组（group）进行设置，如 use-role 和 allow-local-routees。

265

CreateWorkerRoutertrait 只做一件事：创建工作者的路由。创建集群路由和普通路由非常相似。你所要做的是传入一个可以使用诸如 BroadcastPool、RoundRobinPool 和 ConsistentHashingPool 的 ClusterRouterPool。ClusterRouterPoolSettings 控制如何创建 JobWorker 实例。只要 totalInstances 还未达到设置的上限，JobWorker 就会被添加到工作者结点中。在清单 14-14 的配置中，在路由停止部署新的 JobWorker 之前，集群中可以加入 50 个结点。当 JobMaster 创建时，它会创建这个路由（见清单 14-15），并用它向工作者发送消息，如图 14-13 所示。

清单 14-15 使用路由广播 Work 消息

```
class JobMaster extends Actor
    with ActorLogging                          ← 在CreateWorkerRouter
        with CreateWorkerRouter{               trait中混合
        // inside the body of the JobMaster actor..
        val router = createWorkerRouter         ← 创建路由
        def receive = idle
        def idle:Receive = {
            case StartJob(jobName,text) =>
            textParts = text.grouped(10).toVector
            val cancel = system.scheduler.schedule(0 millis,
            1000 millis,                        ← 将消息安排
            router,                             到路由
            Work(jobName,self))
            become(working(jobName,sender(),cancel))
        }
        //more code
```

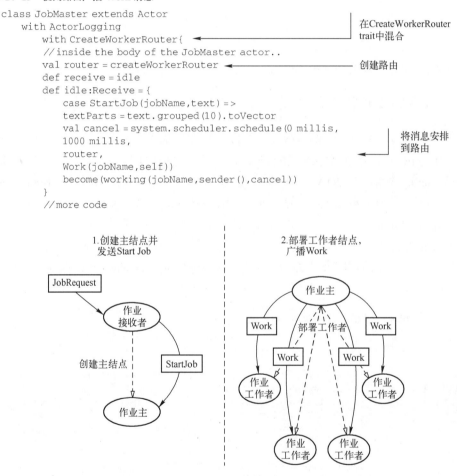

图 14-13 部署 JobWorker 并广播 Work 消息

清单 14-15 中的代码片段还显示了一些其他的事件。JobMaster Actor 是一个状态机，使用 become 方法由一个状态变成下一个状态。开始时处理于空闲状态，直到作业接收者向它发送 StartJob 消息。一旦 JobMaster 收到这个消息，就立即把文本分成 10 行一份的小文件，并在工作者中调度 Work 消息，然后它变为 Working 状态，并开始处理工作者的响应。作业处理开始后，如果其他的工作者结点加入集群，Work 消息就会被调度。状态机使分布式协调任务更易于理解。事实上，JobMaster 和 JobWorker Actor 都是状态机。

还有一个 ClusterRouterGroup，其 ClusterRouterGroupSettings 类似于 ClusterRouterPool 的设置。这些需要路由到的 Actor，在组播路由（group router）向它们发送消息之前必须运行。Words 集群可以包含许多主角色的结点。每个主角色结点启动一个 JobReceptionist Actor。当你想向每个 JobReceptionist 发送消息时，可以使用 ClusterRouterGroup，如向集群中所有的 JobReceptionist 发送停止当前工作的消息。清单 14-16 显示了如何创建查找集群中主角色结点上 JobReceptionist 的路由代码（可在 src/main/scala/aia/cluster/words/ReceptionistRouterLookup.scala 中找到）。

清单 14-16　向集群中所有的 JobReceptionist 发送消息

```scala
val receptionistRouter = context.actorOf(
    ClusterRouterGroup(                              ← ClusterRouterGroup
        BroadcastGroup(Nil),
        ClusterRouterGroupSettings(                  实例数目被集群组
        totalInstances = 100,                        设置所覆盖
        routeesPaths = List("/user/receptionist"),   查找接收者Actor的
        allowLocalRoutees = true,                    路径（顶层）
        useRole = Some("master")
    )
).props(),                                           只向主角色结点
name = "receptionist - router")                      发送路由消息
```

现在已经学习了 JobMaster 如何把 Work 消息分发到各 JobWorker。下一节将介绍 JobWorker 如何向 JobMaster 请求更多的工作，直到作业完成，以及集群在作业处理期间如何从故障中恢复。

14.3.3　弹性作业处理

JobWorker 收到 Work 消息，向 JobMaster 送回一条消息，表示自己想要加入作业处理，也会立即发送 NextTask 消息请求第一个处理任务。图 14-14 显示了这一消息流过程。清单 14-17 显示了 JobWorker 如何从空闲状态过渡到已登记状态（enlisted state）。JobWorker 通过发送 Enlist 消息，向 JobMaster 表明它要加入作业处理。Enlist 消息包含 JobWorker 的 ActorRef，以便于 JobMaster 以后使用。JobMaster 监视所有已登记的 JobWorker，以防其中一个或多个崩溃，并且一旦作业完成，就停止所有的 JobWorker。

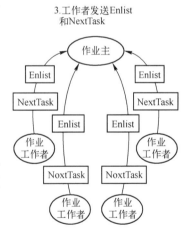

图 14-14　JobWorker 登记自己并请求 NextTask

清单 14-17　JobWorker 从空闲状态转换到已登记状态（enlisted state）

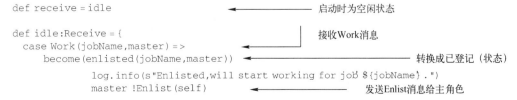

```scala
def receive = idle                                  ← 启动时为空闲状态

def idle:Receive = {                                接收Work消息
  case Work(jobName,master) =>
    become(enlisted(jobName,master))                ← 转换成已登记（状态）
        log.info(s"Enlisted,will start working for job ${jobName}.")
        master ! Enlist(self)                       ← 发送Enlist消息给主角色
```

```
        master ! NextTask
```

发送NextTask给主角色

```
        watch(master)
        setReceiveTimeout(30 seconds)

    def enlisted(jobName:String,master:ActorRef):Receive = {
      case ReceiveTimeout =>
          master ! NextTask
      case Terminated(master) =>
          setReceiveTimeout(Duration.Undefined)
          log.error(s"Master terminated for ${jobName},stopping self.")
          stop(self)
      …
    }
}
```

JobWorker 转换成 Enlisted 状态，并希望从主角色接收 Task 消息进行处理。JobWorker 监视 JobMaster 并设置一个 ReceiveTimeout。如果 JobWorker 在 ReceiveTimeout 时间内没有收到任何消息，它将会再次请求 JobMaster 的 NextTask，如清单中的 enlisted 中的 Receive 函数一样。如果 JobMaster 死亡，则 JobWorker 把自己停止。关于监视和 Terminated 消息没什么特别的，DeathWatch 的工作和非集群的 Actor 系统一样。JobMaster 主要处于工作状态，如图 14-15 和清单 14-18 所示。

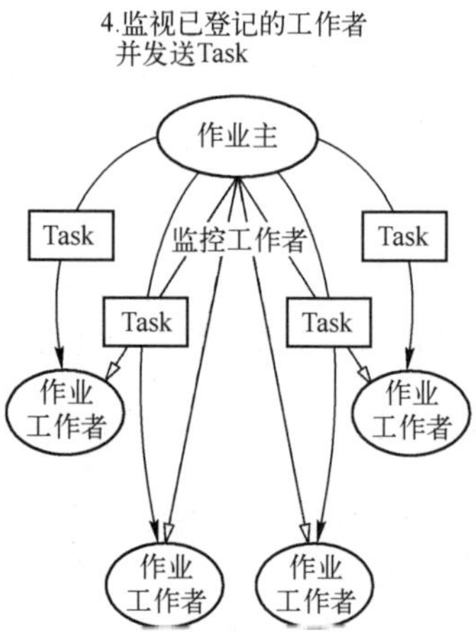

4.监视已登记的工作者并发送Task

图 14-15　JobMaster 发送 Task 给 JobWorker 并监视它们

清单 14-18　JobMaster 登记工作者并向 JobWorker 发送 Task

```
// inside the JobMaster..

import SupervisorStrategy._
override def supervisorStrategy:SupervisorStrategy = stoppingStrategy

def working(jobName:String,
    receptionist:ActorRef,
        cancellable:Cancellable):Receive = {
    case Enlist(worker) =>
        watch(worker)
        workers = workers + worker

    case NextTask =>
        if(textParts.isEmpty){
            sender() ! WorkLoadDepleted
        }else{
            sender() ! Task(textParts.head,self)
            workGiven = workGiven +1
            textParts = textParts.tail
        }
    case ReceiveTimeout =>
      if(workers.isEmpty){
          log.info(s"No workers responded in time. Cancelling $jobName.")
        stop(self)
        }elsesetReceiveTimeout(Duration.Undefined)

    case Terminated(worker) =>
```

使用StoppingStrategy策略

监视已登记的工作者，并跟踪列表中的工作者

接收工作者的NextTask请求，并发送Task消息

在ReceiveTimeout时间内没有工作者登记，则JobMaster停止

任何JobWorker失败，则JobMaster停止

```
            log.info(s"Worker $worker got terminated. Cancelling $jobName.")
            stop(self)
    //more code to follow..
    }
```

清单显示 JobMaster 注册并监视要加入处理的工作者。如果已没有工作可做，则 JobMaster 向 JobWorker 发送 WorkLoadDepleted 消息。

JobMaster 也使用 ReceiveTimeout（在作业启动时设置），以防止没有 JobWorker 申请加入登记。如果 ReceiveTimeout 发生，则 JobMaster 自己停止运行。如果任何 JobWorker 停止，则它也会停止自己。JobMaster 是它所部署的所有 JobWorker 的主管（路由自动升级问题）。使用 StoppingStrategy 策略可以保证发生故障的 JobWorker 被自动停止，这会触发 JobMaster 监视的 Terminated 消息。

JobWorker 接收 Task 并进行处理，返回 TaskResult 并请求 NextTask。图 14-16 和清单 14-19 显示了已登记状态的 JobWorker。

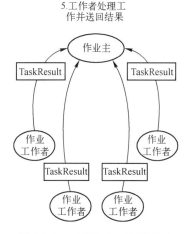

5.工作者处理工作并送回结果

图 14-16 JobWorker 处理 Task 并送回 TaskResult

清单 14-19 JobWorker 处理 Task 并送回 TaskResult

```
        def enlisted(jobName:String,master:ActorRef):Receive = {
            case ReceiveTimeout =>
                master ! NextTask

            case Task(textPart,master) =>
                val countMap = processTask(textPart)     ←──── 处理任务
                processed = processed + 1
                master !TaskResult(countMap)              ←──── 向JobMaster发送结果
                master ! NextTask                         ←──── 请求下一个任务

            case WorkLoadDepleted =>
                log.info(s"Work load ${jobName}is depleted,retiring… ")
                setReceiveTimeout(Duration.Undefined)     ←┐
                become(retired(jobName))                   │ 关闭ReceiveTimeout并
                                                           └ 退出，作业完成
            case Terminated(master) =>
                setReceiveTimeout(Duration.Undefined)
                log.error(s"Master terminated for ${jobName},stopping self.")
                stop(self)
        }
        def retired(jobName:String):Receive = {         ←──── 退出状态
            case Terminated(master) =>
                log.error(s"Master terminated for ${jobName},stopping self.")
                stop(self)

            case _ =>log.error("I'm retired.")
        }// definition of processTask follows in the code…
```

像这个例子一样，JobWorker 请求工作是有一些好处的。最主要的一个原因就是，JobWorker 在请求工作，所以 JobWorker 之间的负载平衡是自动的。拥有资源多的 JobWorker 要比高负载的 JobWorker 请求更多的任务。如果 JobMaster 采用轮询的方式强制向所有的 JobWorker 发送任务，则会引起一个或多个 JobWorker 负载过高，而其他的 JobWorker 却十分空闲。

AdaptiveLoadBalancingPool 和 AdaptiveLoadBalancingGroup

对于工作者结点请求工作，还有一个可选方案。AdaptiveLoadBalancingPool 和 Adaptive-LoadBalancingGroup 路由使用集群测量结果决定哪个结点最适于接收消息。这些测试指标可用 JMX 或 Hyperic Sigar 进行配置。

JobMaster 在工作状态接收 TaskResult 消息，并在每个发送的任务送回结果时进行合并。图 14-17 和清单 14-20 显示了当工作完成时，JobMaster 转换成结束状态（finishing state），合并中间结果并返回 WordCount。

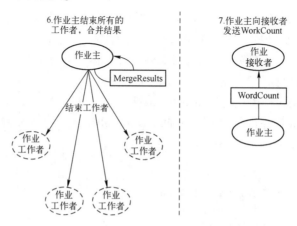

图 14-17　JobWorker 处理任务并送回 TaskResult

清单 14-20　JobMaster 存储和合并中间结果，完成作业

```
def working(jobName:String,
    receptionist:ActorRef,
        cancellable:Cancellable):Receive = {

    …
    case TaskResult(countMap) =>
        intermediateResult = intermediateResult:+countMap          存储来自JobWorker
        workReceived = workReceived + 1                            的中间结果
        if(textParts.isEmpty && workGiven == workReceived){
            cancellable.cancel()
            become(finishing(jobName,receptionist,workers))       记住调度任务发送
            setReceiveTimeout(Duration.Undefined)                 的Worker消息? 是
            self ! MergeResults                                   时候取消它了
        }
}                              向自己发送MergeResults，
    …                          以使得在结束状态合并结果
def finishing(jobName:String,
    receptionist:ActorRef,
        workers:Set[ActorRef]):Receive = {              接收JobMaster发送给自己
    case MergeResults =>                                的MergeResults消息
        val mergedMap = merge()
        workers.foreach(stop(_))                        结束所有的工作者；任务完成
        receptionist ! WordCount(jobName,mergedMap)
    case Terminated(worker) =>                          向JobReceptionist
        log.info(s"Job $jobName is finishing,stopping. ")  发送最终结果
}
    …
```

转换成 结束状态

合并所 有结果

JobReceptionist 最终收到 WordCount 并结束 JobMaster，它已完成处理工作。当 JobWorker 遇到包含 FAIL 的文本时崩溃，通过抛出异常的方式模拟故障。JobReceptionist 监视它所创建的所有 JobMaster，在 JobMaster 崩溃时采取 StoppingStrategy 策略。在图 14-18 中，看一下这个 Actor 系统的监督层次，以及 DeathWatch 如何用于检测故障。

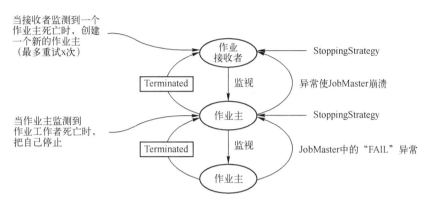

图 14-18　Words Actor 系统的监督层次

使用 ReceiveTimeout 检测在一定时间内没有收到消息采用相应的处理。JobReceptionist 跟踪它所发出的作业。当收到 Terminated 消息时，检查作业是否已完成。如果没有，它向自己发送原始的 JobRequest，这将使处理过程再次启动。JobReceptionist 通过尝试一定次数后从作业中移除文本的方式模拟 FAIL 文本故障，如清单 14-21 所示。

清单 14-21　对于 JobMaster 故障 JobReceptionist 尝试重新发送 JobRequest

```
case Terminated(jobMaster) =>
    jobs.find(_.jobMaster == jobMaster).foreach{ failedJob =>
        log.error(s"$jobMaster terminated before finishing job.")

        val name = failedJob.name
        log.error(s"Job ${name}failed.")
        val nrOfRetries = retries.getOrElse(name,0)

        if(maxRetries >nrOfRetries){
            if(nrOfRetries ==maxRetries -1){
                //Simulating that the Job worker
                //will work just before max retries
                val text = failedJob.text.filterNot(_.contains("FAIL"))
                self.tell(JobRequest(name,text),failedJob.respondTo)
            }elseself.tell(JobRequest(name,failedJob.text),
                        failedJob.respondTo)

            updateRetries
        }
```

（标注）无故障模拟发送 JobRequest

（标注）重新发送 JobRequest

14.3.4　测试集群

就像使用 Akka-remote 模块一样，可以使用 sbt-multi-jvm 插件和 multi-node-testkit 模

271

块。在本地测试 Actor 也一样方便，如果把 Actor 和路由的创建隔离到 trait 中，就比较容易完成。清单 14-22 显示了测试版本的 Receptionist 和 JobMaster 是如何创建的（可以在 src/test/scala/aia/cluster/words/LocalWordsSpec. scala 文件中找到）。Trait 用于覆盖工作者路由和作业主的创建。

清单 14-22　JobReceptionist 在 JobMaster 故障时重新发送 JobRequest

```
这个trait要求"混合器"定义一
个上下文，在这个例子中就是
JobMaster类

trait CreateLocalWorkerRouter extends CreateWorkerRouter{
    def context:ActorContext
    override def createWorkerRouter:ActorRef = {
        context.actorOf(BroadcastPool(5).props(Props[JobWorker]),
            "worker-router")          ←———————————  创建非集群路由
    }
}

class TestJobMaster extends JobMaster
    with CreateLocalWorkerRouter          创建测试版的JobMaster
                                          覆盖路由的创建方式

class TestReceptionist extends JobReceptionist
    with CreateMaster{                     创建测试版的
    override def createMaster(name:String):ActorRef = {    JobMaster
        context.actorOf(Props[TestJobMaster],name)
    }
}                                创建测试版的JobReceptionist,
                                 覆盖JobMaster的创建方式
```

本地测试如清单 14-23 所示。测试和通常的处理一样：JobRequest 发送到 JobReceptionist。响应使用 expectMsg（ImplicitSender 自动将 testActor 作为所有消息的发送者，如第 3 章描述的那样）进行验证。

清单 14-23　本地 Words 测试

```
class LocalWordsSpec extends TestKit(ActorSystem("test"))
                    with WordSpec
                    with MustMatchers
                    with StopSystemAfterAll
                    with ImplicitSender{        创建测试版的
    val receptionist = system.actorOf(Props[TestReceptionist],  JobReceptionist
                            JobReceptionist.name)
    val words = List("this is a test ",
                "this is a test",
                "this is",
                "this")

    "The words system"must{
        "count the occurrence of words in a text"in{
            receptionist ! JobRequest("test2",words)
            expectMsg(JobSuccess("test2",Map("this"->4,
                "is"->3,
                "a"->2,
                "test"->2)))
            expectNoMsg
        }
        ...
        "continue to process a job with intermittent failures"in{
```

```
val wordsWithFail = List("this","is","a","test","FAIL!")
receptionist !JobRequest("test4",wordsWithFail)
expectMsg(JobSuccess("test4",Map("this" ->1,
    "is" ->1,
    "a" ->1,
    "test" ->1)))
expectNoMsg
    }
  }
}
```

通过工作者在文本
中发现 FAIL 抛出
异常模拟故障

多结点测试无须修改 Actor 和路由的创建。为了测试集群，首先创建一个
MultiNodeConfig，如清单 14-24 所示，可以在 src/multi-jvm/scala/aia/cluster/words/Words-
ClusterSpecConfig. scala 文件中找到。

清单 14-24　MultiNode 配置

```
import akka.remote.testkit.MultiNodeConfig
import com.typesafe.config.ConfigFactory

object WordsClusterSpecConfig extends MultiNodeConfig{
    val seed = role("seed")
    val master = role("master")
    val worker1 = role("worker-1")
    val worker2 = role("worker-2")
    commonConfig(ConfigFactory.parseString("""
        akka.actor.provider = "akka.cluster.ClusterActorRefProvider"
"""))
    }
```

定义测试中
的解色

提供测试配置，ClusterActorRefProvider
保证集群被初始化。在这里可以添加
测试中所有的结点配置

MultiNodeConfig 在 MultiNodeSpec 中使用。WordsClusterSpecConfig 用在 WordsClusterSpec
中，如清单 14-25 所示（可在 src/multi-jvm/scala/aia/cluster/words/WordsClusterSpec. scala
文件中找到）。

清单 14-25　Words 集群说明

```
class WordsClusterSpecMultiJvmNode1 extends WordsClusterSpec
class WordsClusterSpecMultiJvmNode2 extends WordsClusterSpec
class WordsClusterSpecMultiJvmNode3 extends WordsClusterSpec
class WordsClusterSpecMultiJvmNode4 extends WordsClusterSpec

class WordsClusterSpec extends MultiNodeSpec(WordsClusterSpecConfig)
    with STMultiNodeSpec with ImplicitSender{
    import WordsClusterSpecConfig._
    def initialParticipants = roles.size
    val seedAddress = node(seed).address
    val masterAddress = node(master).address
    val worker1Address = node(worker1).address
    val worker2Address = node(worker2).address
    muteDeadLetters(classOf[Any])(system)
    "A Words cluster "must{

        "form the cluster"in within(10 seconds){
            Cluster(system).subscribe(testActor,classOf[MemberUp])
            expectMsgClass(classOf[CurrentClusterState])
            Cluster(system).join(seedAddress)
            receiveN(4).map{ case MemberUp(m) =>m.address }.toSet must be(
```

对于测试中的每个
结点有一类继承
WordClusterSpec

获取每个结
点的地址

加入种子结点。配置
没有使用种子列表，
因此手动启动种子角
色的结点

注册testActor，
以便它能够获得
集群成员的事件

```
                          Set(seedAddress,masterAddress,worker1Address,worker2Address))
                          Cluster(system).unsubscribe(testActor)
                          enterBarrier("cluster-up")
                      }

                      "execute a words job"in within(10 seconds){
                          runOn(master){
                              val receptionist=system.actorOf(Props[JobReceptionist],
                                  "receptionist")
                              val text=List("some","some very long text","some long text")
                              receptionist!JobRequest("job-1",text)
                              expectMsg(JobSuccess("job-1",Map("some"->3,
                                  "very"->1,
                                  "long"->2,

                                  "text"->2)))
                          }
                          enterBarrier("job-done")
                      }
                      …
                  }
              }
```

验证所有结点已经加入 → Set(seedAddress,masterAddress,worker1Address,worker2Address))

在主结点上运行作业并验证结果。其他结点只调用 enterBarrier

可以发现，实际的测试与本地版本的测试完全相同。集群版本只需要保证测试在主结点上运行之前集群已经启动。错误恢复没有在这里显示，但和清单 14-25 在文本中添加"FAIL"触发故障的测试完全相同，就和本地版本一样。

> **集群客户端**
> 　　测试从主结点发送 JobRequest。你可能想知道从集群的外部如何与集群会话。例如，在这个例子中，如何从集群的外部向其中一个结点发送 JobRequest？
> 　　Akka-contrib 模块包含一些集群模式，其中一个就是 ClusterClient。ClusterClient 是一个由初始联系人列表（如种子结点）初始化的 Actor，通过联系人列表使用 ClusterRecipient Actor 与集群中的 Actor 发送消息。

本地测试利于测试 Actor 的交互逻辑，而 multi-node-testkit 可以帮助你发现集群启动的问题，或其他集群有关的问题。

14.4　总结

使用 Cluster 扩展可以使应用动态增长或缩小变得简单。加入和离开集群非常简单，可以在 REPL 控制台中进行功能测试，它是一个可以体验和验证工作机制的工具。如果你跟随 REPL 会话，应该立即发现这个扩展是多么坚实；能够正确检测到群集中的崩溃，死亡监测也能够按照你的预期进行工作。

集群是曾经是一个不可逾越的鸿沟，通常需要很多的管理和代码变更。

这个例子不是关于单词计数，而是关于 Akka 在集群中并行处理工作的通用实例。使用集群路由和一些简单的 Actor 消息一起工作，并处理故障。

可以对各种情况进行测试，另一个好处是你很快就会适应 Akka 的使用。对集群进行单元测试是一个独到的特征，能够在部署大规模产品之前查找问题。Words 集群 Actor 使用一些临时的作业状态，在各个 Actor 中传播。当主结点或工作者结点故障时，可以重新发送存储在 JobReceptionist 中的 JobRequest。这个方案不能解决的一个问题是 JobReceptionist 的崩溃，因为这会使 JobRequest 数据丢失，不可能再向主结点重新发送。

第 15 章
Actor 持久化

本章导读

- 使用事件提取（event sourcing）实现持久化。
- 用持久化 Actor 记录和恢复持久状态。
- 集群持久化 Actor。

当 Actor 停止或重新启动时，或当 Actor 系统崩溃或关闭时，Actor 的内存状态将丢失。本章主要介绍使用 akka-persistence 模块使这些状态持久化（durable）。

当进行记录的创建、查找、更新和删除（也称为 CRUD 操作）时，最常用的手段就是使用数据库的 API。数据库记录经常用于表示一个系统的当前状态（current state）。在这种情况下，数据库充当共享可变状态的容器。

Akka 的持久化更倾向于不可改变的方法，这没有什么可惊奇的。Akka 持久化的设计技术是以事件提取（event sourcing）为基础的，将在本章的第一部分进行介绍。本章将学习如何捕捉作为 journal 数据库的一系列不可变事件的状态变化。接下来将学习 PersistentActor。持久化 Actor 使得 Actor 轻松地把它的状态记录为事件，并在崩溃或重新启动后从事件中恢复。

Akka 的集群模块和持久化模块可以一同使用，用于构建集群应用，使得集群中的结点崩溃或替换时，应用仍然可以继续工作。本章将学习两种集群扩展：cluster singleton（单例集群）和 cluster sharding（分片集群），它们都可用于在 Akka 集群中运行持久化 Actor，只是使用场合不同。

先从事件提取（event sourcing）开始，它是 Akka 持久化的设计基础。

为什么 Actor 需要恢复状态？

这与如何设计系统、如何对 Actor 进行建模，以及其他系统如何与 Actor 交互有关。

如果一个 Actor 的生命周期比一条消息的寿命长（或者请求/响应时间长），并随着时间的推移积累有用的信息，则需要状态持久化。这类 Actor 有一个身份——用于以后识别它。这类 Actor 的一个例子是购物篮 Actor，用户不停地查找商品，不停地从购物篮中添加、删除商品。如果 Actor 崩溃或者重新启动，显示一个空的购物篮是不正确的。

另一种情况是 Actor 模拟状态机协调多个系统之间的消息。Actor 可以跟踪它接收了哪条消息，并构建关于系统交互的上下文。一个例子是从网站接收订单的系统，通过与几个现有服务集成来协调股票认购、交割订单以及任何所需会计的过程。如果这样的 Actor 重新启动，则需要从正确的状态继续运行，以保证所连接的系统可以从中断的地方继续处理订单。

这里只有几个需要持久化 Actor 状态的例子。

对于简单的处理接收消息的 Actor，没必要进行状态持久化。这种 Actor 的一个例子是从无状态的 HTTP 请求创建的 Actor，包含 Actor 所需要的全部信息。如果 Actor 出现故障，则客户端需要重新发起 HTTP 请求。

15.1　事件提取恢复状态

事件提取（event sourcing）是一项使用了很久的技术。下面通过一个简单的例子，说明事件提取和 CRUD 风格的记录有什么不同。这里使用一个只需要记住最后一次计算结果的计算器作为例子。

15.1.1　适时更新记录

使用 SQL 数据库执行 OLTP（Online Transaction Processing，在线事务处理）时，更新记录是常见的操作。图 15-1 显示了 SQL 的插入和更新语句如何用于跟踪计算器中的计算结果。

	SQL语句	结果表	

	SQL语句	id	Result
1.开始只有一条记录：	insert into results values(1, 0)	1	0
2.加1：	update results set result=result+1 where id=1	1	1
3.乘以3：	update results set result=result*3 where id=1	1	3
4.乘以4：	update results set result=result/4 where id=1	1	0.75

图 15-1　用 update 语句存储状态

启动时计算器插入一行，查找已经存在的记录的语句被忽略。每次计算在数据库中进行，使用 update 语句更新表中的一行。可以假定每次更新都在自己的事务中执行。

图 15-1 显示了计算器的结果为 0.75。计算器从数据库中查询最后的状态如图 15-2 所示。

SQL语句	查询结果
select result from results where id=1	Result
	0.75

图 15-2　计算器从数据库中查询最后的状态

记录只保存最近的计算结果。如果计算完成，就再也没有办法获得 0.75 或者中间结果。如果知道用户执行的所有计算，必须把它们存储在一个独立的表中。

每次计算在 SQL 语句中完成。每次计算都依赖于存储在数据库表中的记录。

15.1.2　不使用 update 持久化状态

下一种方法是基于事件的。我们将捕获日志（journal）中每次成功的操作作为一个事件（event），而不是把最后结果保存在记录中。事件需要在发生时捕获，在这个例子中，将保存操作的名称和参数。作为例子，再次使用了 SQL 语句，日志表示为一个简单的数据库表。图 15-3 显示了跟踪所有计算的 SQL 语句。

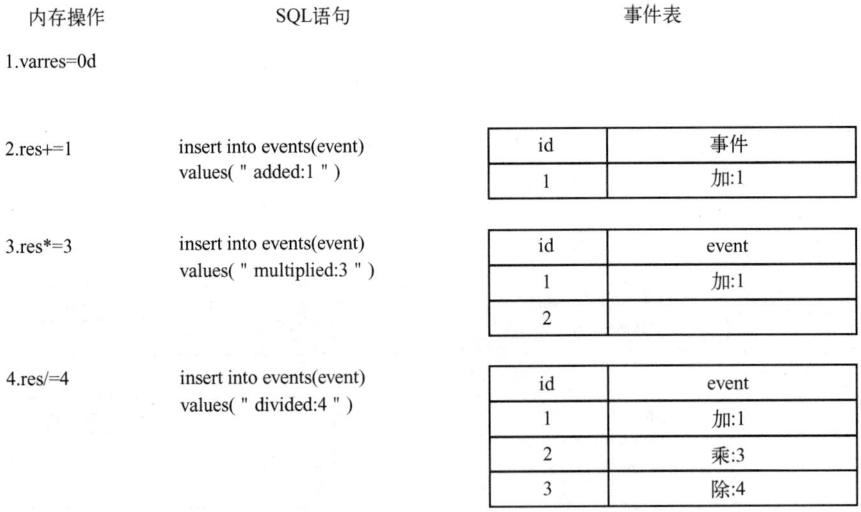

内存操作

1.varres=0d

2.res+=1　　insert into events(event) values(" added:1 ")

id	事件
1	加:1

3.res*=3　　insert into events(event) values(" multiplied:3 ")

id	event
1	加:1
2	

4.res/=4　　insert into events(event) values(" divided:4 ")

id	event
1	加:1
2	乘:3
3	除:4

图 15-3　保存所有成功的操作为事件

操作在内存中完成，操作成功后保存事件。ID 列使用数据库的序号，每次插入事件自动增加（可以假定每次插入操作都在自己的事务内执行，或者使用了自动提交机制）。

描述成功操作的事件在初始状态被执行，从 0（零）开始。使用一个简单的变量跟踪最后的结果。每个事件照原样序列化为一个字符串，事件名称和参数由冒号分隔。

现在看一下计算器如何从事件中恢复已知的最后状态。计算器从初始值 0 开始，并严格按照相同的顺序执行每次操作。计算器 App 读取并解序列化事件，翻译每个事件，并执行相同的操作得到结果 0.75，如图 15-4 所示。

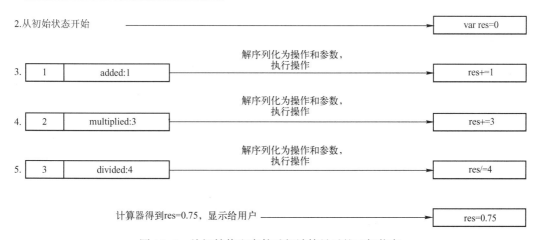

图 15-4　从初始值和事件重新计算最后的已知状态

> **哪一个 "更简单"?**
>
> 　　CRUD 风格的解决方案对于这个简单的计算器应用是足够的。它需要的存储空间少，恢复最后结果也简单。计算器 App 的例子只是说明两种解决方法的差别。
>
> 　　共享可变状态仍然是我们的障碍。把它们放在数据库中并不能解决问题。当 CRUD 操作允许无限制操作时，与数据库的交互将变得复杂。Actor 和持久化模块的组合提供了实现事件提取 (event sourcing) 的简单方式，这种方式不需要自己做太多的工作，就如同本章阐述的一样。

15.1.3　Actor 的事件提取

　　事件提取 (event sourcing) 的一个最大好处就是数据库的读/写被分成了两个不同的阶段。只有持久化的 Actor 恢复状态时才读取日志 (journal)。一旦 Actor 恢复了状态，就可以像平常一样工作了：只要它保证持久化事件，就可以简单地处理消息并在内存中保持状态。

　　日志 (journal) 有一个简单的接口。省略一些细节，它只需要提供追加序列化事件并从日志中读取反序列化事件的功能即可。日志中的事件是不可改变的，写入之后不能改变。当遇到并发访问的复杂性时，不可改变性又一次战胜了可改变性。

　　Akka 持久化定义了一个日志接口，允许任何人编写日志插件 (journal plugin)。甚至还有一个 TCK（技术兼容性套件）来测试与 Akka 持久化的兼容性。事件可以存放在 SQL 数据库、NoSQL 数据库、嵌入式数据库或者文件系统中，只要日志插件可以按顺序追加事件，并可以按相同的顺序读取事件即可。

事件提取（event sourcing）也有一些缺点。一个显著的缺点是增加了存储空间的需求。故障发生后所有事件都需要恢复，并且状态的任何变化都必须执行以得到最终的已知状态，这可能增加应用的启动时间。

15.2.3 节将讨论创建 Actor 状态的快照（snapshot），可以减少存储空间需求，并加速当前状态的恢复速度。简言之，这意味着可以路过很多事件只处理事件快照，甚至有可能只处理最后的快照，在这之后事件就可以恢复了。

如果 Actor 的状态在内存中无法容纳，就会引发另外的问题。分片（sharding）是一种跨服务器分布状态的技术，它可以扩展内存状态所需的空间。分片集群（cluster sharding）模块将在 15.3.2 节进行讨论，提供了 Actor 的分片策略。

事件提取（event sourcing）需要某种形式的事件序列化。在有些情况下，序列化可以自动完成；其他情况下，需要编写一些特定的代码。事件提取（event sourcing）实际上只提供了一种从事件恢复状态的方式，并不特定查询的解决方案。用于特定查询的广为人知的方法是将事件复制到针对分析进行优化的系统中。

15.2　持久化 Actor

首先，要向构建文件添加依赖，如清单 15-1 所示。

清单 15-1　Akka-persistence 依赖

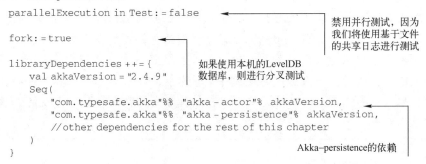

```
parallelExecution in Test:=false          ◀──── 禁用并行测试，因为
                                                  我们将使用基于文件
fork:=true                                        的共享日志进行测试

libraryDependencies++={              如果使用本机的LevelDB
    val akkaVersion = "2.4.9"        数据库，则进行分叉测试
    Seq(
        "com.typesafe.akka"%% "akka-actor"% akkaVersion,
        "com.typesafe.akka"%% "akka-persistence"% akkaVersion,  ◀──
        //other dependencies for the rest of this chapter
    )                                       Akka-persistence的依赖
}
```

Akka-persistence 绑定了两个 LevelDB（https://github.com/google/leveldb）日志插件（只用于测试目的），一个本地插件和一个共享插件。本地插件只能用于一个 Actor 系统；共享插件可用于多 Actor 系统，对于测试集群中的持久化非常方便。

插件使用本机 LevelDB 库（https://github.com/fusesource/leveldbjni）或者 LevelDB 项目（https://github.com/dain/leveldb）的 Java 端口。清单 15-2 和清单 15-3 显示了如何配置插件使用 Java 端口而不是本机的库。

清单 15-2　配置本地 LevelDB 日志插件 Java 库

```
akka.persistence.journal.leveldb.native=off
```

清单 15-3　配置共享 LevelDB 日志插件的 Java 库

```
akka.persistence.journal.leveldb-shared.store.native=off
```

对于本地库来说，分支测试是必须的，否则将出现连接错误。

15.2.1　持久化 Actor

持久化 Actor（persistent actor）有两种模式：从事件中恢复或处理指令。指令（command）是发送给 Actor 执行某些逻辑的消息，事件（event）提供了 Actor 正确执行逻辑的证明。首先，要定义计算器 Actor 的指令和事件。清单 15-4 显示了计算器可以处理的指令和计算器验证指令时触发的事件。

清单 15-4　计算器的指令和事件

```
sealed trait Command
case object Clear extends Command
case class Add(value:Double)extends Command
case class Subtract(value:Double)extends Command
case class Divide(value:Double)extends Command
case class Multiply(value:Double)extends Command
case object PrintResult extends Command
case object GetResult extends Command


sealed trait Event
case object Reset extends Event
case class Added(value:Double)extends Event
case class Subtracted(value:Double)extends Event
case class Divided(value:Double)extends Event
case class Multiplied(value:Double)extends Event
```

所有的指令继承自Command trait。控制台输出简化为显示最多的相关消息

所有事件继承自 Event trait

指令和事件分隔分别从不同的密封 trait 继承，Command 定义指令，Event 定义事件。密封（sealed）trait 允许 Scala 编译器检查继承这个 trait 的 case 类的模式匹配是否完整。Akka 持久化提供了一个继承 Actor trait 的 PersistentActor。每个持久化的 Actor 需要一个 persistentId，用于唯一标识日志中这个 Actor 的事件。如果没有这个 ID，就没法区别事件是属于哪个 Actor 的。Actor 持久化事件时，这个 ID 自动传递给日志。在计算器的例子中，只有一个计算器，清单 15-5 显示了计算器使用固定的 persistenceId——定义在 Calculator. name 中的 my-calculator。计算器的状态保存在 CalculationResult case 类中，如清单 15-8 所示。

清单 15-5　继承持久化 Actor 并定义 persistenceId

```
class Calculator extends PersistentActor with ActorLogging{
    import Calculator._
    def persistenceId=Calculator.name
    var state=CalculationResult()
    //more code tofollow ..
```

持久化 Actor 需要定义两个 receive 方法——receiveCommand 和 receiveRecover，而不是到目前为止所看到的定义一个 receive 方法。receiveCommand 用于 Actor 恢复后处理消息，

receiveRecover 用于 Actor 恢复时接收过去的事件和快照。

receiveCommand 定义在清单 15-6 中，显示了 persist 方法，用于把指令立即持久化为一个事件，除法定义比较特殊，首先对参数进行验证以防止除 0 错误。

清单 15-6　接收恢复后的处理消息

```
val receiveCommand:Receive={
    case Add(value)=>persist(Added(value))(updateState)
    case Subtract(value)=>persist(Subtracted(value))(updateState)
    case Divide(value)=>if(value!=0)persist(Divided(value))(updateState)
    case Multiply(value)=>persist(Multiplied(value))(updateState)
    case PrintResult=>println(s"the result is:${state.result}")
    case GetResult=>sender() ! state.result
    case Clear=>persist(Reset)(updateState)
}
```

updateState 执行需要的计算，并更新计算结果。清单 15-7 中的 updateState 方法被传递给 persist 方法，它接收两个参数：第一个是要持久化的事件，第二个是处理持久化事件的函数，在事件成功持久化后在日志中调用。

清单 15-7　更新内部状态

```
val updateState:Event=>Unit={
    case Reset=>state=state.reset
    case Added(value)=>state=state.add(value)
    case Subtracted(value)=>state=state.subtract(value)
    case Divided(value)=>state=state.divide(value)
    case Multiplied(value)=>state=state.multiply(value)
}
```

处理持久化事件的函数是异步调用的，但 Akka-persistence 保证在这个函数执行完毕之前不会处理下一条指令，因此从这个函数中引用 sender 方法是安全的，和 Actor 中普通的异步调用大不相同。这的确需要一些性能开销，因为有些消息需要被隐藏。如果你的应用不需要这种保证，则可以使用 persistAsync，它不会隐藏到来的指令。

CalculationResult 支持计算器需要的操作，并且每个操作返回一个新的不可改变的值，如清单 15-8 所示。updateState 函数调用 CalculationResult 的一个方法并把它赋给 state 变量。

清单 15-8　执行计算并返回下一状态

```
case class CalculationResult(result:Double=0){
    def reset=copy(result=0)
    def add(value:Double)=copy(result=this.result+value)
    def subtract(value:Double)=copy(result=this.result - value)
    def divide(value:Double)=copy(result=this.result /value)
    def multiply(value:Double)=copy(result=this.result * value)
}
```

每个正确的计算命令都将成为存储在日志中的事件。存储关联的事件后，将状态设置为新的计算结果。

下面看一下清单 15-9 中计算器的 receiveRecover 方法，当 Actor（重新）启动时，与所有发生的事件一起被调用。它必须执行与指令正确处理相同的逻辑，因此这里使用相同的 updateState 函数。

清单 15-9　用于恢复的 Receive 方法

恢复完成
时发送这
条消息

```
val receiveRecover:Receive = {
    case event:Event =>updateState(event)
    case RecoveryCompleted =>log.info("Calculator recovery completed")
}
```

每个用相同的 persistenceId 追加到日志中的计算器事件，被传递给 updateState 函数来执行和以前一样的操作，更新计算结果。

当 Actor 启动或重启时调用 receiveRecover。Actor 恢复完成后，按顺序处理新到达的指令。

以下是将在下面的例子中使用的简单代码示例的一些说明：

- 指令立即被转换成事件，或者在除法中先进行验证。
- 如果指令是有效的，且影响 Actor 的状态，则指令就被转换成事件。事件引起 Actor 恢复后或恢复中的状态更新，逻辑上是一样的。
- 编写 updateState 函数的逻辑代码要避免与 receiveCommand 和 receiveRecover 定义中的代码重复。
- CalculationResult 以不可变的（对于每个操作提供一个拷贝结果）方式包含计算器的逻辑。这使得 updateState 函数易于实现和阅读。

15.2.2　测试

下面看一下如何测试计算器。清单 15-10 的单元测试表明，可以像平常一样测试这个 Actor，只要我们使用 Akka 持久化基类和包含用于日志清理的 trait。这是必须的，因为 LevelDB 日志对于所有测试都写在同一目录中，默认情况下在当前工作目录的日志目录下。没有 Akka 持久化测试工具自动完成此设置，或提供其他持久化相关的测试特性，但现在有一些简单的辅助工具可以完成这些操作。因为前面关闭了并行测试，所以每个测试可以独立地使用日志。

清单 15-10　计算器的单元测试

```
package aia.persistence.calculator

import akka.actor._
import akka.testkit._
import org.scalatest._

class CalculatorSpec extends PersistenceSpec(ActorSystem("test"))
    with PersistenceCleanup{
  "The Calculator"should{
    "recover last known result after crash"in{
      val calc=system.actorOf(Calculator.props,Calculator.name)
      calc !Calculator.Add(1d)
      calc ! Calculator.GetResult
      expectMsg(1d)
```

```
        calc !Calculator.Subtract(0.5d)
        calc ! Calculator.GetResult
        expectMsg(0.5d)
        killActors(calc)
        val calcResurrected=system.actorOf(Calculator.props,Calculator.name)
        calcResurrected ! Calculator.GetResult
        expectMsg(0.5d)
        calcResurrected ! Calculator.Add(1d)
        calcResurrected ! Calculator.GetResult
        expectMsg(1.5d)
      }
    }
  }
```

单元测试包含了一个简单的例子，用于验证计算器是否可以从故障中正确恢复。当计算器收到 GetResult 消息时，以计算结果进行响应。PersistenceSpec 定义的 killActors，对传递给它的所有 Actor 进行监视、停止和等待结束等操作。计算器被终止，然后创建一个新的计算器，并从终止的地方继续运行。

清单 15-11 显示了 PersistenceSpec 类和 PersistenceCleanup trait。

清单 15-11　持久化规范的基类

```
import java.io.File
import com.typesafe.config._

import scala.util._

import akka.actor._
import akka.persistence._
import org.scalatest._

import org.apache.commons.io.FileUtils

abstract class PersistenceSpec(system:ActorSystem)extends TestKit(system)
    with ImplicitSender
    with WordSpecLike
    with Matchers
    with BeforeAndAfterAll
    with PersistenceCleanup{
    def this(name:String,config:Config)=this(ActorSystem(name,config))
    override protected def beforeAll()=deleteStorageLocations()
    override protected def afterAll()={
        deleteStorageLocations()
        TestKit.shutdownActorSystem(system)
    }
    def killActors(actors:ActorRef*)={
    actors.foreach{ actor=>
        watch(actor)
        system.stop(actor)
        expectTerminated(actor)
    }
}

trait PersistenceCleanup{
    def system:ActorSystem

    val storageLocations=List(
        "akka.persistence.journal.leveldb.dir",
        "akka.persistence.journal.leveldb-shared.store.dir",
```

```
"akka.persistence.snapshot-store.local.dir").map{ s=>
  new File(system.settings.config.getString(s))
}
def deleteStorageLocations():Unit={
    storageLocations.foreach(dir=>Try(FileUtils.deleteDirectory(dir)))
}
```

PersistenceCleanup trait 定义了 deleteStorageLocations 方法用于删除 LevelDB 日志和默认的日志快照（将在 15.2.3 节详细讨论）创建的目录。它从 Akka 配置中获取配置的目录。PersistenceSpec 在单元测试开始之前删除任何遗留的目录，删除所有规范后的目录，并关闭测试期间使用的 Actor 系统。

CalculatorSpec 以默认配置为测试创建 Actor 系统，也可以通过辅助的 PersistenceSpec 构造函数向测试传递自定义的配置，它接收系统名字和配置对象作为参数。PersistenceCleanup 使用 org. apache. commons. io. FileUtils 删除目录，commons-io 依赖库可以在 sbt 构建文件中找到。PersistenceSpec 将用于后续章节的单元测试。

15.2.3　快照

和前面提到的一样，快照可用于 Actor 恢复的加速。快照存储在独立的 SnapshotStore 中。默认的快照存储文件目录由 akka. persistence. snapshot-store. local. dir 属性进行配置。

为了说明快照如何工作，我们将使用购物篮 Actor 作为例子。在下一节中，将详细介绍在线购物服务的持久化，主要集中于处理购物篮。清单 15-12 显示了 Basket Actor 的指令和事件。

清单 15-12　**Basket** 的指令和事件

Basket是Shopper 的指令，Shopper Actor后面定义

```
sealed trait Command extends Shopper.Command

case class Add(item:Item,shopperId:Long)extends Command
case class RemoveItem(productId:String,shopperId:Long)extends Command
case class UpdateItem(productId:String,
number:Int,
shopperId:Long)extends Command
case class Clear(shopperId:Long)extends Command
case class Replace(items:Items,shopperId:Long)extends Command
case class GetItems(shopperId:Long)extends Command

case class CountRecoveredEvents(shopperId:Long)extends Command
case class RecoveredEventsCount(count:Long)

sealed trait Event extends Serializable
case class Added(item:Item)extends Event
case class ItemRemoved(productId:String)extends Event
case class ItemUpdated(productId:String,number:Int)extends Event
case class Replaced(items:Items)extends Event
case class Cleared(clearedItems:Items)extends Event

case class Snapshot(items:Items)
```

Basket付款后即清除

指示Basket被清除的事件

购物篮包含物品，可以添加、删除和更新购物篮中的物品，一旦支付即清理购物篮。在线服务的每个购物者都有一个购物篮，可以向篮中添加物品，最后对篮中的物品结账。Basket Actor 包含 Items 作为它的状态，Items 和 Item 的定义如清单 15-13 和清单 15-14 所示。

清单 15-13　Items

```
case class Items(list:List[Item]){
    //more code for working with the item..
```

清单 15-14　Item

```
case class Item(productId:String,number:Int,unitPrice:BigDecimal){
    //more code for working with the item..
```

Items 的细节被省略，添加、删除和清除物品的方法返回一个新的不可改变的拷贝，与 CalculationResult 采用的方法类似。一旦购物者付款，购物篮即被清除。购物篮清除时生成一个快照是很有用的。如果想重启购物篮后快速显示当前的购物篮，则没必要知道以前购物篮中的物品。

现在只介绍与快照相关的代码，从 updateState 和 receiveCommand 方法开始，如清单 15-15 和图 15-16 所示。

清单 15-15　购物篮的 updateState 方法

```
private val updateState:(Event=>Unit)={
    case Added(item)=>items=items.add(item)
    case ItemRemoved(id)=>items=items.removeItem(id)
    case ItemUpdated(id,number)=>items=items.updateItem(id,number)
    case Replaced(newItems)=>items=newItems
    case Cleared(clearedItems)=>items=items.clear
}
```

清单 15-16　购物篮的 receiveCommand 方法

```
def receiveCommand = {
    case Add(item,_) =>
        persist(Added(item))(updateState)

    case RemoveItem(id,_) =>
        if(items.containsProduct(id)){
            persist(ItemRemoved(id)){ removed =>
                updateState(removed)
                sender() ! Some(removed)
            }
        }else{
            sender() ! None
        }

    case UpdateItem(id,number,_) =>
        if(items.containsProduct(id)){
            persist(ItemUpdated(id,number)){ updated =>
                updateState(updated)
                sender() ! Some(updated)
            }
        }else{
            sender() ! None
        }
```

```
case Replace(items,_) =>
    persist(Replaced(items))(updateState)
    case Clear(_) =>
        persist(Cleared(items)){ e =>
            updateState(e)
            //basket is cleared after payment.
            saveSnapshot(Basket.Snapshot(items))
        }
```

清除购物篮时
保存快照

```
case GetItems(_) =>
    sender() ! items
case CountRecoveredEvents(_) =>
    sender() ! RecoveredEventsCount(nrEventsRecovered)
case SaveSnapshotSuccess(metadata) =>
    log.info(s"Snapshot saved with metadata $metadata")
case SaveSnapshotFailure(metadata,reason) =>
    log.error(s"Failed to save snapshot:$metadata,$reason.")
}
```

快照保
存成功

快照不能保存

购物篮中的 Items 作为快照使用 saveSnapshot 进行保存，最终返回 SaveSnapshotSuccess 或 SaveSnapshotFailure 表明快照是否保存。在这个例子中，保存快照纯粹是一种优化，如果快照保存不成功也不用采取任何行动。清单 15-17 显示了 Basket Actor 的 receiveRecover 方法。

清单 15-17　Basket 的 receiveRecover 方法
```
def receiveRecover = {
    case event:Event =>
        nrEventsRecovered = nrEventsRecovered + 1
        updateState(event)
    case SnapshotOffer(_,snapshot:Basket.Snapshot) =>
        log.info(s"Recovering baskets from snapshot:$snapshot for $persistenceId
")
    items = snapshot.items
}
```

在恢复期间
提供快照

receiveRecover 方法和预期的一样使用 updateState 方法，但它还处理 SnapshotOffer 消息。默认情况下，在快照之后的任何事件之前，最后一次保存的快照被传递给 Actor。快照之前的任何事件都不能传递给 receiveRecover。

自定义恢复

默认情况下恢复期间提供最后一次快照，大多数情况下都是这样。覆盖 recovery 方法可以自定义从哪个快照恢复 Actor。这个方法返回的 Recovery 的值选择一个快照，以通过 sequenceNr 或 timestamp 和一个可选的 sequenceNr 进行恢复或者恢复最大数目的消息。

添加 CountRecoveredEvents 指令用于测试在恢复中是否跳过了指定的事件。清单 15-17 中表明 nrEventsRecovered 每遇一个事件计数值加 1，当收到 CountRecoveredEvents 消息时，Basket Actor 返回恢复的事件数，如清单 15-16 所示。清单 15-18 中的 BasketSnapshotSpec 显示了一个单元测试，用于验证快照生成后（一旦购物篮被清除）跳过的事件。

清单 15-18　BasketSnapshotSpec
```
package aia.persistence

import scala.concurrent.duration._

import akka.actor._
import akka.testkit._
```

```
import org.scalatest._

class BasketSpec extends PersistenceSpec(ActorSystem("test"))
    with PersistenceCleanup{
    val shopperId = 2L
    val macbookPro = Item("Apple Macbook Pro",1,BigDecimal(2499.99))
    val macPro = Item("Apple Mac Pro",1,BigDecimal(10499.99))
    val displays = Item("4K Display",3,BigDecimal(2499.99))
    val appleMouse = Item("Apple Mouse",1,BigDecimal(99.99))
    val appleKeyboard = Item("Apple Keyboard",1,BigDecimal(79.99))
    val dWave = Item("D - Wave One",1,BigDecimal(14999999.99))

    "The basket"should{
        "skip basket events that occured before Cleared during recovery"in{
            val basket = system.actorOf(Basket.props,Basket.name(shopperId))
            basket !Basket.Add(macbookPro,shopperId)
            basket !Basket.Add(displays,shopperId)
            basket !Basket.GetItems(shopperId)
            expectMsg(Items(macbookPro,displays))

            basket !Basket.Clear(shopperId)                                    ← ─┐

            basket !Basket.Add(macPro,shopperId)                                  │   清除购物篮
            basket !Basket.RemoveItem(macPro.productId,shopperId)                 │   产生快照
            expectMsg(Some(Basket.ItemRemoved(macPro.productId)))

            basket !Basket.Clear(shopperId)                                    ← ─┘
            basket !Basket.Add(dWave,shopperId)
            basket !Basket.Add(displays,shopperId)

            basket !Basket.GetItems(shopperId)
            expectMsg(Items(dWave,displays))

            killActors(basket)

            val basketResurrected = system.actorOf(Basket.props,
            Basket.name(shopperId))
            basketResurrected ! Basket.GetItems(shopperId)
            expectMsg(Items(dWave,displays))

            basketResurrected ! Basket.CountRecoveredEvents(shopperId)
            expectMsg(Basket.RecoveredEventsCount(2))    ←───┐
                                                             │   确定恢复期间
            killActors(basketResurrected)                    │   只处理最后快
        }                                                    │   照之后的事件
    }
}
```

这是快照的简单例子：我们保存的快照经常为空，在日志中作为一个标记，用于防止处理前面所有与购物篮的交互。

持久化 Actor 能够从快照和存储在日志中的事件进行恢复。有些情况下，可能需要在恢复过程之外从日志中读取事件。

15.2.4 持久化查询

持久化查询（persistence query）是日志查询的一个实验性模块，用于从持久化的 Actor 恢复中查询日志（journal）。本节中只对这个模块做简要介绍，因为它是实验性的，而且也

不是本章恢复 Actor 状态所必须的。需要注意的是，它不是像 SQL 一样的专门查询工具。持久化查询最常用的场合是，连续从持久化 Actor 中读取事件，在另外的更适合查询的数据库中更新这些事件。

如果查询需求有限，则持久化查询可以直接满足你的需求。持久化查询支持获取所有事件，获取特定 persistenceId 的事件和特定标记的事件。

持久化查询提供了从 Akka-stream 的 Source 读取事件的 API。

本节主要介绍如何访问事件的 Source，更新数据库以备查询的功能留给读取作为练习。下面先添加它的依赖，如清单 15-19 所示。

清单 15-19　添加 persistence-query 的依赖

```
libraryDependencies++={
val akkaVersion="2.4.9"
Seq(
    //other dependenciesomitted ..
    "com.typesafe.akka"%% "akka-persistence-query-experimental"% akkaVersion,
    //other dependenciesomitted ..
)
}
```

LevelDB 读取日志包含在这个依赖中。许多社区的日志插件都支持日志读取。清单 15-20 显示了如何访问 LevelDB 的 ReadJournal。

清单 15-20　获取 ReadJournal

```
implicit val mat=ActorMaterializer()(system)
val queries=
    PersistenceQuery(system).readJournalFor[LeveldbReadJournal](
        LeveldbReadJournal.Identifier
    )
```

这里需要提供一个隐式的 ActorMaterializer，当使用 Akka-stream 时它是必需的。PersistenceQuery 扩展的 readJournalFor 方法返回一个特定的读日志对象，这里是 LeveldbReadJournal。

LeveldbReadJournal 支持所有类型的查询，这些查询可以在 AllPersistenceIdsQuery、CurrentPersistenceIdsQuery、EventsByPersistenceIdQuery、CurrentEventsByPersistenceIdQuery、EventsByTagQuery 和 CurrentEventsByTagQuery trait 中找到。

有以下两种基本的查询：以 current 开头的方法返回一个 Source，这个 Source 在所有当前保存的事件都通过 Source 提供后，就结束这个流；没有 current 开头的方法不会结束这个流，而是随着事件的到达，提供"活"的事件。

清单 15-21 显示了如何从 LevelDB 日志中读取当前购物篮的事件。

清单 15-21　读取当前购物篮的事件

```
val src:Source[EventEnvelope,NotUsed] =
    queries.currentEventsByPersistenceId(
        Basket.name(shopperId),0L,Long.MaxValue)

val events:Source[Basket.Event,NotUsed] =
```

从开始到最后一个存储的事件，获取特定购物篮的当前事件的Source

```
src.map(_.event.asInstanceOf[Basket.Event])

val res:Future[Seq[Basket.Event]] = events.runWith(Sink.seq)
```

因为只向日志中写入了
Basket.Event类型的事件，
所以这里的强制类型转换是安全的

可以用Sink.seq运行一个Source，
获得用于测试目的所有事件。可能
需要等待Future执行结果，再与
已知的事件列表进行比较

Basket Actor 中的 persistenceId 被设置成与返回的 Basket. name 相同的值，这也是本例能够正常工作的原因。currentEventsByPersistenceId 方法接收两个参数：一个是 fromSequenceNr，另一个是 toSequenceNr。它们分别使用 0 和 Long. MaxValue 返回日志中 persistenceId 的所有事件。清单 15-22 显示了如何从 LevelDB 日志中获取购物篮事件的"活"的流。

清单 15-22　获取购物篮"活"的流

```
val src:Source[EventEnvelope,NotUsed] =
    queries.eventsByPersistenceId(
        Basket.name(shopperId),0L,Long.MaxValue)

val dbRows:Source[DbRow,NotUsed] =
    src.map(eventEnvelope => toDbRow(eventEnvelope))
    events.runWith(reactiveDatabaseSink)
```

获取特定于某购物篮
的所有事件的Source，
它是不会终止的

可以把这些事件转换成"数据
库的行"，写入某些数据中，
细节在此省略

eventsByPersistenceId 方法返回的 Source 是永远不会结束的。当事件发生时，它会持续不断地提供事件。把这些事件转换成某些数据库的表示，并把它们写入目标数据库中，如前面的清单所示，不过这些代码是"不完整的伪代码"，不是真正的代码，这一部分留给读者作为练习。必须跟踪某些错误发生前，或者这个逻辑由于某种原因重启时的事件序号。跟踪事件序号的一种好的选择是把它们写入目标数据库中。EventEnvelope 有一个 SequenceNr 域（或属性）。重新启动时，可以在目标数据库中提取序号的最大值，并从这里继续。

15.2.5　序列化

序列化（serialization）通过 Akka 的序列化基础设施进行配置。默认使用 Java 的序列化。这对于测试是很好的，但不能用于实际产品中，在大多数情况下需要更高效的序列化器。

使用默认之外的序列化需要做一些工作，这正是本节的主题。

真的要自定义序列化器?

编写自定义序列化器需要做不少工作。如果发现默认序列化器速度对于你的用例来说不够快，或者需要执行自定义逻辑完成从以前序列化数据的自动迁移，那么编写自定义序列化器是一个不错的选择。

你可能会问，还有其他的选择吗？ Akka-remote 模块包含一个 Google 协议缓冲格式（Google Protocol Buffers format）的序列化器，但这个序列化器只适用于 protobuf 产生的类。如果你从 protobuf 定义开始，它将工作的很好。从 protobuf 中产生类，然后直接用作事件。

> 　　另一种选择是使用第三方的 akka-serialization 库。一个称为 akka-kryo-serialization（https://github.com/romix/akka-kryo-serialization）的库是一个序列化库的例子，声称可以自动支持绝大数 Scala 类的 kryo 格式的序列化。这个库仍然需要一些配置，而且并不支持版本迁移。
>
> 　　Stamina（https://github.com/scalapenos/stamina）是专门为 Akka-persistence 构建的 Akka-serialization 工具。它有一个可选的，使用 spray-json 进行 JSON 序列化的模块。Stamina 提供了版本控制和自动迁移序列化数据（也称为 upcasting）的 DSL，可以在不停止服务的情况下升级你的服务，并且可以在重新启动服务之前对整个日志进行转换。

　　在学习自定义序列化器的实际代码之前，让我们先从配置它们开始。清单 15-23 中的代码显示了如何对所有的 Basket. Event 类和 Basket 快照类 Basket. Snapshot 配置自定义序列化器。

清单 15-23　序列化配置

```
akka{
    actor{
        serializers{                                         注册自定义序列化器
            basket = "aia.persistence.BasketEventSerializer"
            basketSnapshot = "aia.persistence.BasketSnapshotSerializer"
        }
        serialization-bindings{                              绑定需要自定义
            "aia.persistence.Basket$Event" = basket          序列化的类到指
            "aia.persistence.Basket$Snapshot" = basketSnapshot  定的序列化器
        }
    }
}
```

　　任何没有绑定的类会自动应用默认序列化器。类的名字要为符合要求的全名。在这个例子中，Event 和 Snapshot 是 Basket 伙伴对象的一部分。Scala 编译器为 Java 类创建一个结尾为 $ 符号的对象，这也就解释了 Basket. Event 和 Basket. Snapshot 标准类全名奇怪的地方。

　　任何序列化器都要产生问题中事件或快照的字节数组表示形式。而且要能够从相同的字节数组中重建正确的事件或快照。清单 15-24 显示了自定义序列化器需要实现的 trait。

清单 15-24　Akka 序列化 trait

```
trait Serializer{
    /**
     *完全唯一的标识本序列化器实现的值
     *用于优化网络传输
     *0~16 保留,由 Akka 内部使用
     */
    def identifier:Int

    /**
     *把给定的对象序列化成 Byte 数组
     */
    def toBinary(o:AnyRef):Array[Byte]

    /**
```

```
 *返回该序列化器在 fromBinary 方法中是否需要一个清单
 * /
 def includeManifest:Boolean

 /**
 *使用可选的类型提示,从字节数组产生一个对象
 *这个类应该使用 ActorSystem.dynamicAccess 进行加载
 */
 def fromBinary(bytes:Array[Byte],manifest:Option[Class[_]]):AnyRef
}
```

通常情况下,任何序列化器都需要向序列化的字节中写入一个识别符,以便后来再读取它们。它可以是序列化类的名字,或者是标识类型的数值 ID。使用 Java 的序列化,如果在自定义序列化器中 includeManifest 置为 true,则 Akka 自动将类的清单写入序列化字节。

购物篮事件和快照的自定义序列化器将使用 spray-json 库作为读/写 JSON 格式的工具。完整的 JSON 格式列表定义在 JsonFormats 对象中,在清单中没有列出。下面先看一下 BasketEventSerializer,用于序列化 Basket. Event,如清单 15-25 所示。

清单 15-25　自定义 Basket 事件序列化器

```
import scala.util.Try
import akka.serialization._                    JsonFormats(这里省略)
import spray.json._                            包含购物篮事件和快照
                                               的spray-json格式
class BasketEventSerializer extends Serializer{ ◄
    import JsonFormats._
    val includeManifest:Boolean = false        注册自定义序列化器
    val identifier = 123678213
    def toBinary(obj:AnyRef):Array[Byte] = {
        obj match{
            case e:Basket.Event =>             只序列化购物篮事件
                BasketEventFormat.write(e).compactPrint.getBytes
            case msg =>
                throw new Exception(s"Cannot serialize $msg with ${this.getClass}")
        }
    }
    def fromBinary(bytes:Array[Byte],           把定节数组转换成
        clazz:Option[Class[_]]):AnyRef = {      spray-json的AST
        val jsonAst = new String(bytes).parseJson (抽象语法树)
        BasketEventFormat.read(jsonAst)
    }                                          用Basket EventFormat把
}                                              JSON转换成Basket.Event
```

每个序列化器都需要唯一的ID

JsonFormats 中的 BasketEventFormat 对每个事件写一个 JSON 数组。第一个元素是一个识别符,用于指示数组的第二个元素存放的是哪个事件。相同的识别符还用于决定用哪个事件格式对事件反序列化。BasketEventFormat 如清单 15-26 所示。

清单 15-26　BasketEventFormat

```
implicit object BasketEventFormat
extends RootJsonFormat[Basket.Event]{
import Basket._
val addedId=JsNumber(1)
val removedId=JsNumber(2)
val updatedId=JsNumber(3)
val replacedId=JsNumber(4)
```

```
val clearedId=JsNumber(5)
def write(event:Event)={
    event match{
        case e:Added=>
            JsArray(addedId,addedEventFormat.write(e))
        case e:ItemRemoved=>
            JsArray(removedId,removedEventFormat.write(e))
        case e:ItemUpdated=>
            JsArray(updatedId,updatedEventFormat.write(e))
        case e:Replaced=>
            JsArray(replacedId,replacedEventFormat.write(e))
        case e:Cleared=>
            JsArray(clearedId,clearedEventFormat.write(e))
    }
}
def read(json:JsValue):Basket.Event={
    json match{
        case JsArray(Vector(`addedId`,jsEvent))=>
            addedEventFormat.read(jsEvent)
        case JsArray(Vector(`removedId`,jsEvent))=>
            removedEventFormat.read(jsEvent)
        case JsArray(Vector(`updatedId`,jsEvent))=>
            updatedEventFormat.read(jsEvent)
        case JsArray(Vector(`replacedId`,jsEvent))=>
            replacedEventFormat.read(jsEvent)
        case JsArray(Vector(`clearedId`,jsEvent))=>
            clearedEventFormat.read(jsEvent)
        case j=>
            deserializationError("Expected basket event,but got "+j)
    }
  }
}
```

BasketSnapshotSerializer 如清单 15-27 所示。它使用定义在 JsonFormats 中的隐式格式实现 JSON 和 BasketSnapshot 之间的转换。

清单 15-27　自定义 Basket 快照序列化器

```
class BasketSnapshotSerializer extends Serializer{
    import JsonFormats._

    val includeManifest:Boolean=false
    val identifier=1242134234

    def toBinary(obj:AnyRef):Array[Byte]={
        obj match{
            case snap:Basket.Snapshot=>snap.toJson.compactPrint.getBytes
            case msg=>throw new Exception(s"Cannot serialize $msg")
        }
    }

    def fromBinary(bytes:Array[Byte],
        clazz:Option[Class[_]]):AnyRef={
        val jsonStr=new String(bytes)
        jsonStr.parseJson.convertTo[Basket.Snapshot]
    }
}
```

这样一个自定义序列化器还可用来对已序列化的旧版本数据进行自动迁移。一个解决方案是向字节中写入识别符，和决定事件类型的识别符类似，用于选择自定义的逻辑把所有旧版本的序列化数据读取到最新的版本。Stamina 库提供了这些功能，并提供了优秀的 DSL 定义版本迁移。

> **事件适配器**
>
> 　　Akka-persistence 并不只是把事件和快照序列化为字节数组存储在 Journal 或 Snap-shotStroe 中。序列化的对象被包装成内部的 protobuf 格式，这是内部保存所需要的。这就意味着对于某些 JSON 结构，当自定义序列化器把事件序列化为 JSON 时，就不能简单地查询日志插件的后端数据库。
>
> 　　EventAdapter 使这一过程大大简化。它处于日志和事件之间，使得两者之前可以任意转化。使得事件和持久化数据模型之间得以解耦。
>
> 　　EventAdapter 必须适合 Journal（日志）插件。EventAdapter 能够把事件转换成 JSON 对象，为了支持这种转换，Journal 也必须能够把任何事件对象序列化成字节数组，而且还要包装成内部结构。

　　这里给出的自定义序列化器只能作为简单的例子。序列化通常是所有情况下都难以解决的问题。

15.3　集群持久化

　　本节将进一步构建在线购物服务。首先，再详细看一下本地 Actor 系统的解决方案。然后，对应用进行修改，使它可以运行在单例集群（cluster singleton）上。单例集群允许在 Akka 集群的一个结点（具有相同角色）上只运行一个 Actor 实例（和它的子实例）。

　　如果当前单例结点崩溃，单例集群将自动在其他结点上启动所有购物篮（对象），因此这些购物篮需要持久化在某些地方，最好是诸如 Apache Cassandra 这样分布式数据库中。这将提高购物服务的容错性能，但这并没有解决内存中购物篮过多，不能存储在集群中一个结点上的问题。

　　基于这个原因，我们将使用分片集群（cluster sharding），它可以按照分片策略把购物篮在集群中进行分配。

　　在详细讨论这些细节之前，先看一下在线购物服务的大体结构。图 15-5 显示了购物服务的大体情况。

　　GitHub 上的项目包含一个用于购物篮的 HTTP 服务（ShopperService）。ShopperService 持有 Shoppers Actor 的 ActorRef。这个 Actor（Shoppers）对于每个唯一的 shopperId 创建或查找 Shopper Actor。如果对于某个唯一的 ID，还没有对应的 Shopper，则会创建

图 15-5　购物服务略图

一个；如果 Shopper 已经存在，则返回这个 Shopper。Shoppers 基于指令向特定的 Shopper 转发请求。购物者指令通常包含 shopperId。Basket 和 Wallet 指令也是 Shopper 指令。

可以假定对于首次登录在线商店的用户自动产生一个 cookie。当用户返回在线商店时，使用相同的 cookie。Cookie 包含一个唯一的 ID 来跟踪用户，在这个例子中称为 shopperId。HTTP 服务的例子中省略了 cookie。在这个例子中，shopperId 是一个简单的 Long 型值，在实际应用中可以使用随机的通用唯一标识符（UUID）作为 shopperId。清单 15-28 显示了 ShoppersRoutes trait 的代码片段，定义了服务的 HTTP 路由。Local Shoppers actor 如清单 15-29 所示。

清单 15-28　ShoppersRoutes

```
trait ShoppersRoutes extends
    ShopperMarshalling{
    def routes =
        deleteItem ~
        updateItem ~
        getBasket ~
        updateBasket ~
        deleteBasket ~
        pay
    def shoppers : ActorRef

    implicit def timeout : Timeout
    implicit def executionContext : ExecutionContext

    def pay = {
        post{
            pathPrefix("shopper"/ShopperIdSegment/"pay"){shopperId =>
                shoppers Shopper.PayBasket(shopperId)
                complete(OK)
            }
        }
    }
}
```

清单 15-29　LocalShoppers actor

```
package aia.persistence

import akka.actor._

object LocalShoppers{
    def props = Props(new LocalShoppers)
    def name = "local-shoppers"
}

class LocalShoppers extends Actor
    with ShopperLookup{
        def receive = forwardToShopper
    }

trait ShopperLookup{
    implicit def context : ActorContext

    def forwardToShopper : Actor.Receive = {
        case cmd : Shopper.Command =>
            context.child(Shopper.name(cmd.shopperId))
```

Akka 实战

```
        .fold(createAndForward(cmd, cmd.shopperId))(forwardCommand(cmd))
    }

    def forwardCommand(cmd: Shopper.Command)(shopper: ActorRef) =
        shopper forward cmd

    def createAndForward(cmd: Shopper.Command, shopperId: Long) = {
        createShopper(shopperId) forward cmd
    }

    def createShopper(shopperId: Long) =
        context.actorOf(Shopper.props(shopperId),
            Shopper.name(shopperId))
}
```

查找 Shopper Actor 的代码被重构到了 ShopperLookup 中，因此可以在单例集群和分片集群扩展中使用它。

Shopper Actor 如清单 15-30 所示。

清单 15-30　**Shopper actor**

```
import akka.actor._

object Shopper{
    def props(shopperId: Long) = Props(new Shopper)
    def name(shopperId: Long) = shopperId.toString
    trait Command{                          ←—— 每个Shopper指令
        def shopperId: Long                      有一个ShopperId
    }
    case class PayBasket(shopperId: Long) extends Command
    //for simplicity every shopper got 40k to spend.
    val cash = 40000
}

class Shopper extends Actor{
    import Shopper._

    def shopperId = self.path.name.toLong
    val basket = context.actorOf(Basket.props,
        Basket.name(shopperId))
    val wallet = context.actorOf(Wallet.props(shopperId, cash),
        Wallet.name(shopperId))
    def receive = {
        case cmd: Basket.Command => basket forward cmd
        case cmd: Wallet.Command => wallet forward cmd
        case PayBasket(shopperId) => basket ! Basket.GetItems(shopperId)
        case Items(list) => wallet ! Wallet.Pay(list, shopperId)
        case Wallet.Paid(_, shopperId) => basket ! Basket.Clear(shopperId)
    }
}
```

Shopper 创建一个 Basket Actor 和 Wallet Actor，并向这些 Actor 转发指令。由 Shopper Actor 负责购物篮的支付。它首先发送 GetItems 消息给 Basket，一旦收到 Items 消息，就发送 Pay 消息给 Wallet，Wallet 以 Paid 消息进行响应，然后 Shopper 发送 Clear 消息给购物篮结束购物流程。

15.3.1　单例集群

本节要介绍的是单例集群扩展（cluster singleton extension）。我们将把 Shoppers Actor 在集群中作为单例运行，这就意味着集群中一般只有一个 Shoppers Actor 在运行。

单例集群扩展是集群工具模块的一部分，分片集群扩展是分片集群（cluster sharding extension）模块的一部分，因此需要向项目中添加依赖。

清单 15-31　单例集群和分片集群的依赖

```
libraryDependencies++={
    val akkaVersion="2.4.9"
    Seq(
        //other dependenciesomitted ..
        "com.typesafe.akka" % % "akka-cluster-tools" % akkaVersion,
        "com.typesafe.akka" % % "akka-cluster-sharding" % akkaVersion,
        //other dependenciesomitted ..
    )
```

单例集群扩展需要正确的集群配置，可以在 src/main/resources 目录下的 application. conf 文件中找到，如第 13 章中讨论的一样。图 15-6 显示了将要进行的修改。

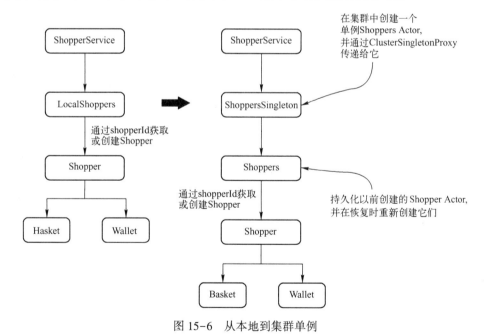

图 15-6　从本地到集群单例

ShoppersSingleton Actor 的引用而不是 LocalShoppers Actor 的引用将被传递给 ShoppingSer-vice。ShoppersSingleton Actor 如清单 15-32。

清单 15-32　ShoppersSingleton

```
import akka.actor._
import akka.cluster.singleton.ClusterSingletonManager
import akka.cluster.singleton.ClusterSingletonManagerSettings
```

```
import akka.cluster.singleton.ClusterSingletonProxy
import akka.cluster.singleton.ClusterSingletonProxySettings
import akka.persistence._

object ShoppersSingleton{
    def props = Props(new ShoppersSingleton)
    def name = "shoppers-singleton"
}

class ShoppersSingleton extends Actor{
    val singletonManager = context.system.actorOf(
        ClusterSingletonManager.props(
            Shoppers.props,
            PoisonPill,
            ClusterSingletonManagerSettings(context.system)
                .withRole(None)
                .withSingletonName(Shoppers.name)
        )
    )

    val shoppers = context.system.actorOf(
        ClusterSingletonProxy.props(
            singletonManager.path.child(Shoppers.name)
                .toStringWithoutAddress,
            ClusterSingletonProxySettings(context.system)
                .withRole(None)
                .withSingletonName("shoppers-proxy")
        )
    )

    def receive = {
        case command: Shopper.Command => shoppers forward command
    }
}
```

ShoppersSingleton Actor 作为集群中实际单例的引用。集群中的每个结点将启动一个 ShoppersSingleton Actor。只有一个结点把 Shoppers Actor 作为单例运行。

ShoppersSingleton 创建一个指向 ClusterSingletonManager 的引用。单例管理者保证同一时刻在集群中只有一个 Shoppers Actor。我们所要做的就是向它传递想使用的单例 Actor 的 Props 和名字（通过 singletonProps 和 singletonName）。ShoppersSingleton 还创建 Shoppers 单例 Actor 的代理，并向它转发消息。这个代理通常指向集群中的当前单例。

Shoppers Actor 是事实上的单例。它是一个 PersistentActor，它把成功创建的 Shopper 作为事件保存。Shoppers Actor 可以恢复这些事件，并在崩溃后重建这些 Shopper Actor，这使得单例集群可以从一个结点迁移到另一个结点。

很重要的一点是，单例集群在任何时刻都要阻止集群运行多于一个的单例。当单例集群崩溃时，到下一个单例集群启动需要一段时间，这就意味着在这段时间内可能丢失消息。

Baskets 和 Wallets 都是持久化的 Actor，因此它们在 Shopper 重建它们时，可以自动从事件重建自己。

Shoppers Actor 如清单 15-33 所示。

清单 15-33　Shoppers Actor

```
object Shoppers{
```

```
    def props = Props(new Shoppers)
    def name = "shoppers"
    sealed trait Event
    case class ShopperCreated(shopperId: Long)
}

class Shoppers extends PersistentActor
        with ShopperLookup{
    import Shoppers._

    def persistenceId = "shoppers"

    def receiveCommand = forwardToShopper

    override def createAndForward(cmd: Shopper.Command, shopperId: Long) = {
        val shopper = createShopper(shopperId)
        persistAsync(ShopperCreated(shopperId)){_ =>
            forwardCommand(cmd)(shopper)
        }
    }

    def receiveRecover = {
        case ShopperCreated(shopperId) =>
            context.child(Shopper.name(shopperId))
                .getOrElse(createShopper(shopperId))
    }
}
```

createAndForward 方法被覆盖，用于实现持久化 ShopperCreated 事件。在这里可以安全地使用 persistAsync 方法，没有必要按相同的顺序重新创建所有的 Shoppers。可以尝试执行 sbt run 运行单例集群，并选择 aia. persistence. SingletonMain 作为主启动类。在实际应用场合，所有结点之前最好有一个负载均衡器。任何结点上的 REST 服务都可以通过 ShoppersSingleton Actor 集群代理与单例集群通信。为了测试这个例子，需要选择一个不同的日志（journal）实现。

如果只想在本地运行它，则可以使用共享的 LevelDB 日志，它只能用于测试目的，因为它只在本地存储数据。

一个在实际产品中可用的选择是 Apache Cassandra 的 Akka-persistence-cassandra 日志插件（https://github. com/krasserm/akka-persistence-cassandra/）。

Apache Cassandra 是一款高扩展性数据库，可以在集群结点之间复制数据。在 Apache Cassandra 中存储 Actor 状态意味着应用程序可以在数据库集群以及 Akka 集群中的故障结点中存活。

15. 3. 2　分片集群

下面介绍分片集群（Cluster sharding）。我们将按照 shopperId 对购物者（shoppers）进行分片。分片集群把 Actor 分配到分片中的结点上。每个 shopperId 只可能落在一个分片中。ClusterSharding 模块负责集群分片中的 Actor 定位和负载均衡。图 15-7 显示了我们要做的修改。

ClusterSharding 扩展有一个 shardRegion 方法，返回 ShardRegion Actor 的引用。ShardRegion

Actor 用于向分片的 Actor 转发指令，在这个例子中是稍作修改的 Shopper（称为 Sharded-Shopper）。清单 15-34 显示了分片版本的 Shoppers Actor，也就是 ShardedShoppers。

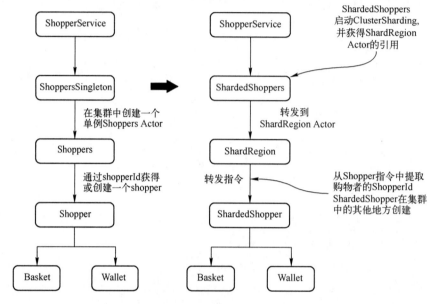

图 15-7　从单例集群到分片集群

清单 15-34　**ShardedShoppers**

```
package aia.persistence.sharded
import aia.persistence._
import akka.actor._
import akka.cluster.sharding.{ClusterSharding, ClusterShardingSettings}

object ShardedShoppers{
    def props=Props(new ShardedShoppers)
    def name="sharded-shoppers"
}

class ShardedShoppers extends Actor{

    ClusterSharding(context.system).start(
        ShardedShopper.shardName,
        ShardedShopper.props,
        ClusterShardingSettings(context.system),
        ShardedShopper.extractEntityId,
        ShardedShopper.extractShardId
    )

    def shardedShopper={
        ClusterSharding(context.system).shardRegion(ShardedShopper.shardName)
    }

    def receive={
        case cmd: Shopper.Command=>
            shardedShopper forward cmd
    }
}
```

ShardedShoppers Actor 启动 ClusterSharding 扩展。它（即 ClusterSharding 扩展）提供在集群中某分片中启动 ShardedShopper 需要的所有细节。typeName 是将要分片的 Actor 的类型的名字。分片的 Actor 也称为入口（entry），这也说明了 entryProps 名字的意义。ClusterSharding 扩展提供了一个 ShardRegion Actor 的引用用于分片，通过它（即 ShardRegion Actor 的引用）向分片的 Actor 转发消息，在这个例子中是 ShardedShopper Actor。

集群中的每个结点运行一个 ShardRegion，ShardingCoordinator（作为集群单例运行）决定分片属于哪个 ShardRegion，如图 15-8 所示。

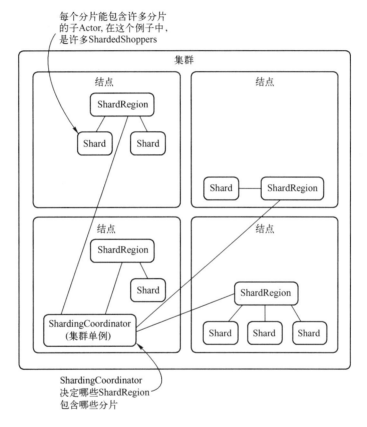

图 15-8　集群中的分片

ShardRegion 管理一系列的 Shard，由它来组织分片的 Actor。Shard Actor 最终通过传递给 ClusterSharding. start 方法的 props 属性创建分片的 Actor。

清单 15-35 所示为分片版本的 Shoppers Actor，ShardedShopper。

清单 15-35　ShardedShopper

```
package aia.persistence.sharded

import aia.persistence._
import akka.actor._
import akka.cluster.sharding.ShardRegion
import akka.cluster.sharding.ShardRegion.Passivate
```

301

```
object ShardedShopper{
    def props = Props(new ShardedShopper)
    def name(shopperId: Long) = shopperId.toString
    case object StopShopping
    val shardName: String = "shoppers"
    val extractEntityId: ShardRegion.ExtractEntityId = {
        case cmd: Shopper.Command => (cmd.shopperId.toString, cmd)
    }
    val extractShardId: ShardRegion.ExtractShardId = {
        case cmd: Shopper.Command => (cmd.shopperId % 12).toString
    }
}

class ShardedShopper extends Shopper{
    import ShardedShopper._
    context.setReceiveTimeout(Settings(context.system).passivateTimeout)
    override def unhandled(msg: Any) = msg match{
        case ReceiveTimeout =>
            context.parent Passivate(stopMessage = ShardedShopper.StopShopping)
        case StopShopping => context.stop(self)
    }
}
```

ShardedShopper 的伙伴对象定义了两个重要的函数：ExtractEntityID 函数从指令中提取标识符，ExtractShardId 函数对每个购物者（Shopper）指令创建唯一的 ID。在这个例子中，使用 shopperId 作为分片标识符，可以保证在集群中没有重复 ShardedShopper Actor 在运行。

注意，清单 15-34 中的 ShardedShoppers 和单例版本的 Shoppers Actor 不一样，没有启动任何 ShardedShopper。ClusterSharding 模块在它尝试向 ShardedShopper 发送指令时，会自动启动一个 ShardedShopper。它将从指令中提取 ID 和 shardId，并用之前传递的 entryProps 创建一个合适的 ShardedShopper，在后续指令转发中使用同一 ShardedShopper。

ShardedShopper Actor 只是简单地继承了 Shopper，并定义了它在长时间没有收到指令时应该怎么做。为了控制内存使用，分片购物者（ShardedShopper）长时间不使用时，会变成钝态（passivated）。ShardedShopper 如果没有收到指令，会使 Shard Actor 变成钝态，然后 Shard 按照 Passivate 消息的要求向 ShardedShopper 发送 stopMessage 消息，使自己（Sharded-Shopper）停止。这一工作方式和 PoisionPill 相似：先处理所有 ShardRegion 队列中的消息，然后 ShardedShopper 停止。

可以执行 sbt run 并选择 aia. persistence. sharded. ShardedMain 作为启动类运行分片集群。

从本地到单例再到分片，不需要做太多修改的一个原因是，购物者已经包含了 shopperId，这是分片所必须的。

15.4　总结

事件提取（event sourcing）被证明是 Actor 状态持久化简单而实用的策略。持久化的 Actor 把有效的指令转换成事件存储在日志（journal）中；这些事件将用来在它们崩溃时进行恢复。持久化 Actor 的测试相对容易（只要使用一些删除日志的基本功能）。把所有事件保存在 Actor 运行结点的日志中没有多大意义，因为如果服务器崩溃就会丢失所有数据。使用可以实现冗余的日志插件可以提高可靠性。

把所有 Actor 集中在一个结点上同样不是一个好的选择，因为只要这个结点崩溃就意味着应用立马不可用。

单例集群可用于从已崩溃的结点跳到仍然正常工作的结点。只需要很少的修改就可以把本地的 Shoppers Actor 变成集群单例。

分片集群把可用性提升了一个档次，允许内存空间增长超过单例结点的内存空间。分片 Actor 根据需要创建，空闲时可变成钝态。从而使得集群中的可用结点富有弹性。同样，只需要少量的工作就可以得到购物服务的分片集群版本。

第16章
性能提示

本章导读

- Actor 系统的关键性能参数。
- 消除瓶颈，提升性能。
- 调度器调整优化 CPU 利用率。
- 改变线性池的用法。
- 改变线程的释放提升性能。

在本章将介绍如何自定义并配置 Akka 提升整体性能。性能高优是很难的，而且每个程序都不相同，因为性能需求不同，并且系统中的所有组件相互作用的方式也不同。通用方法是找出哪个部分比较慢，为什么这么慢，基于对这些问题的回答寻找解决方案。在本章集中于配置 Actor 依赖的线程来提高性能。

本章内容如下：

- 首先，介绍性能调整和重要的性能指标。
- 创建自己的邮箱和 Actor trait 测量系统中的 Actor。两种实现都创建统计消息，使我们能够发现问题所在。
- 下一步是解决问题，从介绍提升 Actor 的不同选项开始。
- 在最后一节集中讲述线程的用法。首先讨论如何检测线程问题，然后介绍改变 Actor 使用的调度配置，接下来介绍如何配置 Actor 在同一时间相同线程上处理多个消息。
- 最后，介绍如何创建自己的调度器类型来动态创建多个线程池。

16.1 性能分析

要解决性能问题，需要知道出现了什么问题，以及不同部件之间如何交互。只有理解了这些机制，才能决定如何度量分析系统，找到性能问题并解决问题。在本节将介绍哪些指标决定系统的整体性能，从而理解性能是如何受到影响的。

16.1.1　系统性能

经验告诉我们，很难分清系统的哪一部分限制了系统的性能，但通常情况下只有系统的一小部分影响整体性能。帕累托法则（Pareto Principle，即著名的 80-20 原则）比较适合：解决系统 20% 的问题，就可以提升 80% 的性能。这是个喜忧参半的消息。好消息是只要对系统做少量修改就可以提高性能。坏消息是仅仅 20% 的修改就可影响系统的性能。限制整个系统性能的部分称为瓶颈（bottlenecks）。

下面看一个简单的例子，在第 8 章创建了一个管道过滤器模式。在交通相机的例子中使用了两个过滤器，创建了如图 16-1 所示的流水线。

图 16-1　有瓶颈的流水线

当审视这个系统时，很容易检测到瓶颈。"牌照检测"每秒只能检测 5 幅图像，而第一步每秒可服务 20 次。这里我们发现其中的一步主宰整个处理链条的性能，因此这个系统的瓶颈就是牌照检测。

如果系统每秒需要处理两幅图像，则根本不存在性能问题，因为系统很容易就可以完成处理任务。系统总是会有一部分限制系统的性能，但是如果系统限制的数量超过了业务方面的操作限制，那么它只会是一个瓶颈。

因此基本上我们会专注解决瓶颈直到性能符合要求。但会有一点问题，解决第一个瓶颈可以给我们带来很大的性能提升，解决第二个瓶颈性能提升就会少很多（收益递减的概念）。

这是因为随着每次修改会逐渐变得更加平衡，并到达系统资源利用的上限。在图 16-2 中，可以看到当瓶颈消除之后性能达到了极限。如果性能要超过这个极限，则必须增加资源，如利用向外扩展。

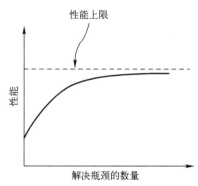

图 16-2　解决瓶颈的性能影响

这就是为什么要把精力放到需求上的一个原因。指标研究的最常见结论之一是程序员倾向于花时间优化对整个系统性能（对于用户的体验）几乎没有影响的事情。通过保持模型更接近需求，Akka 有助于解决这个问题。

至此，已经从总体上讲述了关于性能的问题，主要有以下两种类型的性能问题：

- 吞吐量太低——可以服务的请求数量太低，如例子中的牌照检查能力。
- 延迟太长——每个请求耗费的处理时间太长，如请求 Web 页面解析时间过长。

当出现其中一个问题时，就称之为性能问题。吞吐量问题一般采用扩展解决，延迟问题通常需要对应用的设计进行变更。解决 Actor 的性能问题是 16.3 节的主题，将讲述如何解决瓶颈提高性能。

16.1.2 性能参数

在调查计算机系统的性能特征的问题时，总是会出现很多术语。先从介绍这些重要的术语开始，然后看一个简单的包含邮箱的 Actor，如图 16-3 所示。图 16-3 中显示了三个重要的性能指标：到达率、吞吐量和服务时间。

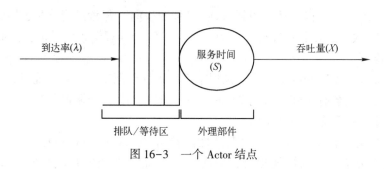

图 16-3　一个 Actor 结点

到达率（arrival rate）是在一定时间内到达的作业或消息数目。例如，在观察周期 2 s 内到达了 8 个消息，则到达率为每秒 4 个。

消息处理速率称为 Actor 的吞吐量（throughput）。吞吐量是指在一定时间内完成的处理消息的数目。如图 16-4 所示，当系统负载是均衡的，它可以为所有到达的作业服务而无须等待。这就意味着到达率等于吞吐量（或至少不超过）。如果服务是不均衡的，就不可避免出现等待，因为所有的工作者都在忙碌。在这种方式下，面向消息的系统实质上和线程池没什么区别。

在这个例子中，结点处理能力跟不上消息的到达速度，消息在邮箱中积聚。这是最经典的性能问题。图 16-4 中间的性能最优——每个任务完成时，还有另一个要做，但等待时间非常少。

图 16-3 的最后一个参数是服务时间。一个结点的服务时间是指处理一个单独的作业所需要的时间。有时在这些模型中还会提到服务速率（service rate）的概念，它是一段时间内处理作业数量的平均值，用 i 来表示。服务时间（S）和服务速率之间的关系是

$$\mu = 1/S$$

服务时间与延迟关系很近，因为延迟是进入和退出之间的时间。服务时间和延迟之间的

区别是消息在邮箱中等待的时间。如果消息没必要在邮箱中等待另一消息处理完成，那么服务时间就是延迟时间。

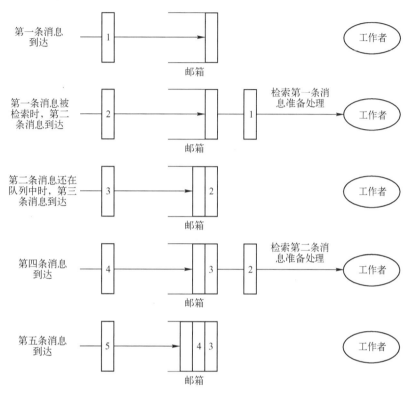

图 16-4　不平衡的结点（到达率比吞吐量大得多）

最后一个性能分析中经常使用的术语是利用度（utilization），它是结点忙于处理消息时间的百分数。如果一个处理的利用度是 50%，则处理作业的时间为 50%，另外 50% 的时间空闲。利用度表征了如果加到最大，系统的处理能力还有多少。如果利用度为 100%，那么系统将不再平衡或处理于饱和。为什么呢？因为如果指令增长过快，那么等待时间的问题就会随之而来。

如果队列大小增加，则意味着 Actor 已经饱和并拖了整个系统的后腿。

16.2　Actor 性能测量

在提升系统性能之前，必须先了解它的行为。本节将展示一个例子，指导构建自己的方法进行性能测量。

看一下队列大小和利用度指标，你就会把数据分成两部分。队列大小需要从邮箱获得，利用度需要对处理单元进行统计。在图 16-5 中显示了消息被发送到 Actor 以及被处理的时间。

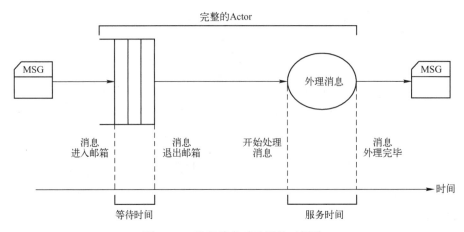

图 16-5　处理消息时重要的时间戳

当把这些翻译成 Akka 的 Actor 时，需要下面的数据：

- 何时收到消息并添加到邮箱中。
- 何时被发送处理，从邮箱中删除，并提交到处理单元。
- 何时处理完毕并离开处理单元。

对于每条消息如果有了这些时间数据，就可以获得分析系统的所有性能指标。例如，延迟与到达时间和离开时间的间隔不同。在本节中，将创建一个获取这些消息的例子。这里从生成自定义的，获取跟踪邮箱中消息数据的邮箱开始。两个例子都会发送统计数据到 Akka 的 EventStream。根据需要，可以只记录这些消息，或者先做一些处理。

微基准测试

查找性能问题的一个常见问题是如何加入测试代码，而不影响要测试的性能。

就像在代码中添加 println 语句进行调试一样，使用 System.currentTimeMillis 测试时间，在很多情况下得到一种粗略的表示，是一种比较简单的方法。

需要更细粒度的测试时，可以使用微基准测试工具，如 JMH（http://openjdk.java.net/projects/code-tools/jmh/）。

16.2.1　收集邮箱数据

从邮箱中，我们要知道队列大小的最大值和平均等待时间。为了获取这一信息，需要知道消息何时到达和何时离开。首先，创建自己的邮箱。在这个邮箱中，收集数据并使用 EventStream 发送到一个 Actor 进行处理，以得到性能统计信息，帮助检测瓶颈。

创建自定义队列并使用它，我们需要实现两部分。第一部分是用例邮箱的消息队列，第二部分是在需要时创建邮箱的工厂类。图 16-6 显示了邮箱实现的类图。

Akka 分发器（Akka dispatcher）使用工厂类（MailboxType）创建新的邮箱。通过切换 MailboxType，可以创建不同的邮箱。当要创建自己的邮箱时，需要实现 MessageQueue 和 MailboxType。

1. 创建自定义邮箱

为了创建自定义邮箱，需要实现 MessageQueue trait。

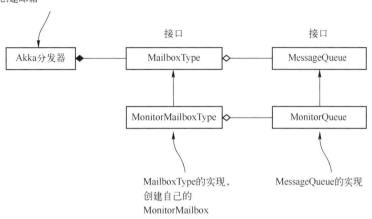

Akka分发器在创建一个
新的Actor时，使用MailboxType
创建邮箱

接口　　　　　　　　　　　　接口

MailboxType的实现，
创建自己的
MonitorMailbox

MessageQueue的实现

图 16-6　自定义邮箱的类图

- def enqueue（receiver：ActorRef，handle：Envelope）——当尝试添加 Envelope 时，调用此方法。Envelope 包含发送者和实际消息。
- def numberOfMessages：Int——它返回队列中持有消息的当前数目。
- def hasMessages：Boolean——指示队列是否非空。
- def cleanUp（owner：ActorRef，deadLetters：MessageQueue）——邮箱被销毁时调用此方法。通常情况下，它需要做的是把所有剩下的消息都发送到死信队列（dead-letter queue.）中。

我们将实现自定义的 MonitorQueue，它将被 MonitorMailboxType 所创建。首先要定义称为 MailboxStatistics 的 case 类，它包含用于计算统计信息的跟踪数据，还要定义 MonitorEnvelope 类，它包含消息在邮箱中等待时，收集数据的跟踪信息，如清单 16-1 所示。

清单 16-1　用于保存邮箱统计信息的数据容器

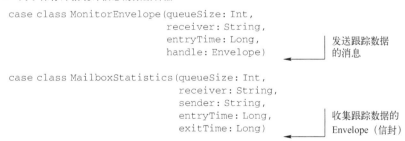

```
case class MonitorEnvelope(queueSize:Int,
                           receiver:String,
                           entryTime:Long,
                           handle:Envelope)
```
发送跟踪数据
的消息

```
case class MailboxStatistics(queueSize:Int,
                             receiver:String,
                             sender:String,
                             entryTime:Long,
                             exitTime:Long)
```
收集跟踪数据的
Envelope（信封）

MailboxStatistics 类包含接收器就是要监控的 Actor。entryTime 和 exitTime 包含消息到达和离开邮箱的时间。

在 MonitorEnvelope 中处理的是从 Akka 框架接收的原始 Envelope。现在可以创建 MonitorQueue 了。

MonitorQueue 的构造函数接收一个 system 参数，因此可以获得 eventStream，如清单 16-2

所示。我们还要定义这个队列支持的语义。因为要对系统中所有的 Actor 应用这个邮箱，所以添加 UnboundedMessageQueueSemantics 和 LoggerMessageQueueSemantics 语义。后者是必须的，因为 Akka 中的 Actor 内部进行日志记录时需要这个语义。

清单 16-2　从 MessageQueue trait 继承并添加语义

使用system.eventStream
发送统计信息。

邮箱标准Actor功能所需的语义

邮箱的Akka日志记录功能所需的语义

```
class MonitorQueue(val system: ActorSystem)
    extends MessageQueue
        with UnboundedMessageQueueSemantics
        with LoggerMessageQueueSemantics{
    private final val queue = new ConcurrentLinkedQueue[MonitorEnvelope]()
```

内部使用的队列类型

选择特定消息队列语义邮箱

语义 trait 是简单的标记 trait（它们不定义任何方法）。在这个例子中，不需要定义自己的语义，因为 Actor 可以使用 RequiresMessageQueue 请求特定的语义。例如，DefaultLogger 需要通过在 RequiresMessageQueue［LoggerMessageQueueSemantics］ trait 中混合使用 LoggerMessageQueueSemantics。可以使用 akka. actor. mailbox. requirements 配置连接邮箱到语义。

下一步要实现 enqueue 方法，它创建一个 MonitorEnvelope，并把它添加到队列中，如清单 16-3 所示。

清单 16-3　实现 MessageQueue trait 的 enqueue 方法

```
def enqueue(receiver: ActorRef, handle: Envelope): Unit = {
    val env = MonitorEnvelope(queueSize = queue.size()+1,
        receiver = receiver.toString(),
        entryTime = System.currentTimeMillis(),
        handle = handle)
    queue add env
}
```

queueSize 是当前的大小加 1，因为这个新的消息还没有添加到队列中。下面开始实现 dequeue 方法。dequeue 方法检查轮询的消息是不是 MailboxStatistics 实例，如果是，则跳过它，因为要对所有的邮箱使用 MonitorQueue。如果不排除这些消息，当我们的统计收集器使用它们时，则会递归地创建 MailboxStatistics 消息。

清单 16-4 实现了 dequeue 方法。

清单 16-4　实现 MessageQueue trait 的 dequeue 方法

```
def dequeue(): Envelope = {
    val monitor = queue.poll()
    if (monitor != null){
        monitor.handle.message match{
            case stat: MailboxStatistics => //skip message
            case _ => {
                val stat = MailboxStatistics(
                    queueSize = monitor.queueSize,
                    receiver = monitor.receiver,
                    sender = monitor.handle.sender.toString(),
                    entryTime = monitor.entryTime,
                    exitTime = System.currentTimeMillis())
                system.eventStream.publish(stat)
```

跳过MailboxStatistics
避免递归发送消息

发送MailboxStatistics
到事件流

```
                }
            }
            monitor.handle
        } else{
            null
        }
    }
```

向Akka系统返回原始
信封（envelope）

如果没有信封等待，
则返回null

当处理一个正常消息时，创建一个 MailboxStatistics 对象并发布到 EventStream。当再也没有任何消息时，需要返回 null 表示已经没有消息。到现在为止，已经实现了需要的功能，接下来要实现的是 MessageQueue trait 中定义的其他方法，如清单 16-5 所示。

清单 16-5　完成 MessageQueue trait 的实现

```
def numberOfMessages = queue.size
def hasMessages = queue.isEmpty

def cleanUp(owner: ActorRef, deadLetters: MessageQueue): Unit = {
    if (hasMessages){
        var envelope = dequeue
        while (envelope ne null){
            deadLetters.enqueue(owner, envelope)
            envelope = dequeue
        }
    }
}
```

返回队列中信封的数目

实现hasMessages方法

在清理阶段，发送所有
等待消息到死信队列

我们使用 dequeue 方法也创建了统计信息。

我们的邮箱 trait 已经实现完毕，可以用在工厂类中了。

2. 实现 Mailbox Type

创建实际邮箱的工厂类实现 MailboxType trait。这个 trait 只有一个方法，还需要一个特定的构造方法，因此它也被认为是 MailboxType 接口的一部分。那么接口就变成了这样：

- def this（settings：ActorSystem. Settings，config：Config）——Akka 使用这个构造方法创建 MailboxType。
- def create（owner：Option[ActorRef]，system：Option[ActorSystem]）：MessageQueue——这个方法用于创建一个新的邮箱。

想要使用自定义的邮箱，就需要实现这个接口。MailboxType 完整的实现如清单 16-6 所示。

清单 16-6　MailboxType 完整的实现

```
class MonitorMailboxType(settings: ActorSystem.Settings, config: Config)
    extends akka.dispatch.MailboxType
        with ProducesMessageQueue[MonitorQueue]{
    final override def create(owner: Option[ActorRef],
        system: Option[ActorSystem]): MessageQueue = {
        system match{
            case Some(sys) =>
                new MonitorQueue(sys)
            case _ =>
                throw new IllegalArgumentException("requires a system")
        }
    }
}
```

实现Akka需要的
构造方法

传入系统参数创建
MonitorQueue

如果没有ActorSystem，
则不能创建和使用
MessageQeue

311

如果不能获得 ActorSystem 就要抛出异常，因为我们的操作需要 ActorSystem。现在已经完成了新的自定义邮箱，剩下的就是配置 Akka 框架把它作为框架的邮箱使用。

3. 邮箱配置

如果要使用其他的邮箱，则需要在 application. conf 文件中进行配置。邮箱类型绑定到所使用的分发器，因此可以创建一个新的分发器类型来使用自定义邮箱。这是通过设置 application. conf 配置文件中的 mailbox-type，并且在创建新的 Actor 时使用这个自定义的分发器来实现的。一种实现方式如下面的代码片段所示。

```
my - dispatcher{
    mailbox - type = aia.performance.monitor.MonitorMailboxType    ← 设置application.conf文件
}                                                                     中的分发器的邮箱类型
val a = system.actorOf(
    Props[MyActor].withDispatcher("my - dispatcher")    ← 使用我们的分发器
)                                                          配置创建Actor
```

使 Akka 应用自定义邮箱还有其他方式。邮箱仍然是绑定到选定的分发器，但可以覆盖默认的分发器应该使用哪个邮箱，这样就不需要修改 Actor 的创建了。要更改默认分发器使用的邮箱，可以在配置文件中添加下面的行：

```
akka{
    actor{
        default-mailbox{
            mailbox-type = "aia.performance.monitor.MonitorMailboxType"
        }
    }
}
```

通过这种方式对于每个 Actor 应用自定义的邮箱。

为了测试邮箱，需要一个可以进行监督的 Actor。它在收到消息之前执行延迟操作来模拟消息处理。这个延迟模拟性能模型中的服务时间。

```
class ProcessTestActor(serviceTime:Duration) extends Actor{
    def receive = {
        case _ => {
            Thread.sleep(serviceTime.toMillis)
        }
    }
}
```

现在有了一个 Actor 监视器，下面发送一些消息给这个 Actor，如清单 16-7 所示。

清单 16-7　测试自定义邮箱

```
            val statProbe = TestProbe()
            system.eventStream.subscribe(
                statProbe.ref,
                classOf[MailboxStatistics])
发送3条    val testActor = system.actorOf(Props(        ← 正常创建Actor
消息           newProcessTestActor(1.second)), "monitorActor2")
        ┌→  statProbe.send(testActor, "message")
            statProbe.send(testActor, "message2")
            statProbe.send(testActor, "message3")
            val stat = statProbe.expectMsgType[MailboxStatistics]
```

```
stat.queueSize must be(1)
val stat2 = statProbe.expectMsgType[MailboxStatistics]

stat2.queueSize must (be(2) or be(1))
val stat3 = statProbe.expectMsgType[MailboxStatistics]

stat3.queueSize must (be(3) or be(2))  ◄——
```

最后一条消息
队列应该为3
或2，与第一
条消息是否从
队删除有关

对于每条消息获得一个 MailboxStatistics 发送给 EventStream。现在已经完成了跟踪 Actor
邮箱的代码。创建了自定义邮箱，把其中的跟踪信息放到 EventStream 中，并且知道为了使
用这个自定义邮箱，需要一个工厂类和一个邮箱类型（类）。配置中，可以定义为新的
Actor 创建邮箱时使用哪个工厂类。现在可以跟踪邮箱了，把注意力转向消息处理。

16.2.2　收集处理数据

我们需要的性能跟踪数据可通过覆盖 Actor 的 receive 方法获得。此示例需要更改 Actor
的 receive 方法来监视它，这比邮箱示例更具有入侵性，因为我们有能力在不更改原始代码
的情况下添加功能。为了能够使用下面的例子，要为每个需要跟踪的 Actor 添加这个 trait。
我们再一次从定义统计消息开始：

```
case class ActorStatistics(receiver: String,
                           sender: String,
                           entryTime: Long,
                           exitTime: Long)
```

receiver 是我们监视的 Actor，统计信息包含进入（entryTime）和退出时间（exitTime）。
现在已经有了 ActorStatistics，可以通过创建覆盖 receive 方法的 trait 实现所需的功能了，如
清单 16-8 所示。

清单 16-8　跟踪 Actor 的 receive 方法

```
trait MonitorActor extends Actor{

    abstract override def receive = {
        case m: Any => {
            val start = System.currentTimeMillis()
            super.receive(m)              ◄————  调用Actor的receive方法
            val end = System.currentTimeMillis()

            val stat = ActorStatistics(   ◄————  创建并发送统计信息
                self.toString(),
                sender.toString(),
                start,
                end)
            context.system.eventStream.publish(stat)
        }
    }
}
```

使用抽象覆盖在 Actor 和 Akka 框架之间进行介入。通过这种方式可以获得消息处理的
开始时间和结束时间。处理完成时，创建 ActorStatistics 并把它发布到事件流。

为了实现这一点，可以在创建 Actor 时混合 trait，如清单 16-9 所示。

```
val testActor = system.actorOf(Props(
```

```
new ProcessTestActor(1.second) with MonitorActor)
,"monitorActor")
```

当向 ProcessTestActor 发送消息时，希望在 EventStream 中得到一个 ActorStatistics。

清单 16-9　测试 MonitorActor trait

```
val statProbe = TestProbe()
system.eventStream.subscribe(
    statProbe.ref,
    classOf[ActorStatistics])

val testActor = system.actorOf(Props(            用MonitorActor
    new ProcessTestActor(1.second) with MonitorActor)    trait创建Actor
    ,"monitorActor")

statProbe.send(testActor,"message")

val stat = statProbe.expectMsgType[ActorStatistics]    结果必须接近指定
stat.exitTime -                                          的1s的服务时间
    stat.entryTime must be (1000L plusOrMinus 10)
```

处理时间（退出时间减去进入时间）与测试 Actor 设置的服务时间非常接近。

至此，已经可以跟踪消息处理了。现在我们有了一个 trait，它可以创建跟踪数据并使用 EventStream 分发数据。现在可以开始分析数据查找 Actor 的性能问题了。当找到瓶颈之后，再准备解决它们。

16.3　解决瓶颈、提高性能

为了提升系统的性能，只有提高瓶颈的性能。这有许多不同的解决方案，有一些侧重影响吞吐量，而其他的则侧重影响响应延迟。根据需要和实现，可以选择最适合你需要的解决方案。如果瓶颈是 Actor 共享的资源，则需要把资源分配给系统中最关键的任务，而不是非关键可以等待的任务。这种调整通常需要权衡。如果瓶颈不是资源问题，则可以修改你的系统，提升性能。

当观察图 16-7 中的排队结点时，发现它由两部分组成：队列和处理单元。这里添加了第三个参数来添加更多的 Actor 实例：服务数量（number of services）。这是一种向上扩展活动。为了提高 Actor 的性能，可以改变以下 3 个参数：

- 服务数量（Number of services）——增加服务数量，提高结点的吞吐量。
- 到达率（Arrival rate）——减少需要处理的消息数量，使 Actor 易于跟上消息的到达速率。
- 服务时间（Service time）——提高处理速度，减小延迟，这样可以处理更多的消息，同样可以提高吞吐量。

当需要提高性能时，必须改变这些参数中的一个或多个。最常用的改变是增加服务的数量。当出现吞吐量问题时，这个方法比较有效，而且处理不受 CPU 的限制。当任务需要很多 CPU（时间）时，增加更多的服务有可能增加服务时间。服务之间竞争 CPU 会导致总体性能降低。

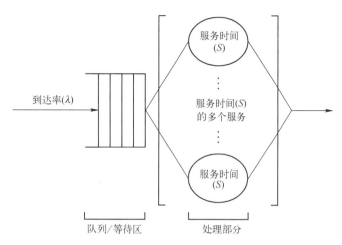

图 16-7　结点的性能参数

另一种方法是减少需要处理的任务数量。

最后一个方法是减少服务时间。这将增加吞吐量并减少响应时间，往往可以提升性能。这也是最难的，因为功能相同，很难删除某些步骤来缩短服务时间。其中一个值得检查的是 Actor 是否使用了阻塞式调用。这将增加服务时间，而且修改比较容易：用非阻塞式调用重写你的 Actor，使之变成事件驱动的。另一种缩减服务时间的选择是进行并行处理。把任务进行分割并分配到多个 Actor 上进行处理，保证子任务之间是并行的，如采用第 8 章介绍的分发-收集模式（scatter-gather pattern）模式。

16.4　配置分发器

本节先从如何识别线程池问题开始，然后为一组 Actor 创建新的分发器，最后展示如何使用另一个执行器（executor）来更改线程池大小以及如何使用动态大小的线程池。

16.4.1　识别线程池问题

在第 9 章已经学习了使用 BalancingDispatcher 改变 Actor 的行为，还有更多的默认分发器配置可以改变，从而影响性能。图 16-8 显示了一个接收者 Actor 和 100 个工作者（Actor）。

接收者的服务时间是 10 ms，还有 100 个工作者，每个工作者的服务时间是 1 s。系统的最大吞吐量是 100 Mbit/s。当使用 Akka 实现这个例子时，得到了一些意想不到的结果。我们的消息到达率是 66 条/s，低于我们讨论的 80% 的阈值，系统应该是没有任何问题的。但在系统监视时，看到接收者的队列大小随着时间不断增加见表 16-1 的第 2 列所示。

表 16-1　例子测试的监控指标

时间段	接收者：邮箱最大值	接收者：利用率	工作者 1：邮箱最大值	工作者 1：利用率
1	70	5%	1	6%
2	179	8%	1	6%

（续）

时间段	接收者：邮箱最大值	接收者：利用率	工作者 1：邮箱最大值	工作者 1：利用率
3	285	8%	1	10%
4	385	7%	1	6%

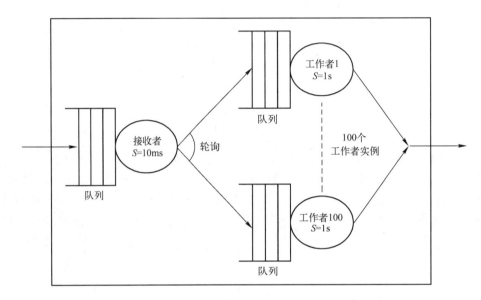

图 16-8　一个接收者和 100 个工作者的例子系统

　　根据这些数字，在下一条消息到达之前接收者不能完成当前消息的处理，这是很奇怪的，因为服务时间为 10 ms，而两条消息之间的间隔是 15 ms。到底是为什么呢？从关于性能指标的讨论中，已经知道如果瓶颈是 Actor，则队列大小会增加，而且利用率可以达到100%。但在我们的例子中，看到队列大小在增加，但利用率仍然很低（为 6%）。这意味着Actor 还在等待其他的东西。默认情况下，可用线程的数目是服务器中可用处理器数目的 3倍，最小是 8 个线程，最多是 64 个。在这个例子中，我们的处理器有两个核，因此只有 8个线程可用（线程最小的数目）。在 8 个工作者忙于处理消息时，接收者必须等到其中一个工作者处理完毕才能处理等待的消息。

　　我们应该如何提升它的性能呢？Actor 的分发器在有消息等待时，负责给 Actor 分配线程。为了改善这一状况，我们需要改变 Actor 使用的分发器的配置。

16.4.2　使用多个分发器实例

　　通过改变分发器的配置或类型，可以改变它的行为。Akka 有 4 种内建的分发器类型，见表 16-2。

表 16-2 可用的内建分发器

类 型	描 述	应 用 场 合
Dispatcher	默认的分发器，它把 Actor 绑定到一个线程池。执行器可配置，但默认使用 fork-join-executor。这意味着它的线程池大小是固定的	大多数情况下，将使用这一分发器
PinnedDispatcher	这个分发器把一个 Actor 绑定到单个唯一的线程上。这意味着这一线程不能在多个 Actor 之间共享	当 Actor 有较高的利用率，并且处理消息的优先级较高时，可以使用这个分发器，因此它经常需要一个线程，并且不能等待获得一个新线程。但通常你会发现更好的解决方案
BalancingDispatcher	这一分发器会把繁忙 Actor 的消息重新分发给空闲的 Actor	在 9.1.1 节的路由负载平衡的例子中，使用了这一分发器
CallingThreadDispatcher	这一分发器使用当前线程处理 Actor 的消息。只用于测试	每当在单元测试中使用 TestActorRef 创建 Actor 时，就使用这一分发器

如果是有 100 个工作者的接收者 Actor，则可以使用 PinnedDispatcher。这种方式下，它与工作者之间不共享线程。如果这样做，就可以解决接收者瓶颈问题。许多情况下，PinnedDispatcher 并不是一个稳固的解决方案。首先使用线程池来减少线程数量并更有效地使用它们。在我们的例子中，如果使用 PinnedDispatcher，则线程有 33% 的时间空闲。不让接收者与工作者竞争是一种可能的解决方案。为了达到这个目的，我们使用新的分发器实例，给工作者独立的线程池。这种方式就有两个分发器，每个都有自己的线程池。

从在配置中定义分发器开始，并对我们的工作者使用这一分发器，如清单 16-30 所示。

清单 16-10 定义和使用新的分发器配置

```
application.conf:
worker-dispatcher{}          在application.conf
                             中定义新的分发器
Code:
    val end = TestProbe()
    val workers = system.actorOf(
    Props(new ProcessRequest(1 second, end.ref) with MonitorActor)
    .withDispatcher("worker-dispatcher")            对工作者Actor应用
    .withRouter(RoundRobinRouter(nrOfInstances = nrWorkers))   worker-dispatcher
    ,"Workers")                                                分发器
```

如果和前面一样进行测试，则可以得到表 16-3 所示的结果。

表 16-3 为工作者分配不同的线程池的测试例子的监控指标

时间段	接收者：邮箱最大值	接收者：利用率	工作者 1：邮箱最大值	工作者 1：利用率
1	2	15%	1	6%
2	1	66%	2	0
3	1	66%	5	33%
4	1	66%	7	0

现在我们发现接收者的性能达到了预期指标，并且能够跟上消息到达的速度，因为队列最大值为 1。这就意味着前一消息在后一消息到达之前从队列中删除。利用率的值是 66%，正是我们所期望的：每秒处理 66 条消息，每条消息的处理时间为 10 ms。

第 5 列显示，现在工作者已经跟不到消息到达的速度。事实上，我们看到在测定周期内有一段时间工作者不处理任何消息（利用率为 0）。通过使用另一线程池，只是把问题从接收者移到了工作者。这在系统调优过程中经常发生。调整过程通常是权衡的过程。给一个任务更多的资源，就意味着其他的任务资源减少。技巧就是把资源分配给系统中关键的任务，而不是非关键和可以等待的任务。

16.4.3 静态调整线程池的大小

在上面的例子中，我们看到工作者跟不上消息到达的速度，这是由于线程数太少的缘故，那么我们为什么不增加线程的数目呢？我们可以这么做，但这与工作者处理一条消息占用多少 CPU 时间有关。

当消息处理严重依赖 CPU 处理能力时，增加线程的数目将会对整体性能起到相反的作用，因为在任意时刻，一个 CPU 内核只能执行一个线程。如果它（CPU 内核）必须为多个线程服务，则必须在多个线程之间切换上下文。这种上下文切换也会占用 CPU 时间，这就减少了 CPU 用于服务线程的时间。当线程数目和可用的 CPU 内核数之比过大时，性能只有可能下降。图 16-9 显示了给定 CPU 内核数目的情况下，性能和线程数量的关系。

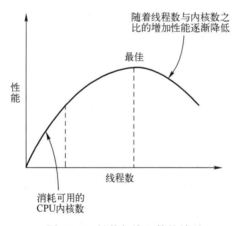

图 16-9 性能与线程数的关系

图的第一部分（到虚竖线位置）几乎是线性的，直到线程数与 CPU 可用内核数相等。当线程数持续增加，性能仍然能够提高，但增加幅度减少，直到达到最佳状态。在这之后，随着线程数的增多，性能随之降低。图 16-9 假定所有的线程都需要 CPU，因此总会有一个最佳的线程数目。如何才能知道是否可以增加线程呢？通常处理器的利用率可以给你一些参考。如果处理器的利用率超过 80% 甚至更高，那么再增加线程数目也不会提高性能。

当 CPU 利用率比较低时，可以增加线程数目。在这种情况下，消息处理主要处于等待状态。第一件要做的事情是检查是否可以避免等待。在这个例子中，冻结 Actor 并使用非阻塞式调用，如使用 ask（请求）模式，看起来比较有用。如果不能解决等待的问题，那么只有增加线程数量。在我们的例子中没有使用任何 CPU 处理，因此看看增加线程的数量是否有用。

使用的线程数目可以通过分发器配置的 3 个配置参数进行配置：

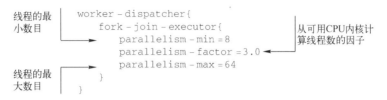

使用的线程数目是可用 CPU 内核数乘以 parallelism-factor，但在 parallelism-min 和 parallelism-max 之间。例如，如果 CPU 是 8 核的，那么线程数就是 24（8×3）。如果只有两个 CPU 内核，则线程数是 8。虽然这个数值应该是 6（2×3），但我们设置了最小线程数为 8，所以线程数仍然为 8。

如果想不考虑 CPU 内核的数目，直接使用 100 个线程，那么可以把最小值和最大值都设置为 100：

```
worker-dispatcher{
    fork-join-executor{
        parallelism-min=100
        parallelism-max=100
    }
}
```

最后，运行这个例子，就可以及时处理接收到的消息了。表 16-4 显示了这一变化，工作者的利用率仍然是 66%，并且队列的大小为 1。

表 16-4　为工作者分配 100 个线程的测试例子的监控指标

时间段	接收者：邮箱最大值	接收者：利用率	工作者 1：邮箱最大值	工作者 1：利用率
1	2	36%	2	34%
2	1	66%	1	66%
3	1	66%	1	66%
4	1	66%	1	66%
5	1	66%	1	66%

在这个例子中，可以通过增加线程数目的方式提高系统的性能，并且在例子中为工作者分配了新的分发器。这比更改默认分发器并增加线程数要好一些，因为通常情况下这只是完整系统的一小部分。如果我们增加线程数目，有可能其他的 100 个工作者也在同时运行。有可能因为这些 Actor 占用 CPU 时间而急骤降低系统性能，并且打破活跃线程与 CPU 内核数量比值的平衡。如果使用独立的分发器，只有工作者同时运行的数目较多，而其他的 Actor 则使用默认的可用线程。

16.4.4 使用动态线程池

在前一节，我们使用了静态数目的工作者。我们可以增加线程的数量，因为我们知道有多少个工作者。如果工作者的数目和系统的工作负载有关，你就不能知道到底需要多少个线程。例如，假定我们有一个 Web 服务器，对于每个用户请求创建一个工作者 Actor。工作者的数目依赖于当前 Web 服务器的并发用户数。对于这种情况，可以使用固定数目的线程，大多数情况工作很好。重要的问题是：我们要使用多大的线程池？如果线程池太小，性能就比较差，因为请求互相等待线程，就如上一节中的第一个例子一样，其性能测试显示在表 16-1 中。如果线程池过大，又太浪费资源。这又是资源与性能的博弈。如果通常工作者的数目较低或者基本稳定，有时急骤增加，动态线程池不但可以提高性能而且可以减少资源浪费。动态线程池在工作者数目增加时，线程池大小增加；当线程的空闲时间过长时，线程池的大小减小。这将清除未使用的线程，否则就会浪费资源。

为了使用动态线程池，需要更改分发器使用的执行器（executor）。这可以通过设置分发器配置中的执行器配置项来完成。对于这个配置项有 3 个可能的值，见表 16-5。

表 16-5 配置执行器

执 行 器	描 述	应 用 场 合
fork-join-executor	这是默认的执行器，使用 fork 连接执行器	这一执行器在高负载情况下优于线程池执行器
thread-pool-executor	这是标准支持的另一种执行器，使用线程池执行器	当需要动态线程池时使用该执行器，因为 fork-join-executor 不支持动态线程池
Fully qualified class name（FQCN）	可以创建自己的 ExecutorService-Configurator，它返回一个创建 Java ExecutorService 的工厂，它（ExecutorService）将被用作执行器	如果没有内建的执行器可用，则可以使用自己定义的执行器

如果需要动态线程池，则需要使用 thread-pool-executor，而且这个执行器也需要配置。默认配置如清单 16-11 所示。

清单 16-11 用 thread-pool-executor 配置分发器

```
my-dispatcher{
    type = "Dispatcher"
    executor = "thread-pool-executor"        ←──────  使用线程池执行器

    thread-pool-executor{
        core-pool-size-min = 8               设置线程池的最小
        core-pool-size-factor = 3.0          值。这与 fork-join
        core-pool-size-max = 64              并行配置类似

        max-pool-size-min = 8                设置线程池的最大值
        max-pool-size-factor = 3.0
        max-pool-size-max = 64
```

```
task - queue - size = -1

#Specifies which type of task queue will be used,
#can be "array" or "linked" (default)
task - queue - type = "linked"

#Keep alive time for threads
keep - alive - time = 60s

#Allow core threads to time out
allow - core - timeout = on
    }
}
```

在线程池大小增加之前设置等待线程请求的大小。-1表示无界，导致线程池不会增加

线程清除以前的最长空闲时间

线程池最小值和最大的值的计算，与 16.4.1 节的 fork-join-executor 相同。如果要使用动态线程池，则需要设置 task-queue-size 属性。它将定义当线程请求多于线程时池的增长速度。默认设置为-1，表示等待队列无限制，池的大小不会增长。我们强调的最后一个配置项是 keep-alive-time。它是线程在被清除前的空闲时间，同时也决定了线程池的减小速度。

在我们的例子中，设置 core-pool-size 接近或稍低于需要的线程数目，max-pool-size 大小设置为系统依然可以运行，或者可以支持的最大并发用户的数目。

分发器负责分配线程给 Actor。还有另外一种机制，可以释放线程并把它归还给线程池。当 Actor 有更多的消息需要处理时，通过不归还线程的方法实现消除等待新线程以及分配线程的额外开销。在繁忙的应用中，这种方法可显著提高系统的整体性能。

16.5 改变线程释放策略

在上一节已经介绍了如何增加线程的数目，并且有一个最佳数值，它与 CPU 的内核数目有关。如果线程数太多，线程间上下文切换将降低性能。当不同的 Actor 都有许多消息要处理时，也会引发类似的问题。对于 Actor 每一条要处理的消息需要一个线程。如果许多消息等待不同的 Actor，则线程必须在这些 Actor 之间进行切换。这种切换也会给性能带来负面影响。

Akka 有一种机制，可以影响线程在 Actor 之间的切换。诀窍就是在一条消息处理完成后，如果邮箱中仍有消息需要处理就不切换线程。分发器有一个 throughput（吞吐量）配置参数，它可以设定 Actor 把线程归还给线程池之前能够处理的消息的最大数目默认值为 5：

```
my-dispatcher{
    fork-join-executor{
        parallelism-min = 4
        parallelism-max = 4
    }
    throughput = 5
}
```

通过这种方式减少线程切换次数，从整体上提升性能。

为了显示 throughput 参数的效果，使用 4 个线程的分发器和 40 个服务时间接近于零的工作者。开始时，给每个工作者 40000 条消息，然后测量处理所有消息的总时间。对于

throughput 不同的值执行若干次，结果如图 16-10 所示。

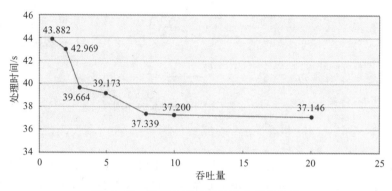

图 16-10　性能与吞吐量参数之间的关系

在这些例子中，参数设置得越高性能越好，那么为什么默认值是 5 而不是 20？这是因为增加 throughput 也有负作用。假定一个邮箱中有 20 个消息的 Actor，它的服务时间非常长，如 2 s。如果 throughput 参数设置为 20，则 Actor 将占用线程的 40 s 才会释放它。因此其他 Actor 在处理它们的消息之前会等的时间更长。在这种情况下，服务时间越长，throughput 参数的益处就越小，因为线程切换的时间比服务时间小得多，几乎可以忽略。结果是 Actor 的服务时间越高占用的线程时间就越长。对于这个问题，还有另一个参数 throughput-deadline-time。它定义了 Actor 可以保持线程的最长时间，哪怕仍有消息需要处理，并且没有达到 throughput 的最大值：

```
my-dispatcher{
    throughput=20
    throughput-deadline-time=200ms
}
```

这个参数的默认值为 0ms，意味着没有截止时间。在服务时间有长有短的情况下可以使用该参数。服务时间短的 Actor 在获得线程后可以处理最大数目的消息，而服务时间较长的 Actor 在获得线程后只处理一个消息或几个消息就达到 200ms（截止时间）。

为什么我们不能把这些设置作为自己的默认值呢？有两个原因。第一个是公平性原因。因为在处理第一条消息之后没有释放线程，其他 Actor 的消息就必须等待更长的时间才能得到处理。对于作为一个整体的系统来说，这是有好处的，但对于单个消息来说，这绝对是一个缺点。对于类批处理系统，这样处理消息没什么不妥，但当你等待一个消息，如用于创建 Web 页面的消息，你就不想自己比邻居等的时间要长。在这些情况下，需要把 throughput 设置的低些，即使这意味着总体性能降低。

Throughput 参数过高的另一个问题是，在线程间平衡负载的过程严重影响性能。下面看另外一个例子，如图 16-11 所示。这里有 3 个 Actor，但只有两个线程。Actor 的服务时间为 1 s，发送 99 条消息给 Actor（每个 Actor33 条）。

这个系统可以在接近 50 s（99×1 s/2 线程）的时间内处理所有消息。如果调整吞吐量参数，可以看到预料不到的结果，如图 16-12 所示。

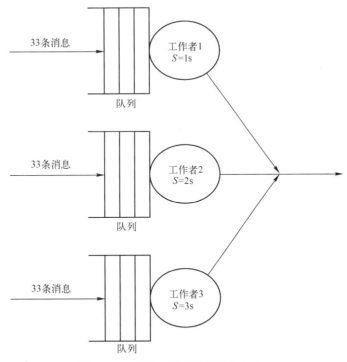

图 16-11 例子：两个线程和 3 个 Actor

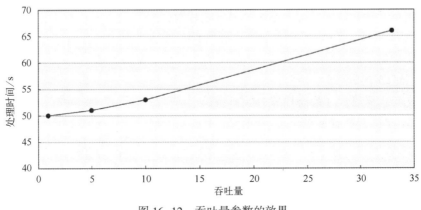

图 16-12 吞吐量参数的效果

为了解释这一现象，先看一下 Actor 的处理时间，这里取最大值：33。开始测试时，在图 16-13 中看到前两个 Actor 正在处理它们所有的消息。因为吞吐量 throughput 设置为 33，所以它们可以全面清理自己的邮箱。当前两个 Actor 处理完成时，只有第三个 Actor 处理它的消息。这意味着在第二个阶段有一个线程空闲，所以第二阶段的处理时间翻倍。

改变配置中的释放策略有助于提高性能，但如果你要增加或减少吞吐量配置，则完全依赖于到达率和系统的功能。如果选择了错误的设置，则可能严重影响性能。在前一节中，你已经看到可以通过增加线程数提升性能，但有些情况下这还不够，还需要更多的分发器。

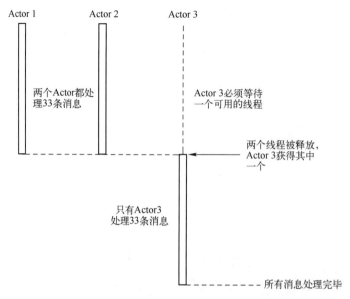

图 16-13　3 个 Actor 共享两个线程处理消息

16. 6　总结

线程机制对系统的性能有很大影响。如果线程数过少，则 Actor 之间相互等待（处理完成）。如果线程数过多，CPU 不得不浪费宝贵的时间进行线程切换，而这些切换没有实际意义。本章主要学习了以下内容：

- 如何创建多个线程池。
- 如何改变线程数目（静态设置/动态设置）。
- 配置 Actor 的线程释放策略。

第 17 章

展望

本章导读

● Akka-typed 模块实现静态类型消息。

● 使用 Akka 分布式数据分配内存状态。

本章将讨论目前正在开发的近期需要关注的两个重要特征。本书描述的 Actor 模型使用无类型消息（untyped messages），如第 1 章所述。Scala 有丰富的类型系统，许多开发人员由于类型安全机制而被吸引到 Scala，这就是有些人反对 Actor 的原因，特别是把它们用作构建应用程序的组件。下面将学习 Akka-typed 模块来编写类型安全的 Actor。

本章要介绍的另一个模块是 Akka 分布式数据（Akka distributed data）模块。它使得可以在 Akka 集群中使用无冲突复制数据类型（conflict-free Replicated Data Types，CRDTs）在结点的内存中分布状态。

17.1 Akka-typed 模块

Akka-typed 模块将提供 Actor 类型 API。有时候很难理解（无类型）Actor 代码中的简单更改突然在运行时中断应用程序。清单 17-1 显示了一个可以正常编译但无法运行的程序。

清单 17-1　**Basket Actor 例子**

```
object Basket{
    //...other messages ...
    case class GetItems(shopperId: Long)
    //...other messages ...
}

class Basket extends PersistentActor{
    def receiveCommand = {
    //...other commands ...
    case GetItems(shopperId) =>
```

```
          // ...other commands ...
        }                                            因为AskTimeoutException异常
}                                                    而返回一个失败的Future

//...somewhere else, asking the Basket Actor ...
val futureResult = basketActor.ask(GetItems).mapTo(Items)
```

  基于一定的原因，把请求 Basket 商品的代码和 Basket 本身的代码显示在一起。现在通过对比就可以很容易地找出不能执行的原因了，但是如果代码分布在许多不同的文件中，就不能通过这种对比的方法查找错误了。可能你还没有注意到这里的问题，我们向 Basket 发送了 GetItems 请求，而不是 GetItems（shopperId）请求。编译没有问题是因为 ask 方法接收 Any 参数，而 GetItems 继承了 Any，打开 REPL 显示的更清晰，如清单 17-2 所示。

清单 17-2　在 REPL 中检查类型

```
chapter - looking - ahead > console
[info] Starting scala interpreter…
[info]
Welcome toScala version 2.11.8 … (output truncated)
Type in expressions to have them evaluated.
Type :help for more information.
                                                     GetItems是GetItems
                                                     case类类型，而不是
scala > GetItems                                     它的实例
res0:aia.next.Basket.GetItems.type = GetItems

scala > GetItems(1L)
res1:aia.next.Basket.GetItems = GetItems(1)
```

  正如你看到的，我们企图错误地向 Basket Actor 发送 GetItems case 类类型。这是常犯的小错误之一，需要很长的时间才能发现。这种问题在系统维护过程中经常遇到：某个人向消息添加或从消息中删除了一个域，而忘记修改 Actor 的接收方法。其他情况下简单的输入错误也会导致此类错误。编译器在这个地方应该能够帮到我们，但由于当前 ActorRef 工作机制的原因，编译器不能为我们检查出此类错误，因为你可以向它发送任何类型的消息。

  Akka-typed 提供了 DSL 构建 Actor，与用户见过的构建方法大不相同。在编译过程中对消息进行类型检查，从而避免发生刚才遇到的问题。清单 17-3 显示了在单元测试中，如何从 TypedBasket 获取商品。

清单 17-3　使用 Akka-typed 获取商品

```
"return the items in a typesafe way" in{
    import akka.typed._
    import akka.typed.ScalaDSL._
    import akka.typed.AskPattern._
    import scala.concurrent.Future
    import scala.concurrent.duration._
    import scala.concurrent.Await

    implicit val timeout = akka.util.Timeout(1 second)

    val macbookPro =
    TypedBasket.Item("Apple Macbook Pro",1,BigDecimal(2499.99))
    val displays =
    TypedBasket.Item("4K Display",3,BigDecimal(2499.99))
```

```
val sys : ActorSystem[TypedBasket.Command] =
ActorSystem("typed - basket", Props(TypedBasket.basketBehavior))

sys ! TypedBasket.Add(macbookPro, shopperId)
sys ! TypedBasket.Add(displays, shopperId)

val items : Future[TypedBasket.Items] =
sys ?(TypedBasket.GetItems(shopperId, _))

val res = Await.result(items, 10 seconds)
res should equal(TypedBasket.Items(Vector(macbookPro, displays)))
//sys ?Basket.GetItems          ← 现在无法进行编译
sys.terminate()
}
```

这里最大的改变是 ActorSystem 和 ActorRef 现在可以接收一种类型的参数，它对接收什么样的消息进行描述。

清单 17-4 显示了 TypedBasket Actor 的部分内容，只实现了获取商品的功能。

清单 17-4　TypedBasket

```
package aia.next

import akka.typed._
import akka.typed.ScalaDSL._
import akka.typed.AskPattern._
import scala.concurrent.Future
import scala.concurrent.duration._
import scala.concurrent.Await

object TypedBasket{
    sealed trait Command{
        def shopperId: Long
    }

    final case class GetItems(shopperId: Long,
    replyTo: ActorRef[Items]) extends Command
    final case class Add(item: Item, shopperId: Long) extends Command

    //a simplified version of Items and Item
    case class Items(list: Vector[Item] = Vector.empty[Item])
    case class Item(productId: String, number: Int, unitPrice: BigDecimal)

    val basketBehavior =
    ContextAware[Command]{ctx =>
        var items = Items()

        Static{
            case GetItems(productId, replyTo) =>
                replyTo ! items
            case Add(item, productId) =>
                items = Items(items.list : + item)
                //caseGetItems =>          ← 现在不能编译
        }
    }
}
```

Akka 团队在研究中发现最大的问题出在 sender( ) 方法中。这就是不能简单地把现有 Actor API 变换成包含类型的 API 的原因之一：每条消息可由任意发送者发送，因此不能在接收端指定它的类型。

Akka-typed 没有 sender( )方法，也就意味着如果要向调用者 Actor 回送一条消息，则必须与消息一道发送 Actor 的引用。把 sender 方法放在消息中对无类型的 Actor 也有好处：总能知道谁发送的信息，因此再也无须保存这一状态。

Akka-typed 节省了定义 sender( )方法保存状态的时间，同时也绕过了上面的问题。

Actor 的定义看上去与已经习惯的定义不同，现在 Actor 以类型行为（typed behaviors）进行定义。每条消息被传送到一个不可改变的行为。Actor 的行为可以通过行为切换而随时改变，或者保持相同的行为。

在这个例子中，行为被定义为 Static 的（行为），也就是说，TypedBasket Actor 不能改变它的行为。这一行为包含在 ContextAware 中，ContextAware 接收 ActorContext［T］＝＞Behavior［T］函数作为参数，这一行为作为 Actor 的行为。这基本上允许我们获得上下文，也可以同时定义 items Actor 的状态。

与当前的 Actor 模块相比，Akka-typed 还有许多变化。例如，preStart、preRestart 和其他方法都被特定的信号消息所取代。

17.2　Akka 分布式数据

Akka 的分布式数据在 Akka 集群中提供复制的内存数据结构。这种数据结构也称为无冲突复制数据类型（Conflict-free Replicated Data Types，CRDTs），它们始终是一致的。无论以什么样的顺序在这种数据类型上执行操作，或者重复执行某些操作，结果始终都是正确的。

CRDTs 通常包含一个 merge 函数，它可以接收位于不同结点上的许多数据条目，并自动把这些条目合并成一致的数据视图，而无需结点间的协作。这种数据结构的类型是有限的：它们必须是 CRDTs。Akka 分布式数据提供了几种易用的数据结构，也可以自定义自己的数据结构，只要它根据 CRDTs 的规则实现 merge 函数即可（它需要有结合性（associative）、对等性（commutative）和幂等性（idempotent））。

Akka 分布式数据模块提供了 Replicator Actor，在 Akka 集群上复制数据结构。数据结构以用户自定义的键进行保存，也可以对这个键进行订阅来接收数据结构的更新。

本书中的购物篮的例子是 Akka 分布式数据应用很好的例子。商品可以建模为 CRDT 集合，称为 ORset。每个购物篮在集群中的任何结点上都将显示正确的状态。一个用于协作编辑文档的 CRDT 数据结构是另一个很好的 Akka 分布式数据应用的案例。综合使用 Akka 分布式数据和 Akka 持久化，可以在应用崩溃后从日志（journal）中恢复内存状态。

17.3　总结

Akka-typed 提供了更高的类型安全性，意味着在编译期间可以发现更多的错误，使得构建和（更重要的是）维护基于 Actor 的应用更加容易。

Akka 分布式数据将要求使用 CRDTs 思考问题域。如果可以使用这些数据类型表述问题，则将会得到莫大的好处。